재미있는

항해계기학

Navigational Instruments

재미있는

항해계기학

Navigational Instruments

초판1쇄 발행 2020년 3월 6일

지은이 최창묵
펴낸이 이길안
펴낸곳 세종출판사

주소 부산광역시 중구 흑교로 71번길 12 (보수동2가)
전화 463－5898, 253－2213~5
팩스 248－4880
전자우편 sjpl@chol.com
출판등록 제02-01-96

ISBN 979-11-5979-339-4 93550

정가 27,000원

이 도서의 국립중앙도서관 출판예정도서목록(CIP)은 서지정보유통지원시스템 홈페이지(http://seoji.nl.go.kr)와 국가자료공동목록시스템(http://www.nl.go.kr/kolisnet)에서 이용하실 수 있습니다. (CIP제어번호: CIP2020009804)

* 잘못된 책은 교환해 드립니다.

재미있는

항해계기학

Navigational Instruments

| 최 창 묵 저 |

세종출판사

| 머리말 |

바다에서 선박이 항법을 한다는 것은 항해 목표를 설정하고 위치를 결정하면서 찾아가는 것입니다. 이 때 가장 중요한 것이 위치 결정을 위한 위치선(LOP: Line Of Position)을 구하는 것입니다. 위치선이란 항해 중 선박의 위치를 결정하려고 물표를 관측하여 얻은 방위, 중시선, 협각, 거리, 수심 등을 만족시키는 점의 자취로 관측을 실시하는 선박이 그 자취 위에 있다고 생각되는 특정한 선을 말합니다.

선박이 위치만 결정하였다고 모든 것이 끝나는 것은 아닙니다. 항해를 해서 목표를 찾아가기 위한 과정이 있기 때문이다. 이러한 일련의 과정 속에서 항해자는 나침반, 로그, 크로노미터, 측거의, 측심기, 풍향·풍속계, 조타장치 등 많은 항해계기들을 필요로 합니다.

최근에는 과학기술의 발달로 전파의 사용이 보편화되면서 항해레이더, 위성항법시스템 등 다양한 전파항해계기가 등장하였으며, 나아가 전자해도표시시스템, 자동식별장치, 통합항법시스템 등 항법자동화시스템이 등장하였습니다.

이러한 시대적 상황을 반영하여 저자는 해군사관학교 사관생도 및 해양계 대학교 학생, 일반대학 군사학과 학생, 바다에 관심이 있는 독자들이 항해학 분야를 보다 재미있게 공부할 수 있도록 『재미있는 항해학개론』, 『재미있는 전파 항해학』에 이어 『재미있는 항해계기학』 교재를 집필하였습니다.

『재미있는 항해계기학』은 이렇게 다릅니다.!

하나. 재미있게 만들었습니다.

복잡하고 전문적인 수식이나 용어를 이야기 중심으로 쉽게 설명하여 독자들이 재미있게 읽을 수 있도록 작성하였습니다.

둘. 각종 항해계기 분야를 빠짐없이 수록하였습니다.

항해계기의 이해부터 시작하여 방향 측정계기, 속력 측정계기, 고도 및 거리 측정계기, 수심 측정계기, 위치 측정계기, 전파항해계기 등 선박 운용을 위한 항해계기를 실무연계성 측면에 맞추어 빠짐없이 기록하여 단계적 교육이 가능하도록 작성하였습니다.

셋. 교육효과를 높이고자 체크 포인트를 두었습니다.

교재 내용에 '궁금해요', '해설', '이것만은 알아둡시다' 란을 추가하여 독자의 이해도 향상과 중요부분을 강조하기 위해 노력하였습니다.

바다와 해군에 큰 뜻을 품은 젊은이들이 『재미있는 항해계기학』을 통해 미래 설계에 작은 보탬이 되기를 간절히 기원합니다.

2020년 봄

진해 옥포만에서 바다를 보며...

저자 씀

| 차 례 |

제1장 항해학과 항해계기 이해 • 12

제1절 항해학은 무엇인가? ········· 12
제2절 항해계기란 무엇인가? ········· 13

제2장 방향 측정계기 • 18

제1절 개요 ········· 18
제2절 자기나침반(Magnetic compass) ········· 20
제3절 전륜나침반(Gyro compass) ········· 29
제4절 위성나침반(Satellite Compass) ········· 34
제5절 방위 개정 ········· 36
제6절 방위환 ········· 39

제3장 속력 측정계기 • 44

제1절 개요 ········· 44
제2절 전자식 로그 ········· 46
제3절 도플러 로그 ········· 48
제4절 인공위성을 이용한 로그 ········· 50
제5절 설치 규정(선박 설비 기준) ········· 53
제6절 항해용 속력 환산표 ········· 54

제4장 고도 및 거리 측정 계기 • 60

제1절 개요 ········· 60
제2절 육분의(Sextant) ········· 60
제3절 측거의(Stadimeter) ········· 66
제4절 레이저 거리측정기 ········· 68

제5장 수심 측정계기 • 72

제1절 개요 ······ 72
제2절 측심연 ······ 72
제3절 음향 측심기 ······ 73
제4절 음향 측심기 설치 규정(선박 설비 기준) ······ 76
제5절 음향 측심기 사용법 ······ 77

제6장 위치 측정계기 • 86

제1절 개요 ······ 86
제2절 위치 결정 방법 ······ 89
제3절 항해레이더를 이용한 방법 ······ 103
제4절 위성항법시스템(GNSS)을 이용한 방법 ······ 117
제5절 위성항법 보정시스템(DGNSS)을 이용한 방법 ······ 135

제7장 전자항해계기 • 150

제1절 무선통신기기 ······ 150
제2절 전자해도표시시스템 ······ 163
제3절 선박자동식별시스템 ······ 172
제4절 전세계 해상조난안전시스템 ······ 176
제5절 해상교통관제시스템 ······ 182
제6절 항해자료기록장치 ······ 185
제7절 통합항법시스템 및 통합선교시스템 ······ 192

제8장 기타 항해계기 • 196

제1절 쌍안경 ······ 196
제2절 조타장치 ······ 201
제3절 풍향 · 풍속계 ······ 207
제4절 항해등 ······ 210

부록 1. 각종 단위 • 218
부록 2. 미군 전자장비 명명법 • 230
부록 3. 선박설비기준(항해계기 분야) • 236
부록 4. 선박의 등화와 형상물 • 281

1장
항해학과 항해계기 이해

제1절 항해학은 무엇인가?

제2절 항해계기는 무엇인가?

제1장
항해학과 항해계기 이해

제1절 항해학은 무엇인가?

항해학의 사전적 의미는 한자와 영어로 구분되며, 항해학을 한자로 풀이할 때 航(배 항) 海(바다 해) 學(학문 학)으로 '배와 바다에 관한 학문' 이라는 의미가 있다. 또한, 항해학은 영어로 Navigate의 명사형인 Navigation으로 사용하며, Navigate는 라틴어의 navigere에서 유래하였다. navigere는 'navis'와 'agere'의 합성어로 navis는 '선박', agere는 '움직이다'는 의미를 가지고 있다. 즉, 선박의 움직임에 관련한 학문이라고 풀이된다.

항해학의 광의적 의미는 "한 장소에서 다른 장소로 선박, 항공기, 우주선 및 자동차 등을 안전하고 경제적인 방법으로 운항하는 기술과 학리(學理)를 배우는 과학이다."라고 정의한다. 이와 같이 항해학의 광의적 의미는 운반수단을 선박에 국한하지 않고 항공기와 우주선, 자동차 등 다양하게 정의하고 있다는 특징이 있다.

마지막으로 항해학의 협의적 의미는 "선박을 한 장소에서 다른 장소로 항행시키는 과정에서 필요한 선박의 위치, 방향, 거리를 결정하는 방법과, 이에 관계되는 사항을 다루는 기술 및 과학" 이라고 할 수 있다. 즉, 운반수단이 선박에 국한되어 있다.

또한, 항해학은 항해하는 방법에 따라 지문항해[1], 천문항해[2], 전파항해[3]로 분류된다. 과거에는 주로 지문항해와 천문항해를 하였다면 현대는 과학기술의 발달로 전파를 이용한 항해, 즉 전파항해가 주를 이르고 있다.

---

1 지문항해는 地(땅 지) 文(글월 문) 航(배 항) 海와(바다 해)로 풀이되며, 육안을 이용하여 지형지물의 특성을 보고 선박의 위치를 파악하고 해도상에 위치를 기입하며 항해하는 방법이다.

2 천문항해는 天(하늘 천) 文(글월 문) 航(배 항) 海(바다 해)로 풀이되며, 하늘(천체)을 보고 선박의 위치를 파악하고 해도상에 위치를 기입하며 항해하는 방법이다.

3 전파항해는 電(번개 전) 波(물결 파) 航(배 항) 海(바다 해)로 풀이되며, 전파를 이용하는 장비를 사용하여 배의 위치를 산출하고 항해하는 방법이다.

제2절 항해계기란 무엇인가?

항해계기란 선박이 항해를 할 때 위치나 침로를 결정하기 위해 사용하는 모든 장비를 말하며, <그림 1-1>과 같이 다양한 항해계기들이 있다.

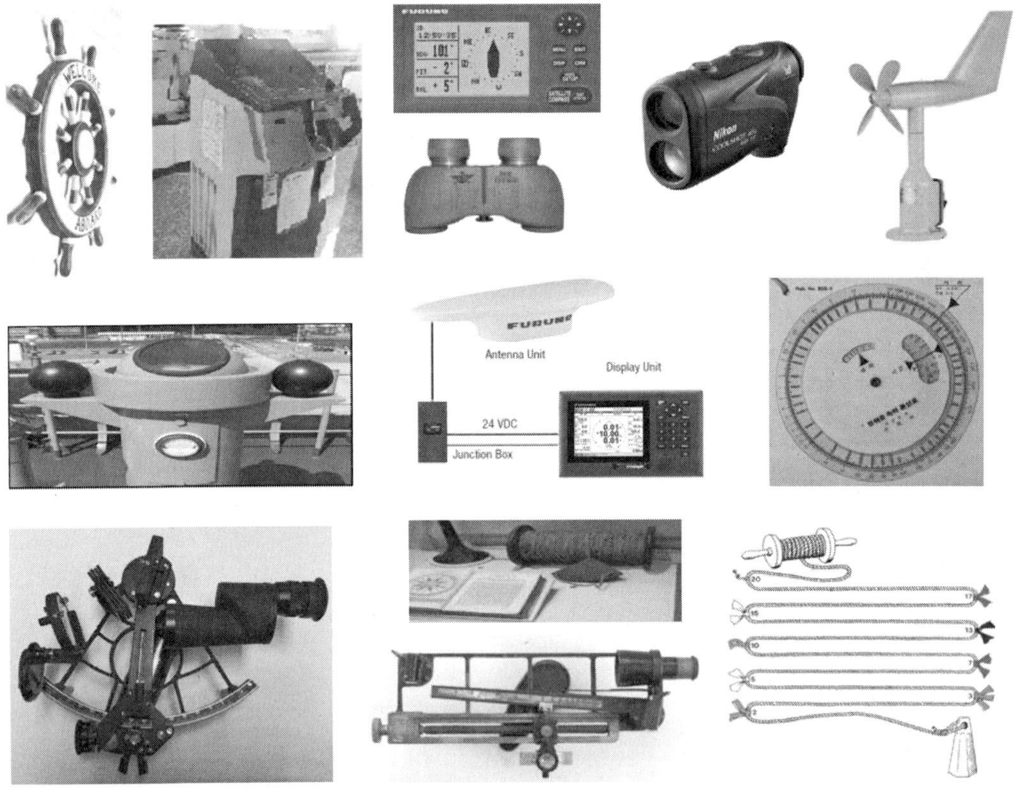

〈그림 1-1〉 다양한 항해계기

해상에서 선박이 항법을 한다는 것은 항해 목표를 설정하고 위치를 결정하면서 찾아가는 것이다. 위치를 결정할 때 가장 중요한 것이 위치선(LOP: Line Of Position)을 구하는 것이다. 위치선이란 항해 중 선박의 위치를 결정하려고 물표를 관측하여 얻은 방위, 중시선, 협각, 거리, 수심 등을 만족시키는 점의 자취로 관측을 실시하는 선박이 그 자취 위에 있다고 생각되는 특정한 선을 말한다. 각종 항해계기들은 이러한 위치선을 구하기 위해 꼭 필요하기 때문에 매우 중요하다.

또한 위치만 결정하였다고 모든 것이 끝나는 것은 아니다 항해를 해서 목표를 찾아가기 위한 과정이 있기 때문이다.

지문항해를 할 때에는 방향과 침로를 결정하기 위한 나침반이 발달하였다. 최초의 나침반은 중국에서 등장하였으며 <그림 1-2>와 같은 형태로 알려져 있다. 나침반에 대한 기록은 기원전 4세기 '귀곡자'라고 하는 고서에 "정 나라의 사람들은 옥을 가지러 갈 때, 길을 잃지 않도록 지남기를 가지고 간다"라고 기록이 되어 있다. 또한 중국 외에 이탈이아에서도 독립적으로 개발한 것으로 알려져 있다. 중국의 나침반은 기준방향으로 남쪽을 탐지하였다면 이탈리아의 나침반은 북쪽을 탐지하여 접근방법은 다소 상이하지만 동일한 개념이다. 현대는 지구의 자기장 성분의 북쪽을 찾는 것이 아니라 자전축의 진북을 찾아가는 전륜나침반, 위성나침반 등으로 발전하였다.

〈그림 1–2〉 최초의 나침반 [출처: 아웃도어뉴스]

천문항해를 할 때에는 천문을 관측하는 계기가 발전하였다. 고대 자료에 따르면 오디세우스가 귀향할 때 큰곰자리를 항상 왼쪽으로 두고 가야한다고 한 칼립소의 조언에서 지중해 공간에 사는 민족들이 기원전부터 밤하늘의 별자리를 보며 항해하였다[4]는 것을 알 수 있다. 초기 천문관측기는 막대기를 십자 형태로 만들어 <그림 1-3> (a)와 같은 모습으로 천문을 관측하였으며, 이후 <그림 1-3> (b)와 같은 육분의로 발달하였다.

4 베른하르트 카이(박계수 옮김), 『항해의 역사』, p203, 2006.

(a) 직각기

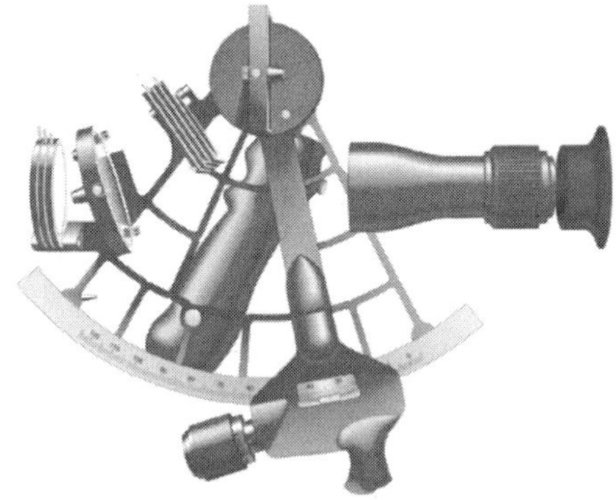

(b) 육분의

〈그림 1-3〉 천체 관측기 [출처: 세상을 바꾼 항해술의 발달]

또한 선박이 외해로 멀리 나아가 추측항해를 할 때에는 위치뿐만이 아니라 침로와 속력, 시간 등 여러 요소들이 매우 중요하기 때문에 이에 해당하는 로그, 크로노미터[5] 등의 항해계기들이 발달하였다. 이외에도 거리를 측정하는 측거의, 수심을 측정하는 측심기, 풍향 · 풍속계, 조타장치 등 많은 항해계기들이 있다.

(a) 항해레이더

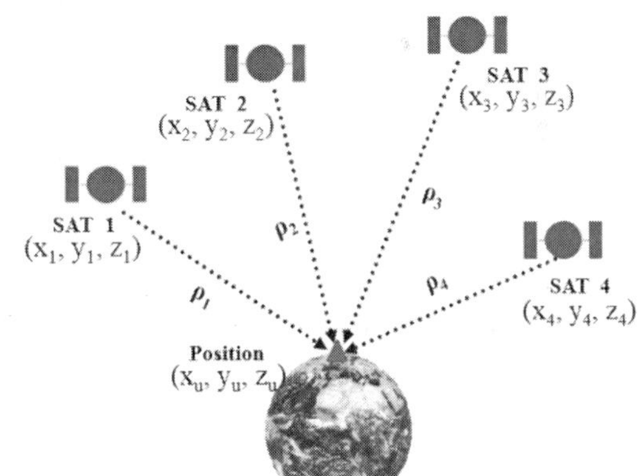

(b) 위성항법시스템

〈그림 1-4〉 주요 전파항해계기

5 항해 중인 배가 천측(天測)으로 위치를 산출할 때 사용하는 정밀한 해상 시계.

최근에는 과학기술의 발달로 전파의 사용이 보편화되면서 <그림 1-4>와 같은 항해레이더, 위성항법시스템 등 다양한 전파항해계기가 등장하였으며, 나아가 디지털베이스의 전자해도표시시스템, 자동식별장치, 통합항법시스템 등 항법자동화시스템이 등장하고 있다.

따라서 본 교재에서는 전작인 『재미있는 항해학개론』과 『재미있는 전파항해학』에서 간략하게 설명한 항해계기 분야를 보다 구체적으로 이론 및 사용법에 대하여 발전시켜 제2장에서 방향 측정계기를, 제3장에서 속력 측정계기를, 제4장에서 고도 및 거리 측정계기를, 제5장에서 수심 측정계기를, 제6장에서 위치 측정계기를, 제7장에서 전자항해계기를, 제8장에서 기타 항해계기를 함정 또는 선박 운용을 위한 실무연계성 측면에 맞추어 기술하였다.

2장
방향 측정계기

제1절 개요
제2절 자기나침반
제3절 전륜나침반
제4절 위성나침반
제5절 방위 개정
제6절 방위환

제2장
방향 측정계기

제1절 개요

방향은 영어로는 Direction, 한자로는 方(방위 방) 向(향할 향)으로 표기한다. 방향은 두 점 사이의 거리에 관계없이 한 점에서 다른 점으로 향하는 쪽을 말한다. 관습적으로 사용하고 있는 방향은 관측자 위치에서의 기준이 되는 방향(ex. 진북)에서 관측자 위치에서 어느 점으로 향하는 방향 사이에 이루어지는 각으로 도(度, Degree)나 점(點, Point)으로 표현한다. 항해학에서 다루는 방향은 앞서 설명한 표현방식에 따라 도(度)수식과 점(點)식으로 구분된다. 방향은 기준선이 무엇이냐에 따라 진방위, 나침방위, 자침방위, 상대방위로 구분된다. 방향을 도수식으로 표현 하는 경우 기준선을 기준으로 000° ~ 360°로 표현하게 되며, 기준선이 되는 방향은 000° 또는 360°로 표현할 수 있다. 방향을 점식으로 표현하는 경우 기준선을 기준으로 동·서·남·북, 4방위, 8방위, 16방위, 32방위로 나누어 0점 ~ 32점으로 표현하게 되며, 기준선이 되는 방향은 0점 또는 32점으로 표현할 수 있다. 1점은 360도를 32방위로 나눈 것으로 11.25도이다.

<그림 2-1>은 A와 B에 위치한 관측자가 서로를 바라보는 방향을 보여준다. 즉, A에 위치한 관측자는 A에서의 기준선을 통해 B를 바라보는 방향이 060°가 되며, 반면 B에 위치한 관측자는 B에서의 기준선을 통해 A를 바라보는 방향이 240°가 되는 것이다. 방향을 측정할 때에는 항상 기준선에서 시계방향으로 측정하게 되며, 회전한 각도만큼을 방향으로 표현하게 된다. 또한 직선 AB 즉, A에서 B를 바라보는 방향과 직선 BA 즉, B에서 A를 바라보는 방향을 역방향이라고 하며 서로의 방향은 180°가 많거나 적은 방향으로 표현된다. 모든 선은 두 가지의 서로 역방향을 가질 수 있기 때문에 방향을 나타내기 위해 사용되는 선은 화살표를 통해서 명확하게 나타내야 한다.

방향을 측정하는 최초의 나침반은 <그림 1-2>와 같은 형태로 중국으로부터 발견된 것으로 전

해진다. 기원전 4세기 '귀곡자' 라고 하는 고서에 "정 나라의 사람들은 옥을 가지러 갈 때, 길을 잃지 않도록 지남기를 가지고 간다"라고 기록되어 있다. 당시 지남기는 자철석과 같이 자성을 가지고 있는 물질로 지구 자기의 영향을 받아 항상 일정한 곳을 가리켰다. 이러한 특성을 지닌 자성을 띤 국자모양의 지남기가 자유롭게 회전할 수 있는 쟁반의 일종인 '반' 위에서 고정되지 않은 상태로 놓여있을 때 항상 일정한 곳을 가리키게 되어 방향을 구분할 수 있었던 것이다. 이러한 나침반은 방향을 알 수 있는 도구였음에도 불구하고, 초기에는 풍수지리적인 목적으로 사용되었다.

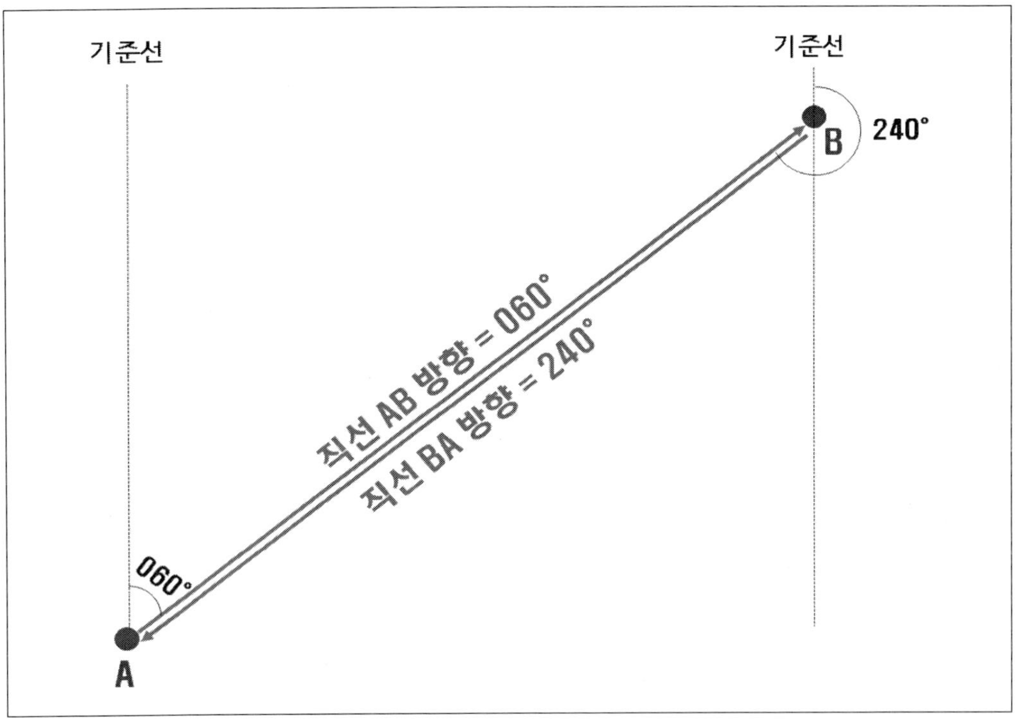

〈그림 2-1〉 방향에 대한 이해

현재 방향을 측정할 수 있는 계기는 지구 자기를 이용하여 자침으로 방향을 지시하는 자기나침반(Magnetic compass)과 자이로스코프의 원리를 응용하여 방향을 지시하는 기계식 전륜나침반(Gyro compass), 광학식 전륜나침반이 있다. 나침반 중에서 가장 많이 사용하는 계기는 기계식 전륜나침반이며 최근 단순한 구조와 신뢰도를 바탕으로 광학식 전륜나침반의 사용이 확대되고 있다.

궁금해요

▎방위, 방향에도 여러 종류가 있나요?

방위는 항해하는 선박으로부터 특정 물표 또는 접촉물의 위치를 규정하기 위한 것으로 현재 위치에서 기준선을 기준으로 물표 또는 접촉물의 위치를 360도 식으로 측정한 것을 말한다.

1 진방위(True Bearing, (T))
진북을 기준으로 물표 또는 접촉물을 360°식으로 측정한 방위

2 자침방위(Magnetic Bearing, (M))
자기의 북을 기준으로 물표 또는 접촉물을 360°식으로 측정한 방위

3 나침방위(Compass Bearing, (C))
나침반의 북을 기준으로 물표 또는 접촉물을 360°식으로 측정한 방위

4 상대방위(Relative Bearing, (R))
선수방향을 기준으로 물표 또는 접촉물을 360°식으로 측정한 방위

제2절 자기나침반(Magnetic compass)

1. 원리

<그림 2-2>는 자석을 나타낸다. 자석에서 북쪽을 가리키는 극을 N극, 남쪽을 가리키는 극을 S극이라고 한다.

이는 지구의 북쪽이 S극으로 대전되어있고 남쪽이 N극으로 대전되어 있어서 나타나는 현상이다. 자석만 있으면 지구에서 남북방향을 쉽게 알아낼 수 있다. 그러나 그 방향이 지구의 진짜 남북방향과 일치하지는 않는다. 지구에는 두 개의 북, 진북과 자북이 있기 때문이다.

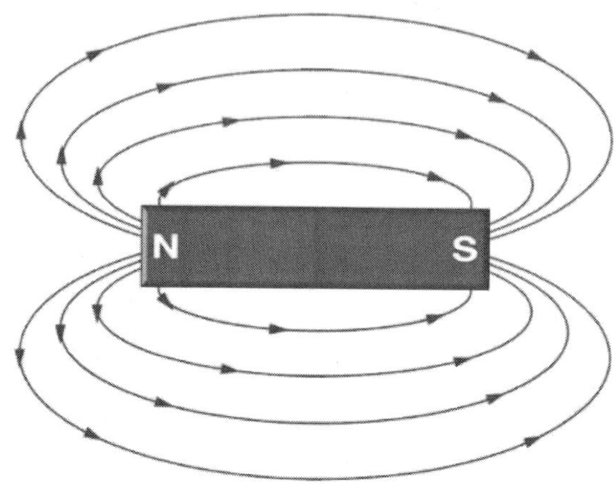

〈그림 2-2〉 자석의 모형

진북과 자북의 차이를 편차(Variation)이라 하며 자기나침반을 이용하여 항해할 경우에는 편차만큼 보상을 해 주어야 정확한 항해가 가능하다. <그림 2-3>은 진북과 자북의 차이를 나타낸다.

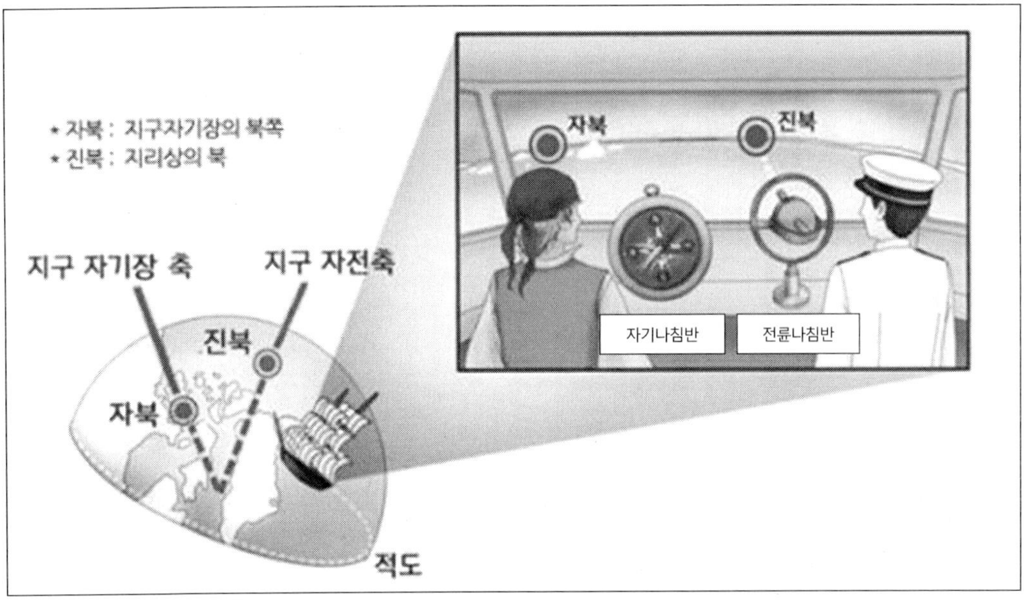

〈그림 2-3〉 진북과 자북의 차이 (출처: http://www.naver.com)

선박은 철로 만들어졌기 때문에 영구자기와 감응자기로 인하여 선박이 자석화되어 있다. 따라서 선박의 자석화는 자기나침반에 영향을 주는데 이를 자차(Deviation)라 한다.

과거 저자가 해군사관학교를 졸업하고 해군소위로 임관하였다. 최초의 함정에 부임하기 전, 나침반으로 나의 방향을 설정하고 미래를 준비하며 열심히 살아가겠다는 생각에 문구점에서 고가의 나침반을 구입하여 구축함 통신관으로 부임하였다. 오랜 시간이 흐르기 전에 책상 위의 나침반을 보니 작동을 하지 않아 너무 깜짝 놀랐다. 이것은 선박이 철로 되어 있기 때문에 영향을 받아 나타나는 현상이다. 전자장비가 많은 자동차에서도 동일한 현상이 발생함을 참고하기 바란다.

2. 구조

자기나침반은 크게 건식과 액체식으로 구분된다. 건식은 속이 빈 컴퍼스볼 안에 종이 컴퍼스

카드를 넣은 원시적인 것으로 19세기 후반 영국의 켈빈이 고안하여 사용되었다. 액체식은 알코올과 증류수를 넣은 컴퍼스볼 안에 경금속제의 컴퍼스카드를 뜨게 한 것으로 현재의 선박에서 주로 사용되고 있다.

선박에서 사용되고 있는 액체식 자기나침반 형상은 <그림 2-4>와 같으며 세부구조는 <그림 2-5>와 같다. 선박용 자기나침반은 컴퍼스 볼이 짐벌 링에 의해 받침대에 장치되어 있기 때문에 배가 동요되어도 컴퍼스 볼은 수평을 유지하게 되어있어 사용한다.

〈그림 2-4〉 액체식 자기나침반

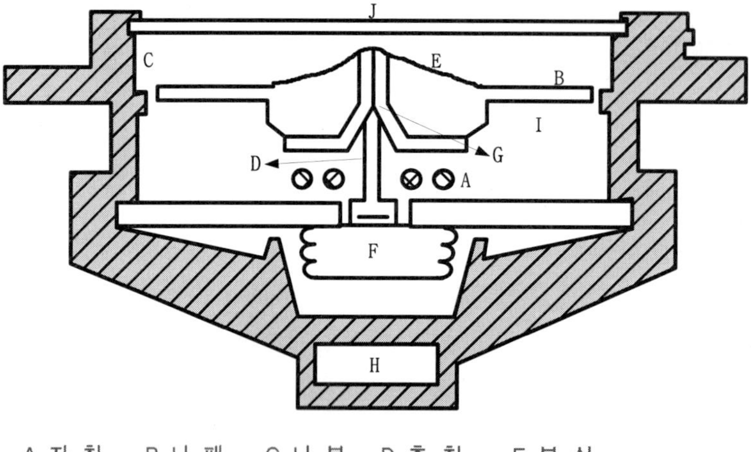

A. 자 침	B. 나 패	C. 나 분	D. 축 침	E. 부 실
F. 팽창기	G. 축 모	H. 추	I. 액 체	J. 유리 뚜껑

〈그림 2-5〉 액체식 자기나침반 세부 구조

3. 지구자기

지구자기장은 지구의 내부로부터 태양풍과 만나는 곳까지 뻗어 나온 자지장으로 회전축과 대략 10도정도 기울어져 있다. 지구가 하나의 자석처럼 이루어져 북극은 S극 또는 청극(-), 남극은 N극 또는 적극(+) 이다. 그러나 지구자기는 막대자석과는 달리 오랜 시간에 걸쳐서 변화하며 매년 대략 수분씩 변하한다고 볼 수 있다. 북극점이 조금씩 이동은 하지만 충분이 컴퍼스를 이용하고도 남을 정도로 매우 느리게 움직이고 있다. 일반적으로 지구 자기의 3요소는 편각(또는 편차), 복각 및 수평자력을 말하며 <그림 2-7>과 같다.

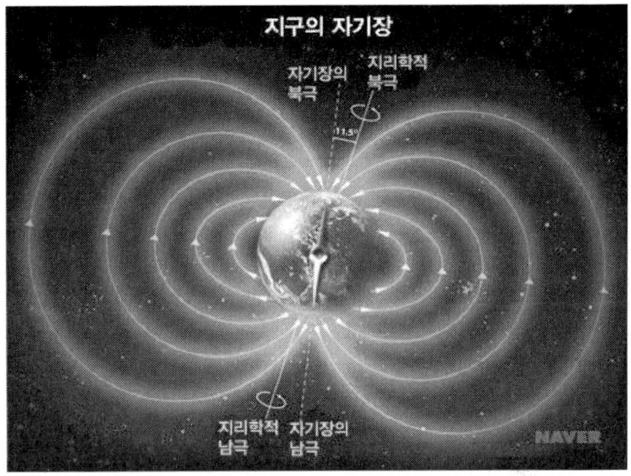

〈그림 2-6〉 지구 자기장 (출처: http://www.naver.com)

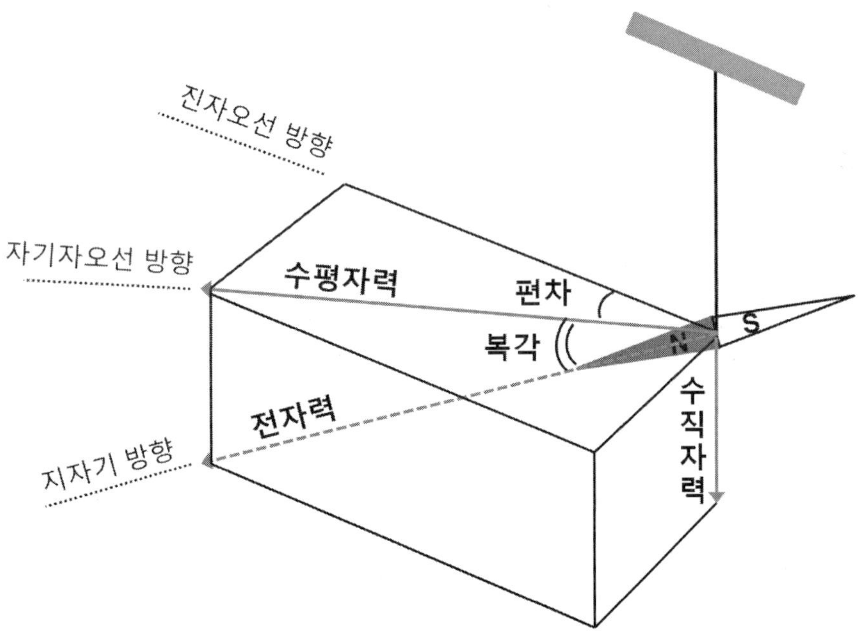

〈그림 2-7〉 지구 자기의 3요소

지구 자기의 3요소를 측정하면 그 장소에서의 지구자장을 알 수 있다. 편각은 자침을 매달아 놓았을 때 자침의 중심을 지나는 진자오선과 자기자오선의 차이, 즉 자침의 남북선과 수직면이 이루는 각이다. 복각은 자침의 남북선이 수평면에 이루는 각을 말하며 경차라고도 한다. 수평자력은 지구자장의 강도에 대한 수평방향의 자력이다. 양극에서는 수직분력만 있고 적도에서는 수평분력만 존재하게 된다.

궁금해요

▎지구 자기는 왜 생기는 건가요?

지구 자기장의 형성원인은 크게 2가지가 있다. 지구 내부 또는 맨틀이나 지각에 존재하는 자성물질에 의해 지구의 자기장이 형성되었다는 영구 자석설과 지구 내부에서 전류를 발생시킬 수 있는 물질이 움직이면서 지구 전체에 자기장을 형성했다는 다이나모(Dynamo, 발전기) 이론이다. 그러나 지구 내부의 온도는 수천℃로써 자성물질(철)의 퀴리 온도(자성물질이 자성을 잃어버리는 임계온도)를 넘어서기 때문에 영구 자석설 보다는 다이나모 이론이 더욱 설득력이 있다. 결과적으로 지구가 하나의 큰 자성덩어리이고 이러한 자성덩어리는 N극과 S극으로 구분이 되기 때문에 지구 자기가 존재하는 것이다.

4. 선체자기

선체의 자기는 영구자기와 감응자기로 구분할 수 있다. 선박은 건조될 때 선체를 조립하는 건조대에서 일정 기간 놓여있게 된다. 이때 건조대 위에서 일정한 방향의 지구 자력선 중에서 장기간 지자기의 영향을 받게 되어 진수되기 때문에 선박 전체가 영구 자석이 되는 것이다. 영구 자석의 상태는 선박이 놓인 선수방위에 따라 달라진다. <그림 2-8>은 선박이 건조되는 방향에 따른 영구자기이다. 영구자기는 선박 진수 후 선수방위가 변하여도 그 상태를 유지하며 자차를 생기게 한다.

감응자기는 수직과 수평방향으로 생기며 선체 수직 연철(연돌, 마스트 등)은 지자기의 수직자력으로, 선수미선과 평행한 수평 연철은 지자기의 수평자력으로 작용하여 자차를 발생시킨다. 수평/수직 감응자기의 자차는 <그림 2-9>와 같다. 또한 선박이 기울어졌을 때에도 경사도에 따라 자차가 발생하는데 <그림 2-10>과 같다.

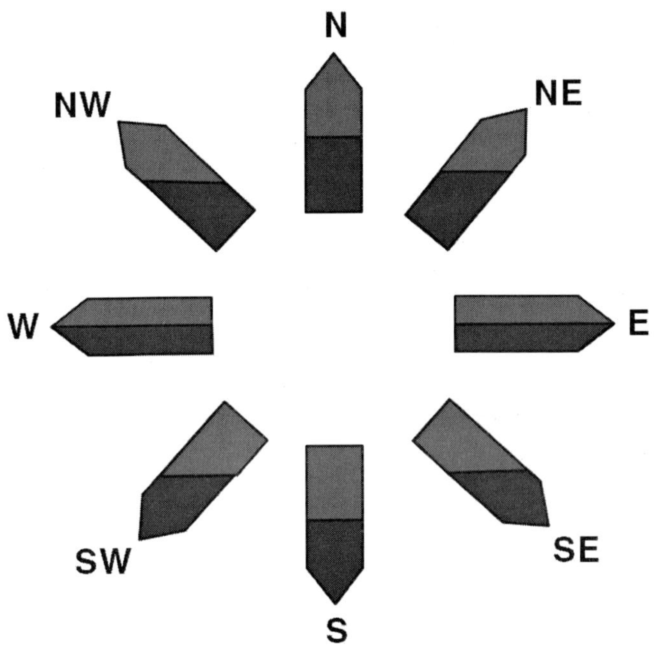

〈그림 2-8〉 선박 건조방향에 따른 영구자기

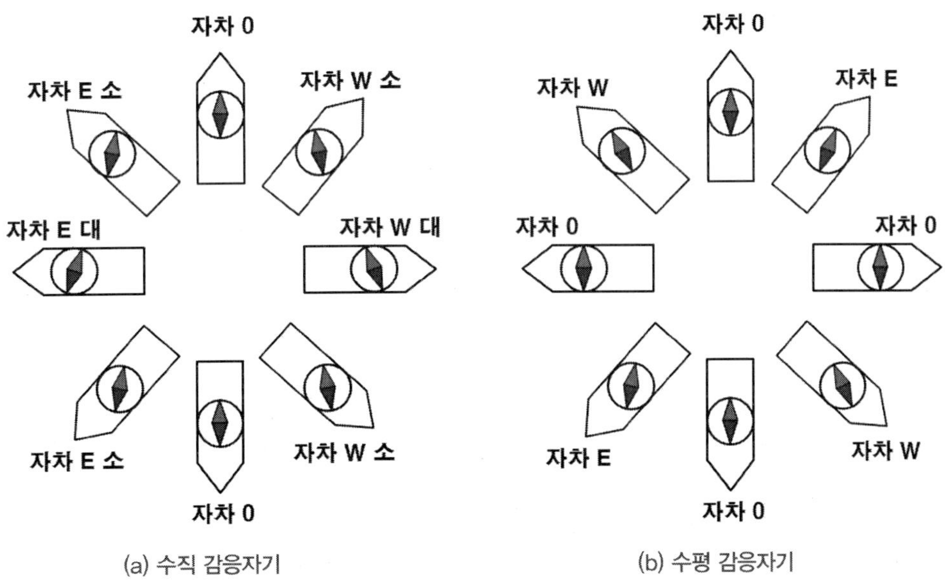

〈그림 2-9〉 수평/수직 감응자기의 자차

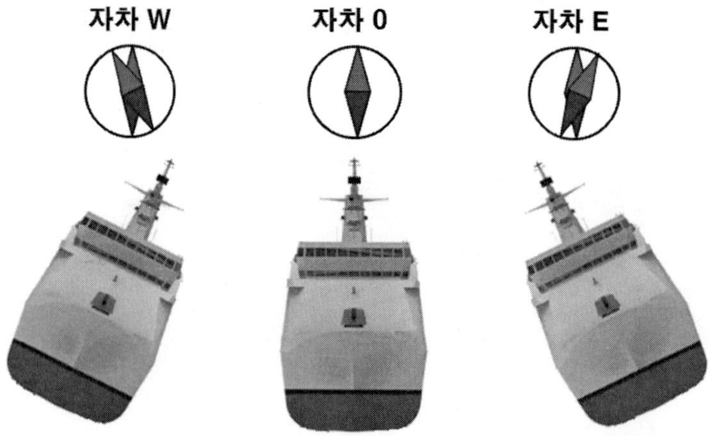

〈그림 2-10〉 선박 경사도에 따른 자차

따라서 선박 수리 시에는 자차수정작업을 실시하여 데이터화해야 한다.

5. 자차 측정

선체의 자차는 선박에 따라 다르게 나타나며 선박의 선수방향, 지구상의 위치 등에 따라 변화하기 때문에 전문적인 기술과 경험을 가진 자에 의해서 '천체 방위에 의한 방법', '전륜나침반 비교에 의한 방법', '상호 방위법', '물표의 자침 방위에 의한 방법' 등으로 자차를 측정해서 선박의 데이터를 최신화해야 한다. 그러나 측정된 데이터는 일정 시간이 경과하면 오차를 수반하기 때문에 1년 이내 1회 이상 자차 측정을 실시한다.

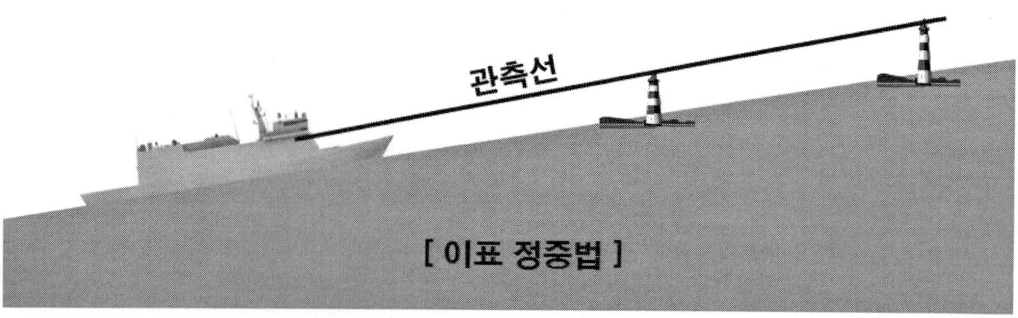

〈그림 2-11〉 자차수정을 위한 이표 정중법

해군함정에서 일반적으로 자차 측정을 시행하는 방법은 함정 수리 후 특정 해상에서 물표의 자침 방위에 의한 방법으로 육상물표를 이용하여 <그림 2-11>과 같은 이표 정중법에 따라 4방위, 8방위, 필요 시 16방위까지 측정하여 수정한다.

선박의 자차를 측정할 때 주의사항은 다음과 같다[6].

① 선박 내의 모든 철물은 항해 상태로 두며, 측정 중 철물을 이동시키지 않는 다.

② 선체의 진동을 작게 하고 선회권을 작게 하기 위하여 침로를 유지할 최소 속력을 유지한다.

③ 물표의 방위를 정확하게 측정한다.

④ 선회는 좌・우현 양쪽으로 각각 실시하며 측정치의 평균치를 사용한다.

⑤ Gaussin차를 고려하여 변침 후 약 5분 정도 경과 후 측정한다.

⑥ 정기 수리 후 시운전 때, 자차 측정을 할 경우에는 가장 진동이 많은 속력으로 2~3회 선회하여 반영구 자차를 최소로 줄인다.

6. 설치 규정(선박 설비 기준)

① 다음 각 호의 어느 하나에 해당하는 선박 등에는 기준자기컴퍼스, 조타자기컴퍼스 및 예비의 나분을 비치하여야 한다.

㉮ 근해구역 이상을 항해하는 선박

㉯ 연해구역을 항해구역으로 하는 다음의 선박

(1) 총톤수 500톤 이상의 선박

(2) 총톤수 500톤 미만의 선박으로서 여객선, 유조선 및 위험물운반선. 다만, 제108조의 5의 규정에 따른 자동식별장치를 설치한 경우에는 그러하지 아니하다.

② 제1항에 불구하고 다음 각 호의 경우에는 기준자기컴퍼스, 조타자기컴퍼스 또는 예비의 나분의 비치를 생략할 수 있다. 이 경우, 자이로컴퍼스 또는 자이로컴퍼스 리피터로 자기컴퍼스 등의 비치를 생략하는 경우 해당 자이로컴퍼스는 제99조제3항의 규정에 적합한 것이거나 이와 동등한 성능을 가지는 것이어야 한다.

㉮ 다음의 어느 하나에 해당하는 경우 기준자기컴퍼스의 비치를 생략할 수 있다.

(1) 기준자기컴퍼스와 같은 목적으로 사용할 수 있는 자이로컴퍼스 또는 리피터를 비치한 경우. 다만, 다음의 어느 하나에 해당하는 경우에는 그러하지 아니하다.

6 박양기, 박성기, 『지문항해학』, 연경문화사, p.217, 2012.

(가) 1984년 9월 1일 이후에 건조되었거나 또는 건조에 착수한 선박으로서 국제항해에 종사하는 총톤수 500톤 이상 선박의 경우

(나) 1984년 9월 1일 전에 건조되었거나 건조에 착수한 선박으로서 국제항해에 종사하는 총톤수 1,600톤 이상 선박의 경우

(2) 1980년 5월 25일 전에 건조되었거나 건조에 착수한 선박으로서 연해구역을 항해구역(국제항해에 종사하지 아니하는 선박에 한한다)으로 하는 선박 중 다음의 어느 하나에 해당하는 경우

(가) 선박의 전방 180도의 물표방위측정이 가능한 조타자기컴퍼스 및 예비의 나분을 비치하는 경우

(나) 선박의 전방 180도의 물표방위측정이 가능하지 아니한 조타자기컴퍼스와 선박의 전방 180도의 물표방위측정이 가능한 휴대용자기컴퍼스를 비치하는 경우

(3) 연해구역을 항해구역으로 하는 총톤수 200톤 미만(국제항해에 종사하는 선박은 총톤수 150톤 미만)의 선박에 있어서 전방 180도의 물표방위측정이 가능한 조타자기컴퍼스를 비치하는 경우

㉯ 다음의 어느 하나에 해당하는 경우 조타자기컴퍼스의 비치를 생략할 수 있다.

(1) 반영식(反影式)의 기준자기컴퍼스를 비치한 경우

(2) 조타자기컴퍼스와 같은 목적으로 사용할 수 있는 자이로컴퍼스 또는 그 리피터를 비치한 경우. 다만 다음의 어느 하나에 해당하는 경우에는 그러하지 아니하다.

(가) 1984년 9월 1일 이후에 건조되었거나 또는 건조에 착수된 선박으로서 총톤수 150톤 이상 선박의 경우

(나) 1984년 9월 1일 전에 건조되었거나 건조에 착수된 선박으로서 국제항해에 종사하는 총톤수 1,600톤 이상 선박의 경우

㉰ 다음의 어느 하나에 해당하는 경우 예비의 나분의 비치를 생략할 수 있다.

(1) 자이로컴퍼스를 비치하는 경우

(2) 연해구역을 항해구역으로 하는 선박의 경우. 다만, 제1호 다목 또는 제2호 가목의 규정에 의하여 기준자기컴퍼스 또는 조타자기컴퍼스를 생략하는 경우에는 그러하지 아니하다.

(3) 기준자기컴퍼스의 나분과 조타자기컴퍼스의 나분이 호환성을 가지는 경우

③ 제1항의 규정에 의한 기준자기컴퍼스, 조타자기컴퍼스 및 나분은 다음의 요건에 적합한 것이어야 한다.

㉮ 가능한 한 배의 중심선상에 설치하고, 자성물질로부터 떨어진 위치에 설치한 것일 것

㉯ 기준자기컴퍼스는 전방위에 걸쳐 시야가 좋은 곳에 이를 설치할 것

㉰ 조타자기컴퍼스는 조타위치에서 그 표시를 명확하게 구별할 수 있는 곳에 이를 설치할 것

㉱ 지침면은 해양수산부장관이 적당하다고 인정하는 것일 것

㉲ 밝기를 조절할 수 있는 2개 이상의 조명장치를 가지는 것일 것

㉳ 오차는 해양수산부장관이 적당하다고 인정하는 것일 것

㉴ 자차를 수정할 수 있는 것일 것

㉵ 나분은 선박이 임의의 방향에서 30도 경사된 상태에서도 수평을 유지할 수 있고 견고히 붙어 있는 것일 것

㉶ 잔류자차를 수정하기 위한 도표 및 방위를 측정하기 위한 장치를 설치한 것일 것

제3절 전륜나침반(Gyro compass)

1. 원리

전륜나침반은 고속으로 회전하는 회전의(자이로)의 원리를 이용하여 항상 지구의 진북을 가리키도록 만든 항해계기로 자이로컴퍼스라고도 부르며 물표의 방위 측정 및 침로 결정에 이용한다.

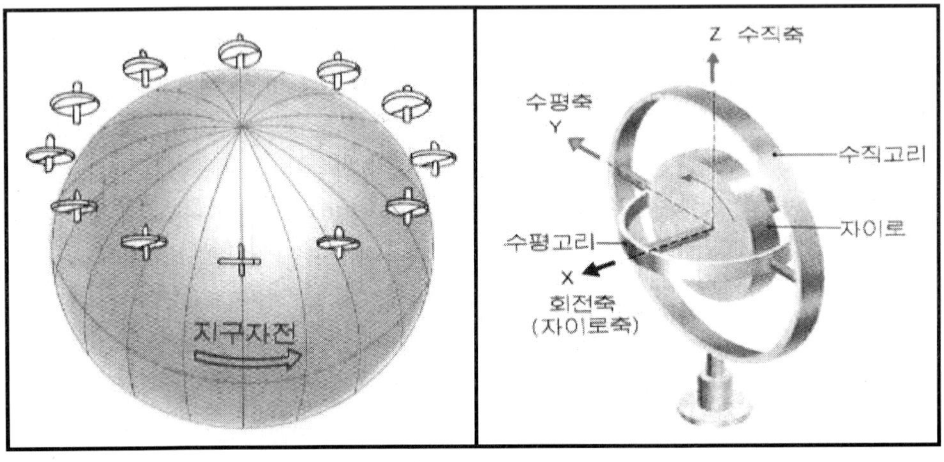

〈그림 2-12〉 자이로스코프 원리

3축의 자유를 가지고 고속으로 회전하는 자이로스코프는 외력의 영향을 받지 않는한 일정한 방향을 유지하려는 방향 보존성을 갖고자 한다.

여기에 회전축과 일치하지 않는 방향에서 외력을 가하면 축과 90도가 되는 방향으로 이동하는 특성이 있다. 이를 세차운동이라 한다. 그림 <그림 2-12>는 자이로스코프의 원리를 나타내다. 따라서 전륜나침반은 자이로스코프의 특성과 지구의 자전, 중력의 힘에 의해 북쪽을 향하게 하는 것이다.

2. 분류

전륜나침반은 기계식과 광학식으로 구분된다.

기계식 전륜나침반은 1960년대 이론이 정립되어 1970년대 실용화되었으며 1980년대 활성화되었다. 로터가 회전 시 이를 지지하는 x, y, z 방향 프레임(Gimbal)이 움직여도 로터 회전축은 일정한 방향을 유지하려고 하며 <그림 2-13>과 같이 선체에 고정되어 있다면 선체가 움직여도 로터의 회전축은 동일한 방위를 유지하고 있는 점을 이용하여 선체에 고정된 Gimbal과 로터 회전축간의 각도, 각속도, 각가속도 등을 측정할 수 있다. 군사적으로 미해군을 비롯한 많은 나라들의 함정에서 사용하고 있는 기계식 전륜나침반은 Sperry와 Litton사 제품으로 <그림 2-14>와 같으며 최근에는 AN/WSN-2가 많이 사용된다.

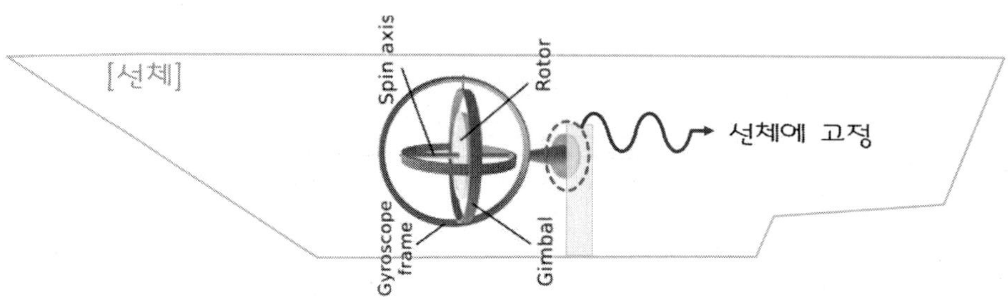

〈그림 2-13〉 선체에 고정된 자이로스코프

광학식 전륜나침반은 사냑효과(Sagnac effect)를 이용한 전륜나침반으로 링레이저(RLG: Ring Lazer Gyro)와 광섬유(FOG: Fiber Optic Gyro)로 구분된다. 사냑효과는 회전 시 빛의 성질을 이용한 것으로 일정한 반경을 가진 닫힌 경로를 서로 반대방향으로 진행할 때 광원이 어떤 각속도로 회전한다고 가정하면 회전 반대방향으로 지나가는 빛살은 회전방향으로 진행하는 빛살보다 더 빠르게 광원에 도달하는 것이다.

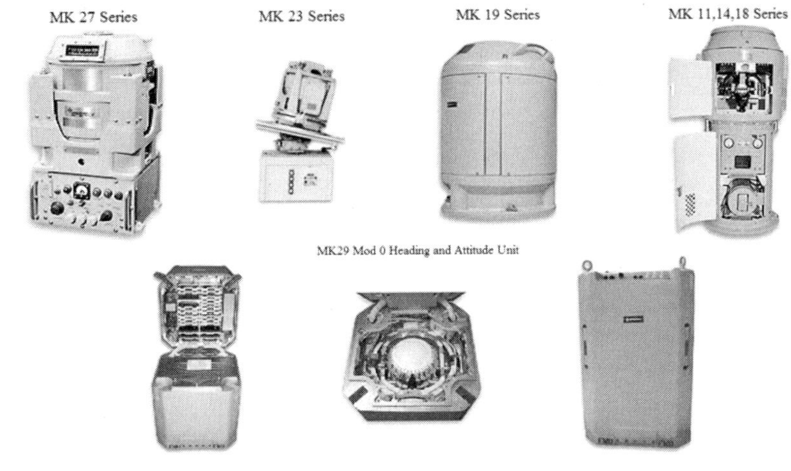

〈그림 2-14〉 군사적으로 사용되는 기계식 전륜나침반 (출처: http://www.gyrosystems.com)

이 때 두 빛살 사이에 발생한 시간차 또는 위상차에 의해 빛살 간에 생긴 간섭무늬의 이동이 생기는데 이 현상을 말한다. <그림 2-15>는 사낙효과의 원리를 나타낸다. 광학식 전륜나침반은 1970년대 이론이 정립되고 1980년대 말 제품이 개발되어 소형 및 경량화는 물론 고정밀도에 의해 응용분야가 확대되고 있다. 특히 기계식 전륜나침반은 안정화를 위한 정렬시간이 4시간이상 소요되지만 광학식 전륜나침반은 30분미만으로 긴급출항 소요발생시 대처가 용이하다. <그림 2-16>은 SIGMA-40 링 레이저 자이로 형상이다.

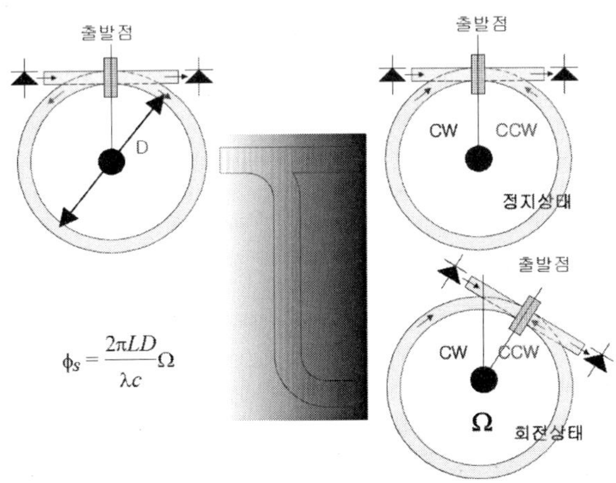

〈그림 2-15〉 사낙효과 원리 (출처: 물리학과 국방기술)

〈그림 2-16〉 SIGMA-40 링 레이저 자이로 (출처: http://www.sagem.com)

3. 오차

전륜나침반 오차는 일반적으로 나침반이 정렬하여 안정화되기 전에 발생되게 되는데 위도변화, 속도나 침로변화, 선체 동요에 의한 오차 등 다양한 오차가 발생 될 수 있으니 참고하기 바란다.

① 위도변화 오차

전륜나침반은 세차운동에 의해 진북을 나타내는 장비이다. 따라서 적도에 있을 때에는 오차가 없지만, 선박의 위치가 북반구에 위치하게 되면 편동, 남반구에 위치하게 되면 편서오차가 발생하며 고위도가 될수록 증가하게 된다. 그러나 이 오차는 위도오차 수정기에 의해서 수정할 수 있다.

② 속도나 침로변화 오차

3축의 자유를 가지고 고속으로 회전하는 자이로스코프는 지구의 자전운동에 영향을 받는 것이기 때문에 선박이 남북 방향으로 침로나 속도가 변화하게 되면 변화는 방향으로 힘의 벡터성분을 갖게 되어 편각오차가 발생하게 된다. 또한 지구가 자전하는 각속도는 위도에 따라서 다르게 된다. 적도면에서는 약 1,670km/h, 우리나라의 위도에서는 약 1,340km/h의 각속도로 회전하게 된다. 따라서 위도와 속도에 따라 다른 영향을 받게 되기 때문에 수정기에 의해서 수정할 수 있다.

③ 선체 동요 오차

황천 등과 같은 큰 외력에 의해 선체의 동요가 크게 생기면 자이로 축에 영향을 주어 오차가 발생할 수 있다. 이를 방지하게 위해 나침반을 안정적인 위치에 두면 오차가 방지 된다.

4. 리피터

리피터(Repeater)는 주 나침반의 방위정보를 전송하여 선박의 안전을 위해 360도 확인할 수 있는 장소에서 볼 수 있도록 하는 장비이다. 리피터 운용은 <그림 2-17>과 같이 자기나침반, 전륜나침반, 위성나침반 등의 선박 방위 정보를 받아서 특성 장소에서 전시하거나 방위측정에 사용하게 된다. 리피터 종류는 <그림 2-18>과 같이 지시 방법에 따라 아날로그 형과 디지털 형으로 구분하기도 하고, 형태에 따라 격벽 형(Bulk-head)과 스탠드 형으로 구분하기도 한다. 최근에는 과학기술의 발달로 아날로그와 디지털 정보를 함께 전시하기도 한다.

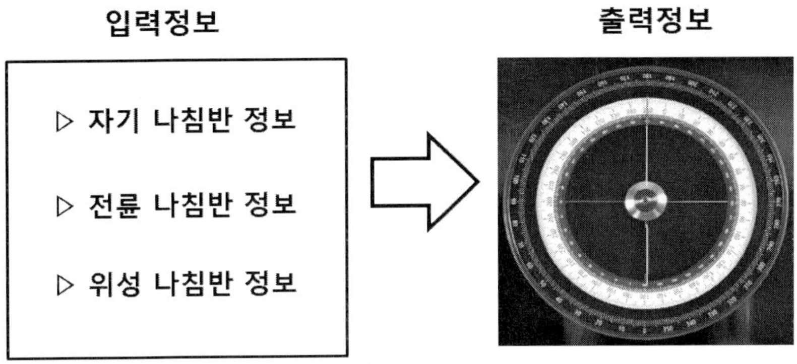

〈그림 2-17〉 리피터 운용

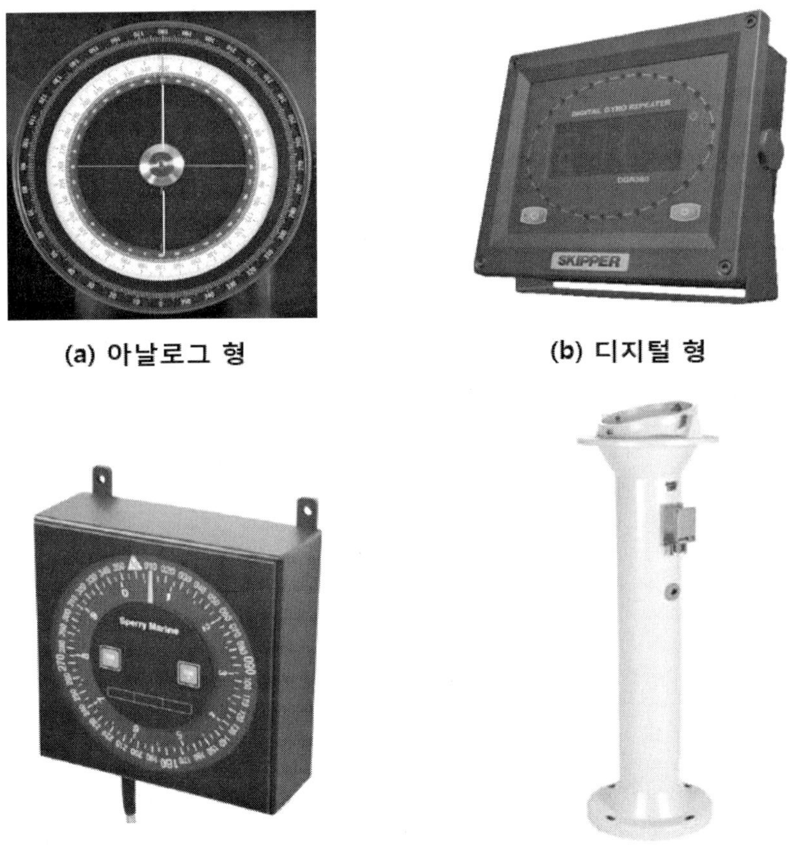

(a) 아날로그 형

(b) 디지털 형

(c) 격벽 형

(d) 스탠드 형

〈그림 2-18〉 리피터 종류

함정에서는 스탠드 형 아날로그 자이로리피터가 함교 중앙과 좌/우 현측에 비치되어 함수 전방 및 함정 주위 360도를 관측할 수 있도록 되어 있다. 스탠드 형 자이로리피터에는 방위환을 위에 올려놓고 주위 물표의 방위를 확인할 수 있다. 자세한 내용은 제6절을 참고하기 바란다. 또한 항해안전을 위해 장교들이 언제든지 함수 방위를 확인할 수 있도록 사관실과 같은 주요 장소에 격벽형이 비치되어 있다.

4. 설치 규정(선박 설비 기준)

① 총톤수 500톤 이상의 선박에는 자이로컴퍼스를 설치하여야 한다. 다만, 평수구역을 항해구역으로 하는 선박은 그러하지 아니하다.

② 총톤수 1,600톤 이상의 선박에는 전방위를 확인할 수 있는 장소에 전방위를 확인할 수 있는 자이로컴퍼스 리피터를 설치하여야 하며 비상조타기가 설치된 선박의 경우에는 비상조타기실 안에 선수방위를 측정할 수 있는 자이로컴퍼스리피터를 설치하여야 한다.

③ 제1항의 규정에 의한 자이로컴퍼스는 다음의 요건에 적합한 것이어야 한다.

㉮ 마스터자이로컴퍼스는 조타위치에서 그 표시를 명확하게 식별할 수 있는 위치에 이를 설치할 것. 다만, 해당 위치에 자이로리피터가 설치되는 경우에는 그러하지 아니하다.

㉯ 정지상태로부터 해양수산부장관이 지정하는 시간이내에 안정될 수 있는 것일 것

㉰ 선박의 속력 및 위도의 변화에 의하여 생기는 오차를 수정할 수 있는 것일 것

㉱ 급전이 정지된 경우 경보를 발하는 것일 것

㉲ 선수방위에 관한 정보를 항해용 레이더, 기타 필요한 항해용구 등에 전달할 수 있는 것일 것

㉳ 밝기를 조절할 수 있는 조명장치를 설치한 것일 것

제4절 위성나침반(Satellite Compass)

위성나침반(Satellite Compass)은 전 세계적인 측위시스템인 GNSS(Global Navigation Satellite System)를 이용하여 방위를 알 수 있는 항해계기이다. 초기 시스템은 전세계적으로 활발하게 사용되어 온 GPS를 이용한 시스템으로 수신기를 <그림 2-19>와 같이 2개 또는 3개를 이용하여 위성신호인 코드신호 또는 반송파 신호를 이용하여 방위를 알 수 있었다. 그러나 최신 시스템은

GPS 외에도 GLONASS, Galileo 시스템 등 모든 GNSS를 이용할 수 있음은 물론, 선수방위 정보 외에 횡요, 종요, 선수요, 선회율, 대지속력(SOG: Speed Of Ground), 대지침로(COG: Course Of Ground)를 계산하여 <그림 2-20>과 같이 전시할 수 있다. 위성나침반은 방위 정확도가 제품에 따라 다소 상이하지만 대략 RMS(Root Mean Square) 0.2~0.5°를 가지고 있으며, 전륜나침반(Gyro compass)의 문제점인 안정화 시간이 불필요하지만 최초 장비를 작동 후에 위성을 추적하여 위성신호를 수신하는데 2~5분의 시간이 소요된다.

(a) 수신기 2개

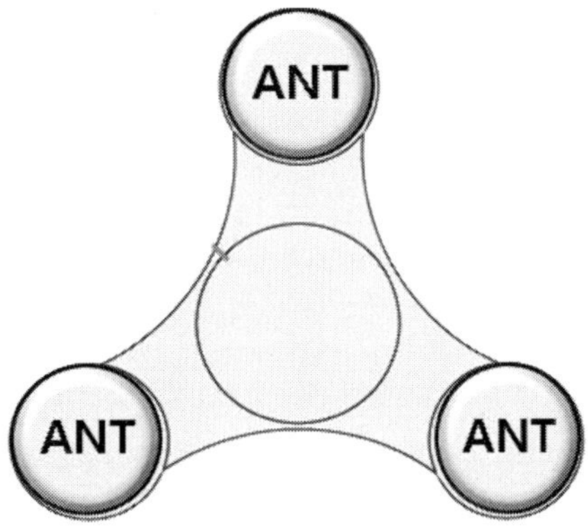

(b) 수신기 3개

〈그림 2-19〉 위성나침반 안테나 형태

(a) 방위정보

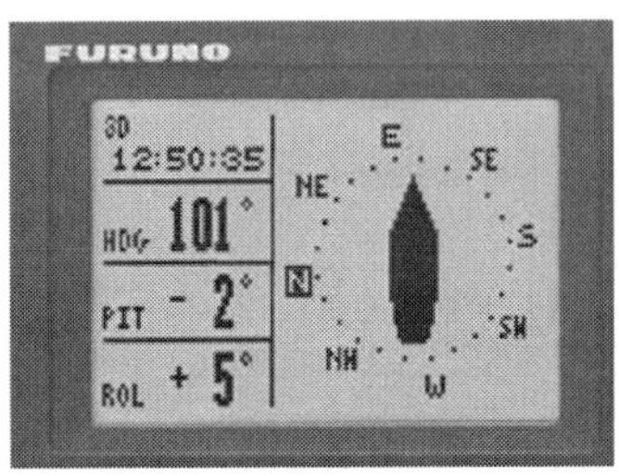

(b) 방위/횡종요정보

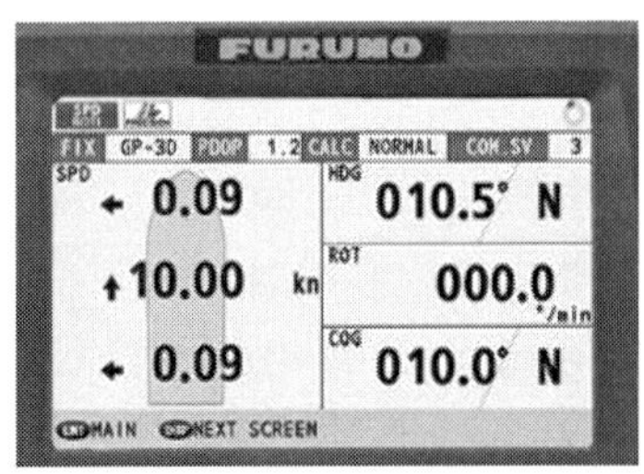

(c) 방위/횡종요/침로정보

〈그림 2-20〉 위성나침반 정보 표시 형태(출처: Furuno사)

선박에 장비를 설치할 때에는 제품의 선수방향 표시와 선박의 선수방향을 정확히 맞추어 설치하여야 하며, 항해레이더의 빔폭 안에 안테나가 들어가지 않도록 유의하여야 한다. 또한 안테나가 마스트와 같은 구조물 근처에 설치되면 다중반사의 영향을 받을 수 있으므로 다소 이격시켜야 한다. 최근 시판되고 있는 위성나침반의 대표적인 제품으로는 Fruno사의 SC-130, SC-70, JRC사의 JLR-21, Koden사의 KGC-222 등이 있다.

궁금해요

위성나침반은 정확하고 안정화 시간이 필요 없어서 매우 좋은데, 왜 모든 함정에서 사용하지 않죠?

위성나침반은 인공위성으로부터 전파 신호를 받아 수신되는 안테나 위치를 고려하여 방위를 나타내기 때문에 위성항법의 취약성을 그대로 내포하고 있습니다.

즉, 위성항법시스템은 전파를 이용하기 때문에 항법전(Navigation Warfare)에서 전자공격의 전파방해와 기만에 취약한 단점을 가지고 있습니다. 항법위성에서 보내는 신호는 주파수(L 밴드)와 코드(C/A)가 공개되어 있을 뿐만 아니라 약 20,000km 상공에서 송신하기 때문에 −160 dBW 이하로 신호가 매우 미약합니다. 따라서 외부 간섭에 쉽게 노출될 수 있어 전자공격에 의해 방해(Jamming) 및 기만(Spoofing)을 손쉽게 받을 수 있는 것입니다. 위성나침반은 방위 정보와 횡 · 종요 정보, 속력 등 정확한 정보를 제공함은 물론, 안정화 시간 불필요 등 우수한 특성이 있으면서도 위와 같은 취약성을 가지고 있어서 정상적인 작동이 어려울 수 있습니다. 특히, 함정의 방위 정보는 전투체계와 연동되기 때문에 매우 중요한 부분입니다. 따라서 상선에서는 위성나침반을 많이 사용하지만, 군함에서는 사용하지 않고 있습니다.

제5절 방위 개정

선박에서 어떤 목표물의 방위를 자기 나침반으로 측정하였을 때에는 그 방위를 진방위로 수정하여야 한다. 나침방위 또는 자침방위를 진방위로 수정하는 것을 방위 개정(Correcting)이라고 하며, 이 때 자차와 편차를 이용하여 가감을 하게 된다. 자차는 자북을 기준으로 한 나북의 방향을 말하고 편차는 진북을 기준으로 한 자북의 방향을 말한다.

즉, 나침방위에 자차를 가감하여 자침방위를 구하고 자침방위에 편차를 가감하여 진방위를 구하면 된다. 자세히 설명하면, 자차가 편동(E)이면 나침방위에 자차를 더해서 자침방위를 구하고 자차가 편서(W)이면 나침방위에 자차를 감해서 자침방위를 구한다. 또한 편차가 편동(E)이면 자침방위에 편차를 더해서 진방위를 구하고 편차가 편서(W)이면 자침방위에 편차를 감해서 진방위를 구한다. 방위를 개정하는 절차를 그림으로 표현하면 <그림 2-21>과 같다.

C	D	M	V	T
(나침방위)	(자차)	(자침방위)	(편차)	(진방위)
C	D(E)	C+D	V(E)	M+V
C	D(W)	C-D	V(W)	M-V

〈그림 2-21〉 방위개정 절차

예를 들면, 선박에서 육지 물표를 보는 나침방위가 090°이고 자차가 3°W(편서), 편차가 5°E(편동)이면 자침방위는 087°(090°-3°)이고 진방위는 092°(087°+5°)이다. 좀 더 복잡한 예를 들면, 선박의 선수방위가 100°이고 'A'라는 물표가 선박으로부터 상대방위 330°에 위치해 있다. 자차가 3°E(편동)이고 편차가 4°E(편동)일 때, 물표 'A'의 진방위, 자침방위, 나침방위를 구하면 <그림 2-22>와 같이 진방위 070°, 자침방위 066°, 나침방위 063°가 된다.

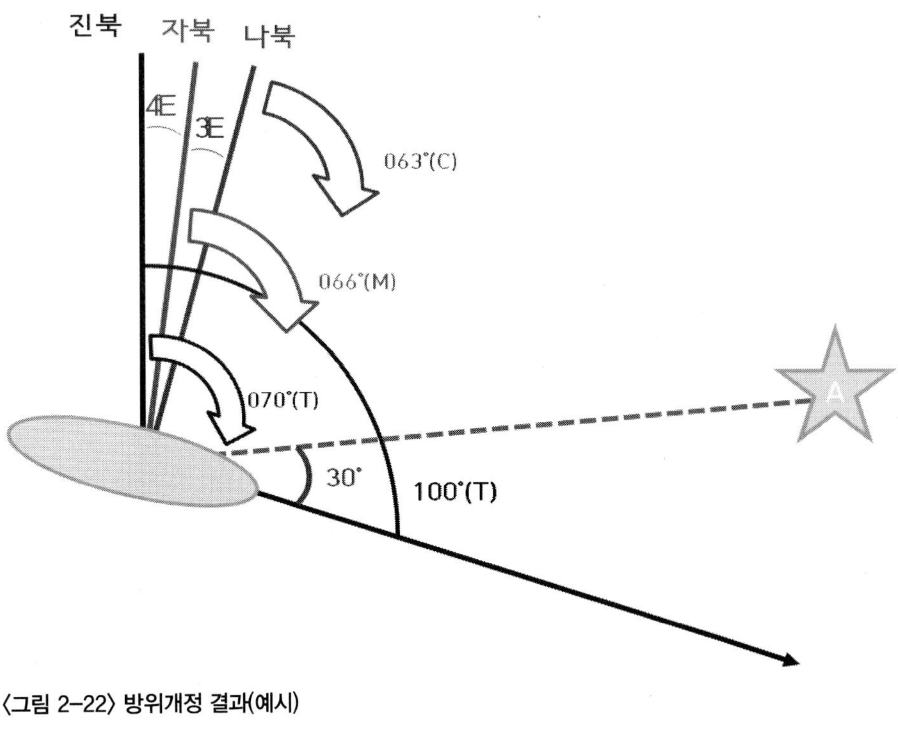

〈그림 2-22〉 방위개정 결과(예시)

일반적으로 방위개정과 침로개정을 동일시 하지만 침로(Course)를 개정할 때에는 외력의 영향, 즉 풍압차와 유압차를 고려하여야 한다.

궁금해요

▌ 침로와 방위는 어떻게 다른 건가요?

침로는 선박이 나아가는 방향을 나타내는 것으로, 어떤 기준선(진북, 자북, 나북)에서 선박이 어느 방향으로 진행하고 있느냐(시침로, 자침로, 나침로) 하는 것과 선박이 어느 방향으로 진행했는가(진침로) 하는 것을 의미한다. 즉, 배가 향하고 있는 방향에 대한 정보사항 이라고 할 수 있다.

반면에 방위는 선박이 어느 방향으로 진행하는지와 무관하게 현재의 배의 위치에서 각 기준선(진자오선, 자기자오선, 나침반의 북, 선수방향)에 대하여 특정 물표나 표적이 어느 방향에 위치하는 지를 표현하는 것이다. 예를 들어 아래 그림에서 선수 방향이 진자오선 방향으로 있을 때(A)나, 진자오선 방향에서 090°만큼 시계방향 쪽으로 있을 때(B)나 물표의 진방위는 동일하게 060°(T)가 되지만, 시침로는 경우 A의 경우 000°이며, B의 경우 090°가 된다.

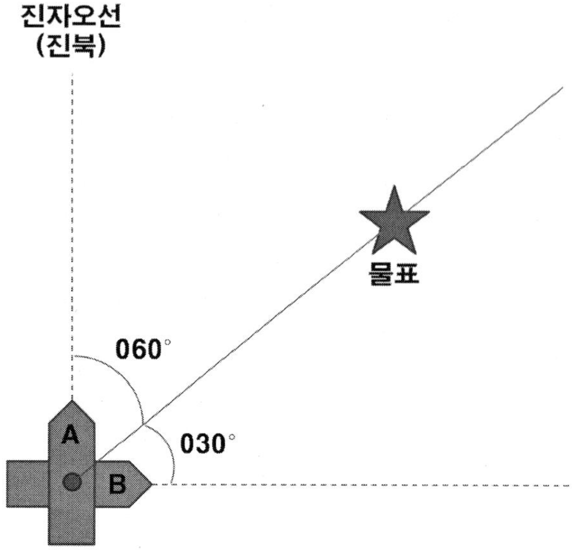

제6절 방위환

방위를 측정하기 위해 컴퍼스 보울 위에 올려놓고 사용하는 것이 방위환이다. 방위환은 비자성체로 되어있으며 0° ~ 360°까지 눈금이 표시되어 있다. 방위환은 손잡이와 두 개의 조준편이 있다. 사용 시에는 대안 조준편을 통해 대물 조준편의 중앙 철사를 이용하여 물표의 방향을 맞추고 방위를 읽으면 된다. 대물 조준편 뒤쪽에는 흑경이 있는데 항성의 빛을 반사하게 되어 있으므로 고도가 높은 천체 관측 할 때 사용한다.

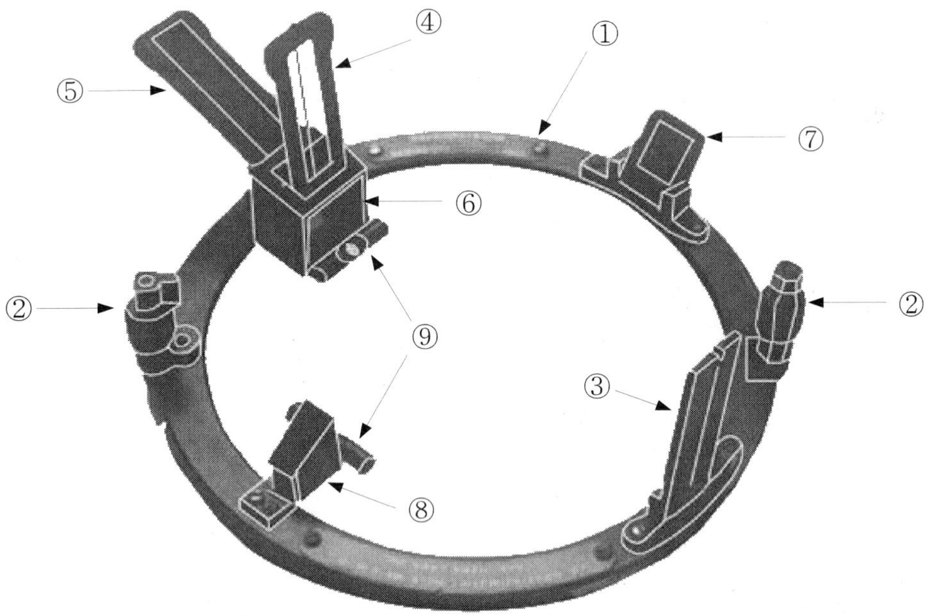

① 환 : 0~360도까지의 눈금이 표시되어 방위를 측정 시 사용
② 손잡이 : 2개가 있으며, 잡거나 회전 시 사용
③ 대안 조준편 : 중심에 위/아래로 긴 홈이 있으며 물표를 관측 시 눈을 대고 관측
④ 대물 조준편 : 중앙에 가는 철사 1개가 수직 있어 방위측정 시 대안 조준편을 통해 물표를 이 철사에 일치시킴
⑤ 흑경 : 천체(항성, 북극성)의 방위를 관측 시 사용
⑥ 오각 분광기 : 대물 조준편 밑에 있으며 분광기 원리로 카드상 도수가 보임
⑦ 요면경 : 태양방위 관측 시 사용, 입사 광선이 입사 분광기에 반사시킴
⑧ 입사 분광기 : 요면경 반대편에 있는 반사 분광기
⑨ 수평계 : 환이 수평이 되는가 확인 수평을 유지해야 정확함

〈그림 2-23〉 방위환의 각부 명칭

방위환은 지리적인 물표와 천체의 방위를 측정하는데 사용하며 선체가 요동할 때에는 정확한 물표방위를 측정할 수 없어 방위측정에 오차가 있음을 주의해야 한다. 방위환의 각부 명칭은 <그림 2-23>과 같다.

방위환 사용 절차는 <그림 2-24> 처럼 다음과 같다.

① 왼손으로 방위환의 손잡이를 잡고, 오른손으로 대안 조준편을 잡고 방위환을 측정하고자 하는 물표 방향으로 돌린다.

② 대안 조준편의 홈을 통해 대물 조준편의 중앙 철사를 관통해서 물표의 방향을 맞춘다.

③ 오른손으로 대안 조준편을 접고 분광기에 반사된 방위각을 읽는다.

〈그림 2-24〉 방위환 사용 절차

이것만은 알아둡시다!

1 **자기나침반 :** 지구자장의 방향을 고려하여 북쪽을 나타내는 항해계기로 편차와 자차를 고려하여 항행하여야 함
* 편차는 진북과 자북의 차이이며, 자차는 선박의 자석화 영향으로 컴퍼스 남북선과 자기 자오선의 차이
* 안정화 시간 불필요

2 **전륜나침반 :** 자이로스코프의 원리를 이용하여 진북을 지시하는 항해계기, 정확한 진북을 찾기 위해서는 안정화 시간이 필요함
* 안정화 시간
  – MK–27(구형 기계식) : 보통 3~4시간
  – SIGMA–40(광학식) : 정박 15분, 항해 30분

3 **위성나침반(Satellite Compass) :** 위성항법(GNSS) 수신기 2~3개를 이용하여 진북을 지시하는 항해계기, 정상 작동을 위해 위성 탐지시간 2~5분 필요함
* 안정화 시간 : 2~5분
* GNSS Jamming에 취약

4 **C D M V T 이용 방위 개정**

| 참고문헌 |

[1] Thomas J. clutter, 『Dutton's Nautical Navigation』, 2en-ed., McGraw-Hill, 2008.
[2] 고재우, 임봉택, 최창묵, 『재미있는 항해학개론』, 세종출판사, 2016.
[3] 최창묵, 『재미있는 전파항해학』, 세종출판사, 2017.
[4] 박양기, 박성기, 『지문항해학』, 연경문화사, 2012.
[5] 해군본부, 『항해와 항법 교범』, 2017.
[6] 문홍기, 오문수, "자이로의 군사분야 응용 및 발전 전망", 물리학과 첨단기술, pp.19-24, 2006년 1-2월.
[7] 네이버 『지식백과』
[8] Wikipedia 『백과사전』
[9] FURUNO 홈페이지(http://www.furuno.com)
[10] Gyro Systems Company 홈페이지(http://www.gyrosystems.com)
[11] Safran Electronics & Defense Company 홈페이지(http://www.sagem.com)

3장
속력 측정계기

제1절 개요
제2절 전자식 로그
제3절 도플러 로그
제4절 인공위성을 이용한 로그
제5절 설치규정
제6절 항해용 속력 환산표

제3장
속력 측정계기

제1절 개요

선박이 정해진 목적지를 찾아가기 위해서는 현재의 위치와 방위, 속력, 시각정보가 매우 중요하다. 본 장에서는 그중 하나인 속력에 대하여 설명한다.

먼저, 우리는 흔히 속력과 속도에 대하여 혼용하여 많이 사용한다. 속력은 영어로 Speed라고 하며 스칼라량이고, 속도는 영어로 Velocity라고 하며 벡터량이다. 즉, 속력은 일정한 시간동안 이동한 거리를 표현하는 빠르기이고, 속도는 빠르기와 방향정보를 함께 나타내는 것이다. 예를 들면 고속도로에서 북쪽으로 100km/h로 달려가는 자동차와 남쪽으로 100km/h로 달려가는 자동차를 비교하면 속력은 같지만, 속도는 다른 것이다. 항해계획을 수립할 때에는 선박의 속도가 될 것이고 단순 항해 중 선박의 빠르기를 측정하는 것은 속력이 되는 것이다.

항해학에서 사용하는 속력의 단위는 노트이며, 1노트란 1시간에 1해리를 항주하는 속력을 말한다. 즉, 노트란 1시간당 항주하는 해리인 것이다. 예를 들어, 1시간에 10해리를 이동할 경우 10노트의 속력이 되는 것이다.

과거에는 항해하는 선박의 선수에서 나무토막(log)을 던지고 그 나무토막이 선미에 도착하는 시간을 계산하여 선박의 속력을 측정하였으나 현대에는 과학기술이 발달하여 대수속력(STW: Speed Through the Water)과 대지속력(SOG: Speed Over the Ground)을 측정하는 계기를 사용하고 있다. 대수속력을 측정하는 계기는 패러데이의 전자 유도법칙을 응용한 전자식 로그가 있으며 대지속력을 측정하는 계기는 위성을 이용하는 로그(GPS 로그)와 음파를 이용하는 도플러 로그가 있다. 최근에는 전자식 로그나 도플러 로그에 GPS를 연동시켜 속력를 보정하는 쪽으로 로그를 개발하는 회사도 있다.

함정에서는 전자식 로그를 이용하여 속력을 측정하고 <그림 3-1>과 같은 다기능 지시기를 통해 침로, 속력, 풍향속, 타각 등 다양한 정보를 동시에 제공하고 있다.

따라서 본 장에서는 전자식 로그, 도플러 로그, 인공위성을 이용한 로그, 항해용 속력 환산표를 이용하는 방법에 대하여 설명하고자 한다.

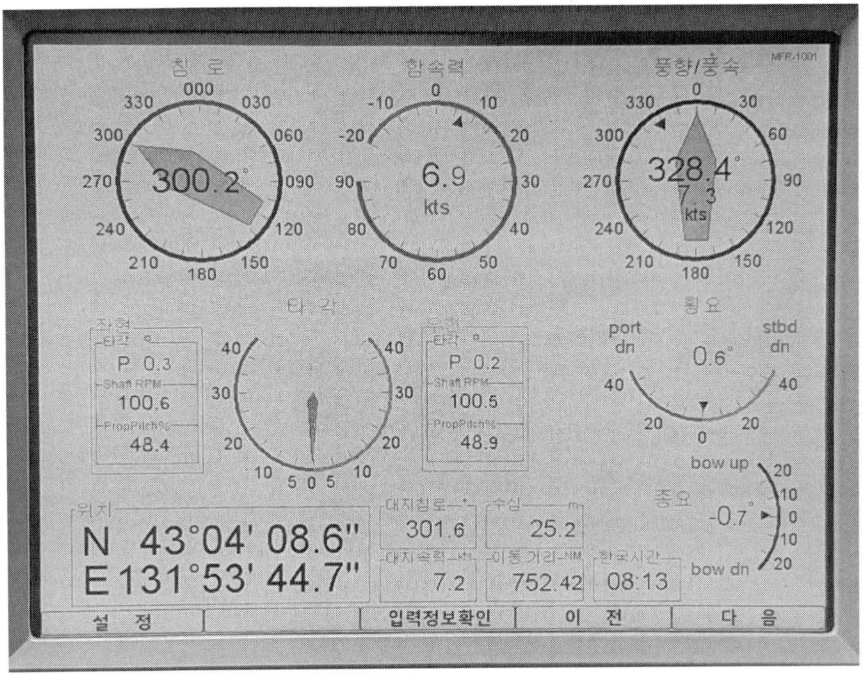

〈그림 3-1〉 함정용 다기능 지시기

궁금해요

▎왜 선박에서 속력/속도계를 부를 때 『로그』라고 부르나요?

과거 선박에서는 모두 추측항법을 하였기 때문에 선박의 현재 위치에서 다음 위치를 예측하려면 침로와 속력, 시간이 매우 중요하였습니다. 따라서 각 항목을 정확하게 알기 위한 여러 방법이 고안되었고, 속력 또한 바다 속 해조류의 움직임이나 나무토막(log)을 사용하는 방법 등이 고안되었는데 그중에서 많이 사용한 것이 나무토막을 이용하는 것이었습니다. 이 방법은 선박의 선수 쪽에서 바다로 나무토막을 던지고 나무토막이 선미 쪽에 언제 도착하는지 시간을 재서 알고 있는 선박의 길이를 고려하여 속력을 계산하는 것입니다.

* 속력 = 거리 / 시간

따라서 지금까지 나무토막, 로그라는 용어를 쓰고 있는 것입니다.

궁금해요

▎속력의 단위는 왜 노트(Knot) 인가요?

초창기 선박의 뒤쪽에 부채꼴 모양의 나무판을 줄로 연결해 선미 쪽으로 던진 후 줄에 표시한 매듭(Knot)을 이용하여 속력을 가늠하였습니다. 줄에는 하얀 천으로 7미터 간격으로 매듭을 짓고, 첫 번째 매듭이 식별될 때 14초짜리 모래시계를 작동하였습니다. 14초가 다 지난 후에 줄을 정지시키고 몇 번째 매듭까지 풀려나왔는지를 확인하면 속력을 확인할 수 있었습니다. 즉, 배의 속력을 천의 매듭으로 확인할 수 있다고 하여, 속력의 단위를 Knot(매듭)으로 표현을 한 것입니다. 앞선 사례의 경우 1kts의 속력으로 이동할 경우 7.2m를 전진하게 되어, 2번째 매듭을 볼 수 있고, 매듭수에 따라 그 속력을 가늠할 수 있는 것입니다.

$$14\text{초} \times 1kts\,\text{속력}\,(1852m/3600\text{초}) = 7.2m$$

제2절 전자식 로그

전자식 로그(EM log : Electromagnetic log)는 패러데이의 전자 유도 법칙(자기장 속을 운동하는 도체에는 기전력이 유도된다.)을 이용하여 속력을 측정하는 계기이다.

선박의 밑부분에 센서를 장착하여 선박과 해수 간의 상대 속력을 측정하는 것으로 센서에 AC 50V 60Hz의 여자신호를 공급하여 코일에 인가되면 자기장을 형성한다. 해수가 이 자기장을 통과하면 해수에 미소한 유도기전력이 발생되고 여기서 전기를 인출하여 전압을 측정, 260μV/knot 속력을 계산하는 것이다.

<그림 3-2>는 센서 로드미터에서 선박의 속력 검출 개념을 나타낸다.

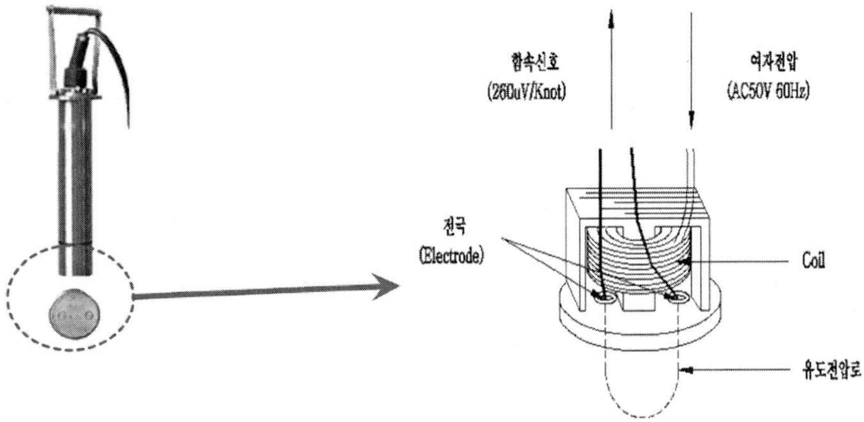

〈그림 3-2〉 센서 로드미터에서 선박의 속력 검출 개념

선박의 속력 및 항해거리를 제공하는 전자식 로그는 본체와 속력을 검출하는 로드미터, 해수밸브, 연동접속상자 및 원격지에 설치된 다수의 리피터로 구성되어 있으며 각종 장비(항해장비, 사격통제 장비 등)에 연동신호를 공급한다. <그림 3-3>은 전자식 로그의 구조이다.

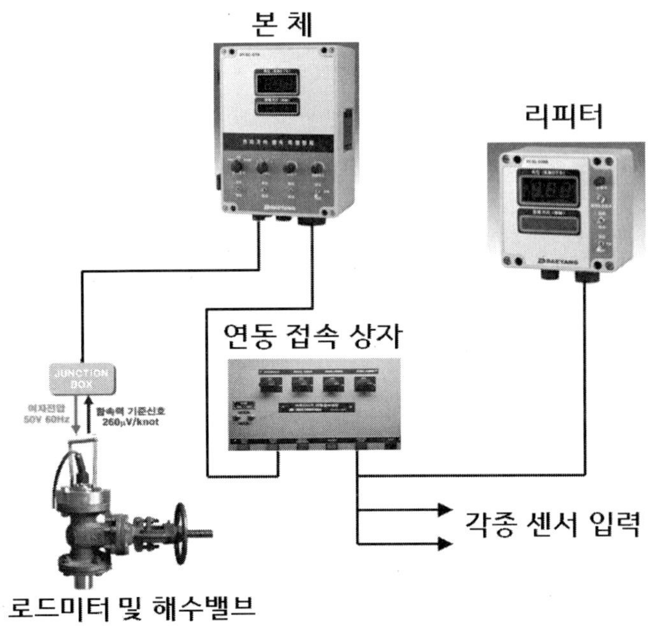

〈그림 3-3〉 전자식 로그 구조

본체는 로드미터 및 해수밸브로부터 속력신호를 받아 증폭 및 변환하여 전시함은 물론 리피터 및 각종 장비에 연동신호를 공급하는 일체의 기능을 한다. 대양전자의 전자식 로그의 경우 DISPLAY는 함정의 속력을 -9 ~ +99.9Knots까지 지시할 수 있으며, 항해거리는 0 ~ 9999.99 마일까지 지시 가능하다.

리피터는 본체와 동일한 속력 및 항해거리를 지시하는 기능을 가지며 필요에 따라 여러 장소에 추가적으로 설치가 가능하다.

로드미터 센서는 선박이 항해하고 있을 때 속력신호를 발생시키는 역할을 하며 해수밸브를 통해 선체 밖으로 돌출되어 있어 함정의 속력에 비례하여 260μV/Knot, 60Hz의 신호를 생성하여 본체에 공급한다.

로드미터 센서의 동작원리는, 먼저, 본체로부터 AC50V 60Hz의 여자전압이 코일에 인가되면 해수를 통해 센서 전극을 수직으로 가로지르는 자기장의 흐름이 발생한다. 센서는 해수를 통해 움직이므로 자기장은 제거되고 유도기전력이 해수를 통하여 센서 전극을 가로질러 발생한다. 발생된 기전력의 강도는 자장에 대하여 수직으로 운동하는 전도체의 속력에 비례하게 된다.

제3절 도플러 로그

도플러 로그는 도플러 효과를 이용한 속력 측정계기이다. 도플러 효과는 1843년 크리스티안 도플러가 음파에서 발견하였는데 빠르게 움직이는 물체에 초음파를 보내 반사되는 파동의 진동수를 관측하여 물체의 속력을 측정하는 도플러 로그에 응용되었다.

도플러 로그는 송신한 신호가 해저에 부딪쳐 돌아온 수신 신호가 선박의 운동에 의해 발생하는 주파수 변화량에 의해 선박의 속력을 산출한다. 선박에서 해저 반사파를 이용한 속력 측정은 대략 수심 200m까지 가능하며 수심이 200m 이상에서는 심해 산란층(DSL: Deep Scattering Layer) 반사파를 이용하게 되어 선박의 선저 2 ~ 25m 정도의 해수를 추적하여 속력을 측정한다. 사용하는 주파수는 100 ~ 600 kHz이다.

<그림 3-4>는 도플러 로그의 원리를 나타내며 수온의 변화에 따라 신호를 보내는 각이 변화되어 오차를 불러올 수 있다.

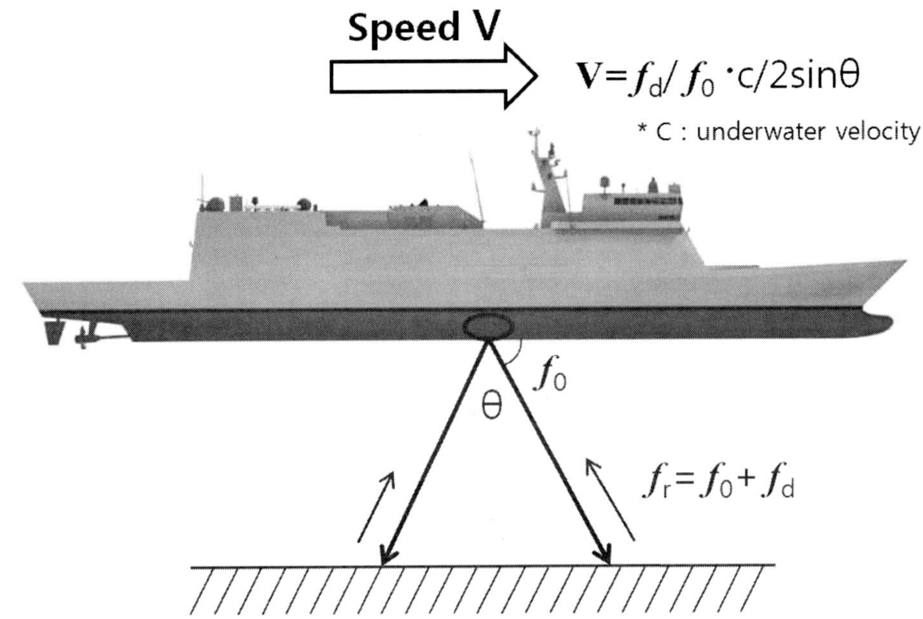

〈그림 3-4〉 도플러 로그 원리

대표적으로 도플러 로그를 개발하는 회사는 국내에는 해양전자, 국외에는 FURUNO, SPEERY MARINE 등이 있으며, FURUNO사의 DS-80의 경우 <그림 3-5>와 같은 형태로 전시하며 속력은 0 ~ 40Knots까지 1% 이내로 정확하게 측정 가능하다.

(a) 장비 및 전시 형태

1. 측정 범위
- 전진 : 0 ~ 40 노트
- 후진 : 0 ~10 노트
2. 항정 : 0 ~ 999,000 마일
3. 정확도 : 1%
4. 최저 수심 : 3m 이상

(b) 장비 성능

〈그림 3-5〉 FURUNO사의 DS-80 장비 형태 및 성능

궁금해요

▎도플러 효과가 무엇인가요?

도플러 효과는 영어로 Doppler effect라고 합니다.

어릴 때 호기심에 시골 기찻길 옆에 서 있으면, 기차가 다가올 때는 기차의 기적소리가 높게 들리다가 기차가 나를 지나쳐 멀어지면서는 기적소리가 점점 낮게 들리는데 이는 소리를 내는 물체나 듣는 사람이 운동하면 원래와는 다른 파형으로 변한 소리로 들리게 되기 때문입니다. 이러한 현상을 도플러 효과라고 합니다.

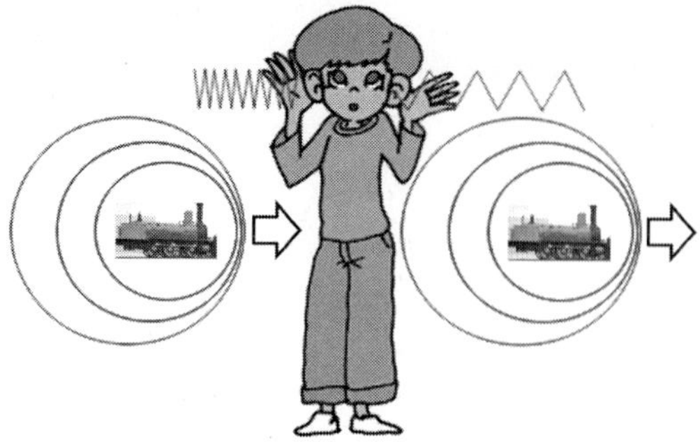

[도플러 효과]

제4절 인공위성을 이용한 로그

1957년 구 소련의 스푸트니크(Sputnik) 1호 인공위성 발사 성공에서 시작된 우주개발기술은 그 응용분야의 하나로 인공위성을 이용하여 위치를 구하는 항법기술의 촉진을 가져와 현재에 이르고 있다.

위성항법시스템은 전 세계적인 측위시스템이라 GNSS(Global Navigation Satellite System)라 불리고, 미국의 GPS(Global Positioning System), 러시아의 GLONASS(GLObal NAvigation Satellite System), EU의 GALILEO, 중국의 COMPASS가 있다. 이러한 인공위성시스템을 이용하여 과거 위치로부터 현재위치로 속력을 계산할 수 있다.

대표적으로 사용하는 시스템은 전세계적으로 사용이 보편화 된 GPS를 이용하는 시스템이며 위치 변화를 이용한 방위와 속력 및 속도를 측정하고 있다.

<그림 3-6>은 FURUNO사의 GPS를 이용한 로그이다.

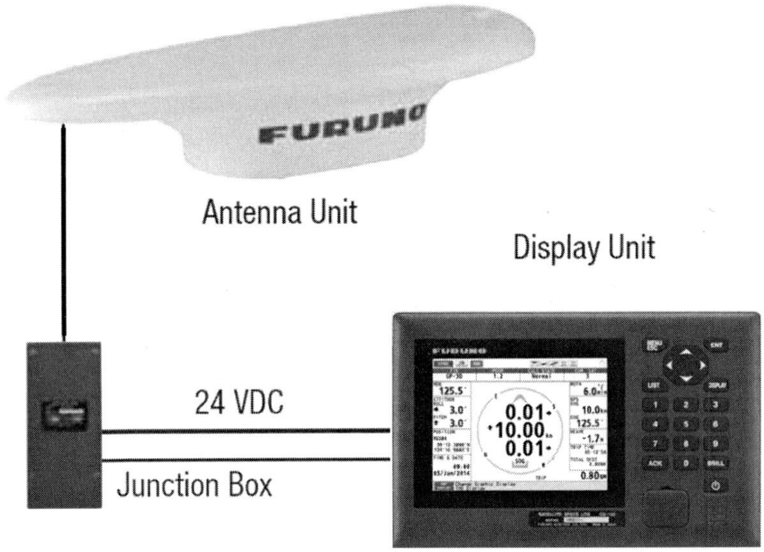

〈그림 3-6〉 FURUNO사의 GPS를 이용한 로그

해설 **최초의 인공위성**

① 구. 소련의 스푸트니크(Sputnik: 동반자) 1호 / 1957년 10월 4일 발사

② 주요 제원

구 분	내 용
직 경	58 cm
중 량	83.6 kg
궤 도	원지점 950 km 근지점 230 km
경사각	65도
주 기	96.2분

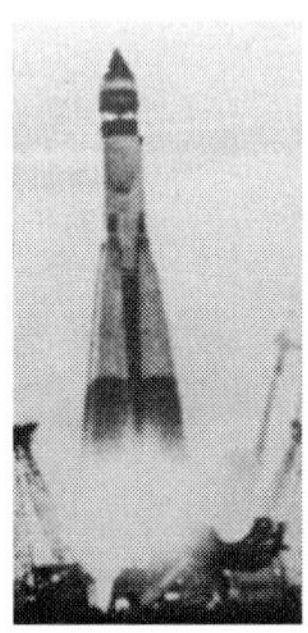
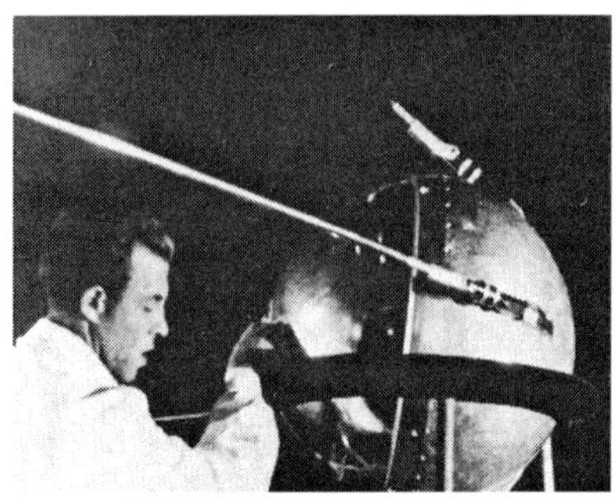

* 출처: NASA

궁금해요

▎대수속력과 대지속력?

선박의 속력은 자동차의 속력과 다른 특징이 있습니다. 자동차의 경우 아래 그림과 같이 일정 RPM을 통해 속력이 결정되는데 이는 자동차가 위치하는 땅이 움직이지 않고 고정이 되어 있기 때문입니다.

[자동차의 속력]

그러나 선박은 고정된 땅 위에 존재하는 것이 아니라 움직이고 있는 물 위에 떠 있습니다. 따라서 물 위에서 항주하는 속력과 고정된 육지에 대한 속력이 차이가 나게 됩니다. 선박이 수면 상을 지나는 속력을 대수속력(對水速力, STW: Speed Through the Water)이라고 합니다. 반면에 선박이 외력(바람, 해조류 등)의 영향으로 움직이지 않는 지면에 대하여 나타나는 속력을 대지속력(對地速力, SOG: Speed Over the Ground)이라고 하며, 통상 실속력이라고 부릅니다. 아래 그림을 보면 대수속력과 대지속력을 쉽게 이해할 수 있을 것입니다.

[대수속력과 대지속력]

예를 들면, 그림처럼 선박이 자체 기관을 이용하여 일정 RPM으로 10노트의 속력을 내고 있으며, 조류는 반대 방향으로 3노트로 흐르고 있습니다. 이때, 육상에서 선박을 관제하고 있는 VTS(Vessel Traffic System)에서 레이더를 이용해 선박을 보니 090도 7노트의 속력으로 접촉되었습니다. 여기서 10노트는 항해하는 선박이 물 위에서 낸 속력으로 대수속력이라고 하며, 조류 등 외력에 의해 3노트의 속력이 감속된 채 육상의 VTS에서 본 7노트의 속력은 대지속력이라고 하는 것입니다.

제5절 설치 규정(선박 설비 기준)

① 다음의 선박에는 대수속력 및 대수거리를 측정할 수 있는 선속거리계를 설치하여야 한다. 다만, 500톤 미만의 선박(국제항해에 종사하는 선박으로서 근해구역 이상을 항해구역으로 하는 선박을 제외한다)으로서 위성항법장치가 속력 등을 표시할 수 있는 경우에는 그러하지 아니하다.

㉮ 국제항해에 종사하는 여객선 및 국제항해에 종사하지 아니하는 여객선으로서 연해구역 이상(항해구역이 평수구역으로부터 당해선박의 최고속력으로 2시간이내에 왕복할 수 있는 구역에 한정되는 선박을 제외한다)을 항해구역으로 하는 여객선

㉯ 여객선 이외의 선박으로서 연해구역 이상(항해구역이 평수구역으로부터 해당 선박의 최고속력으로 2시간이내에 왕복할 수 있는 구역에 한정되는 선박을 제외한다)을 항해구역으로 하는 총톤수 300톤 이상의 선박

② 제1항의 규정에 의한 선속거리계는 다음의 요건에 적합한 것이어야 한다.

㉮ 속력 및 거리의 표시는 해양수산부장관이 적당하다고 인정하는 것일 것

㉯ 대수속력과 대지속력을 측정할 수 있는 것에 대하여는 측정중인 속력의 종류를 표시할 수 있는 것일 것

㉰ 총톤수 50,000톤 이상의 선박에 설치하는 것에 대하여는 대수속력 및 대수거리와 대지속력 및 대지거리를 독립된 2개의 장치에서 측정 및 표시할 수 있는 것이어야 한다.

㉱ 후진중의 속력을 표시할 수 있는 것에 있어서는 선박의 진행방향을 표시할 수 있는 것일 것

㉲ 선체를 관통하는 계측부가 손상을 받은 경우에도 침수가 되지 아니하는 것일 것

㉳ 계측부의 보호를 위하여 가동식계측부의 상태를 표시하는 장치를 설치하는 등 해양수산부장관이 적당하다고 인정하는 조치가 된 것일 것

㉴ 측정된 속력 및 거리에 관한 정보를 자동충돌예방보조장치 기타 필요한 항해용구 등에 전달할 수 있는 것일 것

제6절 항해용 속력 환산표

항해용 속력 환산표는 영어로 Nautical Slide Rule이라고 한다. Slide Rule은 우리나라 말로 환산표, 계산척, 계산자 등으로 표현할 수 있다. 환산표는 곱셈, 나눗셈이나 로그, 루트 등 과학적인 수식을 이용하여 표에서 손쉽게 계산을 할 수 있도록 도와준다. 환산표는 일반적으로 <그림 3-7> 과 같이 일자형 또는 원형의 형태로 되어 있으며, 경영, 항공, 항해 등에서 많이 사용되고 있다.

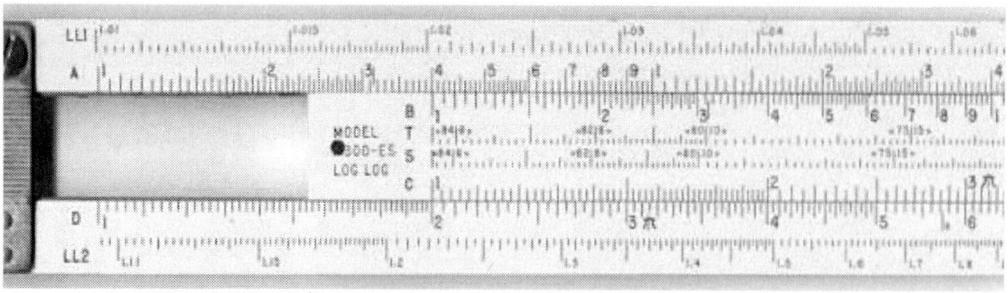

(a) 일자형

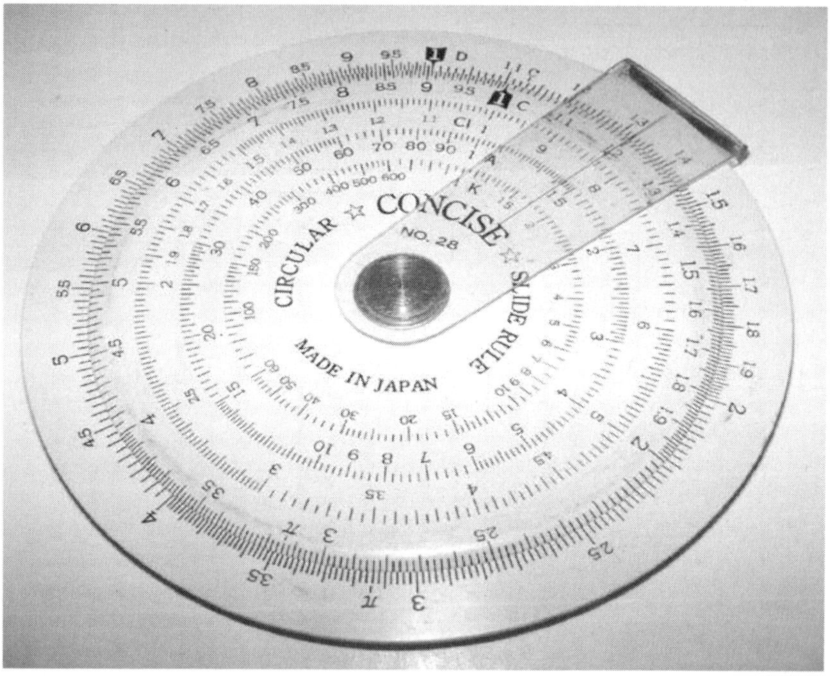

(b) 원형

〈그림 3-7〉 계산척의 형태 [출처: Wikipedia 백과사전]

항해용 속력 환산표는 선박의 속력, 시간, 거리, 세 요소 중 두 가지 요소를 알고 있을 경우 한 가지 요소를 손쉽게 구할 수 있도록 만든 기구이다. 단위는 시간은 분과 시, 속력은 노트(kt), 거리는 해상마일 또는 해리(nm)와 야드(yds)로 표현한다.

속력(S)과 시간(T), 거리(D)의 함수식은 식(3-1)과 같은 관계에 있다.

$$S \times T = D \tag{3-1}$$

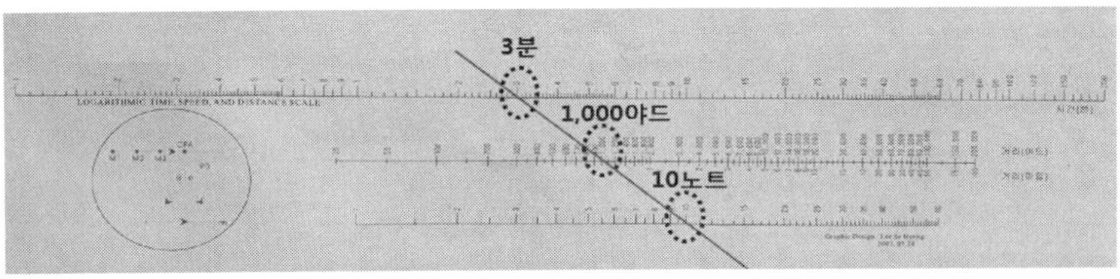

(a) 일자형

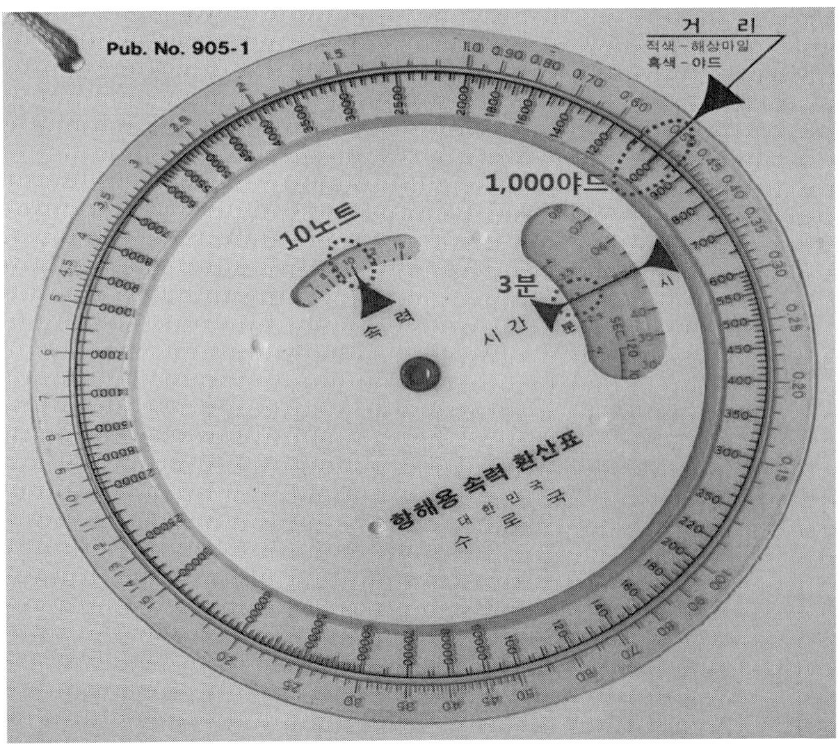

(b) 원형

〈그림 3-8〉 항해용 속력 환산표 형태 및 예시

예를 들면, 속력 10노트로 3분간 거리는 얼마를 갈까? 계산하는 방법은 <그림 3-8>에 나타내었다. 먼저, <그림 3-8> (a) 일자형 환산표를 보면 항해용 삼각자를 이용하여 시간 3분, 속도 10노트에 가져다 놓으면 자동으로 거리는 1,000야드임을 확인할 수 있다. 또한 <그림 3-8> (b) 원형 환산표는 먼저 내부의 판을 회전시켜서 속력부분을 10노트 되는 점에 일치시킨 후, 시간부분을 3분에 일치시키고 보면 자동으로 외부의 거리 표시부분이 1,000야드를 나타낼 것이다. 즉, 속력 10노트로 3분간 이동한 거리는 1,000야드가 되는 것이다.

선박을 조함하는 항해당직사관 또는 항해사는 항해용 속력 환산표를 이용하면 쉽게 속력, 시간, 거리를 구할 수 있다. 그러나 항해용 속력 환산표를 사용하지 않고도 손쉽게 구하는 방법도 있다. 그것이 3분간법(Three minute rule)과 6분간법(Six minute rule)이다.

3분간법은 선박이 3분간 이동한 거리(yds)를 통해 선박의 속력을 계산하는 방법이고 6분간법은 선박의 속력을 알고 있을 때, 6분간 이동한 거리(마일)를 쉽게 계산하는 방법이다. 즉, 3분간법은 3분간 이동한 거리(yds)를 100으로 나누어 속력을 계산하고, 6분간법은 선박의 속력을 10으로 나누어 거리(마일)를 계산한다.

예를 들면, 선박이 3분간 항해한 거리가 2,000야드였다면 이 선박의 속력은 2,000/100 = 20, 즉 속력은 20노트가 된다. 또한 선박이 30노트로 6분간 항해한 거리(마일)는 30/10 = 3, 즉 항해한 거리는 3마일이 된다. 선박의 항해당직사관이나 항해사로서 3분간법이나 6분간법을 숙지하고 있으면 협수로나 연안 항해 시에 속력이나 항해하는 거리에 대하여 매우 편리하게 계산할 수 있다.

이것만은 알아둡시다!

1. **전자식 로그 :** EM log(Electromagnetic log)라고 하며, 패러데이의 전자 유도 법칙(자기장 속을 운동하는 도체에는 기전력이 유도된다.)을 이용하여 속력을 측정하는 계기
   * 측정 범위 : 후진 9노트에서 전진 99노트까지 측정 가능
2. **도플러 로그 :** 송신된 신호가 해저를 통해 돌아온 수신 신호가 선박의 운동에 의해 발생하는 주파수 변화량에 의해 선박의 속력을 측정하는 계기
   * 측정 범위 : 후진 10노트에서 전진 40노트까지 측정 가능
   * 해저 수심이 깊으면 심해 산란층(DSL : Deep Scattering Layer) 반사파를 이용하여 속력 측정
3. **인공위성을 이용한 로그 :** GPS와 같은 위성항법(GNSS) 수신기를 가지고 과거 위치에서 현재 위치를 이용하여 속력을 측정하는 계기
   * 속력뿐만이 아니라 방위 정보까지도 측정 가능
4. **항해용 속력환산표 사용법**

| 참고문헌 |

[1] 고재우, 임봉택, 최창묵, 『재미있는 항해학개론』, 세종출판사, 2016.

[2] Thomas J. clutter, 『Dutton's Nautical Navigation』, 2en-ed., McGraw-Hill, 2008.

[3] 해군본부, 『항해와 항법 교범』, 2017.

[4] 네이버 『지식백과』

[5] Wikipedia 『백과사전』

[6] 대양전자, 『EM log』

[7] FURUNO, 『Satellite Speed Log GS-100』

4장
고도 및 거리 측정계기

제1절 개요
제2절 육분의
제3절 측거의
제4절 레이저 거리측정기

제4장
고도 및 거리 측정 계기

제1절 개요

해상에서 선박이 목적지를 향해서 항해하기 위해서는 현재의 위치를 산출하며 찾아가야 한다. 이때 필요한 것이 항법시스템이며 과거에는 해와 달, 별자리를 보면서 항해하는 천문항법이 사용되었지만 현재는 GPS 같은 위성항법시스템들이 사용되고 있다. 그러나 재밍 등으로 인해 위성항법시스템에 문제가 발생할 수 있기 때문에 천문항법을 이용하여 항해할 수 있어야 한다.

선박에서 천체를 관측할 때에는 과거 막대기를 십자형태로 만든 직각기를 이용하기도 했다. 현재는 위치를 산출할 때 필요한 천체의 고도를 측정하기 위해 육분의(Sextant)를 이용한다. 육분의는 고도뿐만이 아니라 수평으로 이용 시 수평협각까지도 구할 수 있기 때문에 유용하게 쓰인다. 그리고 선박에서 거리를 측정할 때에는 레이더를 이용하지만 1,000야드(yds) 이내에서는 레이더 거리 오차와 최소탐지거리를 고려하여 사용할 수 없기 때문에 거리 측정에 육분의와 유사하게 생긴 측거의(Stadimeter)를 이용하게 된다. 최근에는 거리를 측정하기 위해서 레이저를 이용한 거리측정기가 골프, 사냥 등 레저분야에서 활발하게 사용되고 있다.

따라서 본 장에서는 고도 측정계기인 육분의와 거리 측정계기인 측거의, 레이저 거리측정기에 대하여 설명하고자 한다.

제2절 육분의(Sextant)

육분의는 두 물체 간 각거리(angular distance)를 측정하는 계기이다. 육분의를 이용하면 천체의 고도각과 육상 두 물표의 사이각(또는 협각)을 구할 수 있다.

육분의라는 단어의 유래는 라틴어 1/6을 뜻하는 sextants에서 왔는데, 이는 육분의에 달린 호가 60° 전체 원주의 1/6이기 때문이다. 처음 제작되었을 때는 위도를 계산하기 위해 45° 각도의 팔분의가 이용되었다. 이후 달을 관측하여 경도를 계산하기 위해 넓은 각을 가진 형태로 개발되었고, 18세기 중반에는 팔분의를 주로 사용하였다. 육분의에 달리는 호의 각도 다양하여 호의 각도에 따라 72°는 오분의(octant), 90°는 사분의(quadrant)라고도 불리나 일반적으로 이러한 모든 도구를 육분의라 한다[7].

육분의는 “광선이 같은 평면에 있는 두 개의 거울에 두 번 반사되면 최초에 입사된 광선이 최후에 반사된 광선과 이루는 각은 두 거울이 이루는 각의 두 배가 된다”는 원리를 이용한 것으로 <그림 4-1>과 같이 설명할 수 있다.

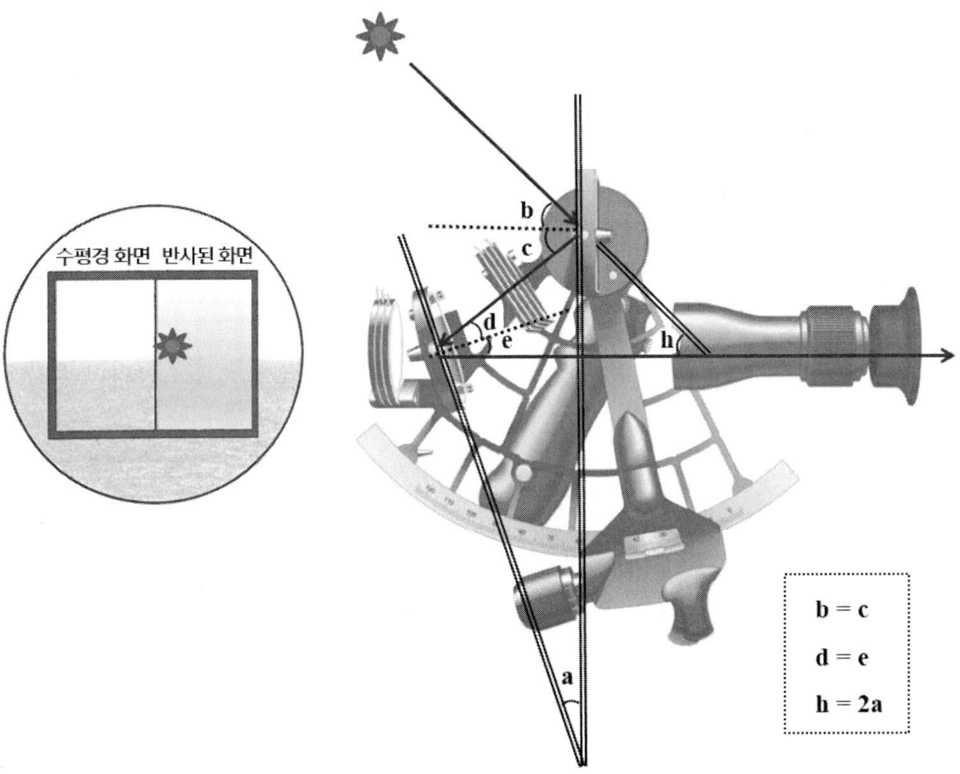

〈그림 4-1〉 육분의 원리

7 네이버 지식백과

<그림 4-2>는 육분의의 구조이며 그에 대한 설명은 다음과 같다.

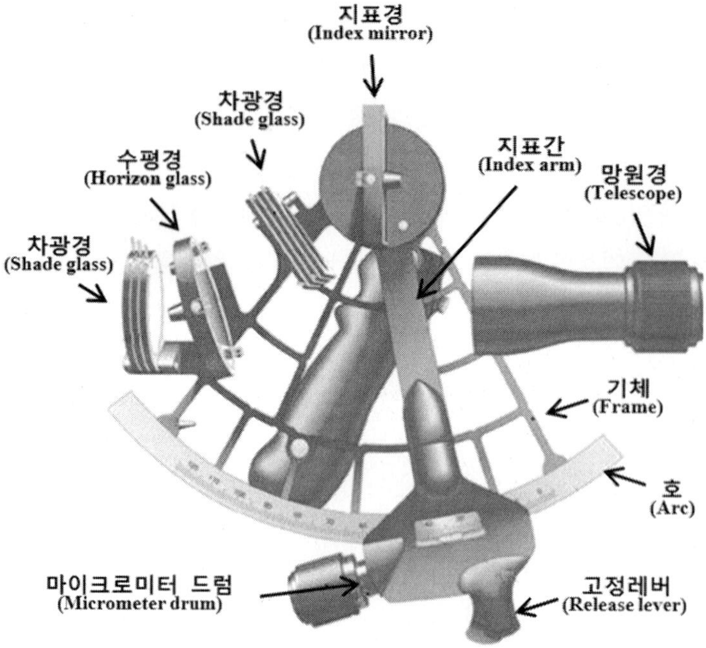

〈그림 4-2〉 육분의 구조

① 지표경(Index mirror) : 지표간에 붙은 거울로 관측되는 물체가 수평 거울에 반사되도록 하는 부분

② 지표간(Index arm) : 육분의 위에서 물체 관측을 위해 움직이는 부분

③ 차광경(Shade glass) : 주위의 빛을 여과하기 위해 일부 광선을 차단하는 색유리

④ 수평경(Horizon glass) : 망원경의 정면에 고정된 거울로 수평선을 향해 있으며 거울에 관측되는 물체의 상을 비춤

⑤ 마이크로미터 드럼(Micrometer drum) : 윗부분에 분 마다 눈금이 새겨진 마이크로미터 나사를 돌리는 작은 손잡이

⑥ 고정레버(Release lever) : 지표간을 움직이기 위한 레버

⑦ 호(Arc) : 각도의 눈금이 새겨진 원주

⑧ 기체(Frame) : 육분의의 여러 가지 구성 요소를 지지하는 틀

⑨ 망원경(Telescope) : 관측하는 물체를 확대시켜 주는 광학 장치

육분의 오차는 육분의 장비의 결함에서 오는 오차와 부품 상태 불량에서 오는 오차로 구분할 수 있다. 장비 결함에서 오는 오차는 수정이 불가능하며 편심오차(지표간의 회전 중심이 호의 중심과 일치하지 않는 오차), 분광오차(지표경이나 수평경 등의 거울면이 오목하거나 볼록하여 고르지 못해 발생하는 오차), 눈금오차(호 및 마이크로미터 드럼에 새겨져 있는 눈금이 정확하지 않아 생기는 오차) 등이다. 부품 상태 불량에서 오는 오차는 조절하여 수정가능하며 수직오차(지표경이 기면에 수직하지 않아 생기는 오차), 측면 오차(수평경이 기면에 수직하지 않아 생기는 오차), 시축오차(망원경의 시축선이 기면과 평행하지 않아 생기는 오차), 기차(지표간을 0에 맞추었을 때 지표경과 수평경이 평행하지 않아 생기는 오차)가 있다.

(a) 절차 ①

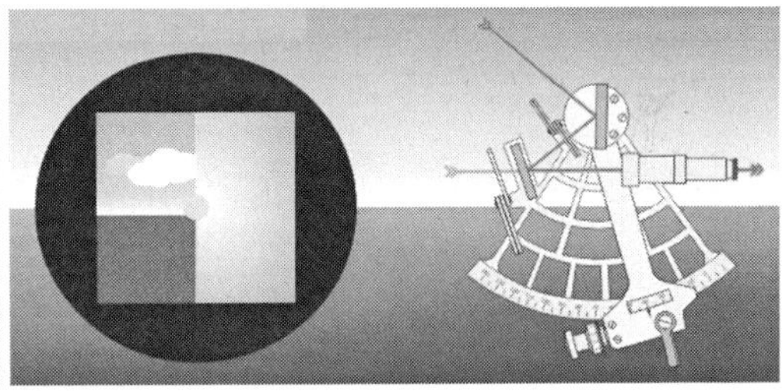
(b) 절차 ②

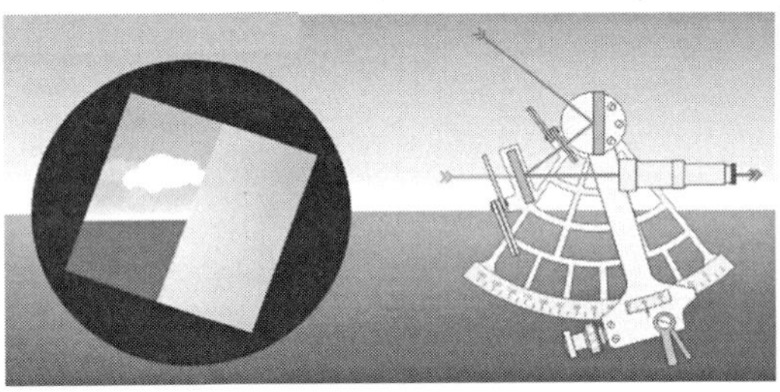
(c) 절차 ③

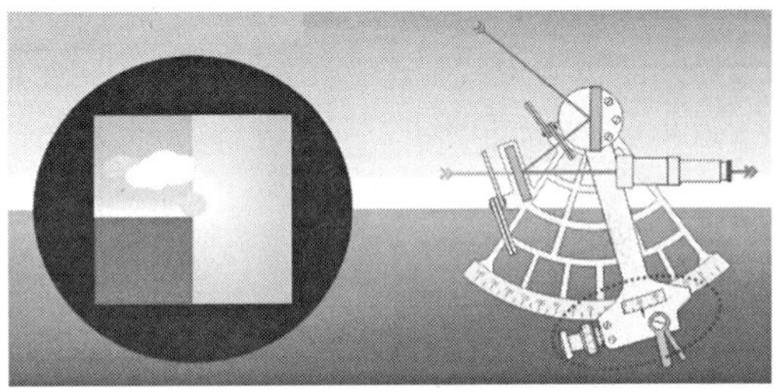
(d) 절차 ④

〈그림 4-3〉 육분의 사용법 [출처: Wikipedia animation 캡처 후 수정/보완]

육분의 사용법은 <그림 4-3>과 같으며 다음과 같은 절차에 따라 고각을 측정한다.

① 육분의를 오른손으로 잡고 관측하고자 하는 물체 쪽의 수평선을 향하게 한다. 그러면 두 개의 거울 중 왼쪽에는 수평선이 오른쪽에는 반사된 수평선이 보이게 된다.

② 왼손으로 고정레버(Release lever)를 잡아 지표간(Index arm)을 움직일 수 있도록 풀어주고 지표간을 호(Arc)를 따라 회전시켜 오른쪽 거울에 반사된 물표가 왼쪽 거울의 수평선까지 오도록 한다. 태양을 관측할 때에는 차광경(Shade glass)을 이용한다.

③ 고정레버(Release lever)를 이용하여 지표간을 고정하고 다음으로 마이크로미터 드럼을 돌리며 육분의를 좌우로 가볍게 흔들어 수평선에 정밀하게 일치시킨다.

④ 호의 각도와 마이크로미터 드럼의 각도를 읽으면 측정한 고도가 된다. 각도를 <그림 4-4>처럼 읽으면 65° 30′이 된다.

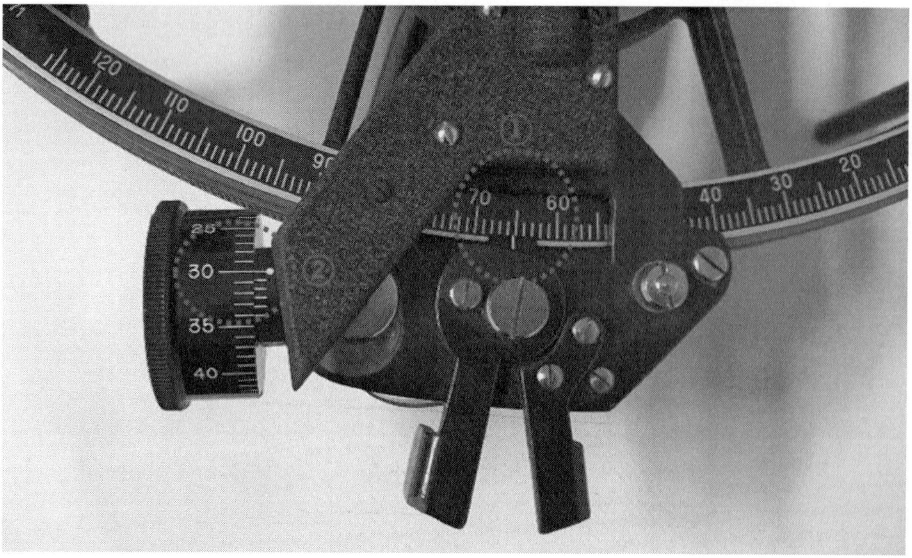

〈그림 4-4〉 육분의 각도 보는 방법 (65° 30′)

육분의를 수평으로 이용하면 두 물표간 수평협각도 측정할 수 있다. 기체를 수평으로 유지하면서 고각 측정절차와 동일하게 두 물표를 수평경을 통한 직접보이는 물표와 지표경을 통해 반사된 물표를 수평에 잘 일치시키면 이때 읽은 각도가 수평협각이다.

육분의는 매우 정밀하게 제작된 계기이기 때문에 사용 시 다음과 같이 주의해야 한다.

① 육분의를 취급할 때에는 손잡이나 기체를 잡는다.

② 지표간을 움직일 때에는 고정레버를 두 손가락으로 꽉잡고 움직인다. 억지로 움직이면 손상된다.

③ 기체와 지표간은 청결을 유지하고 녹슬지 않도록 하며 녹이 슬면 기름걸레로 닦는다.

④ 지표경과 수평경은 부드러운 천으로 잘 닦아서 사용하고 거친 재질로 닦지 않는다.

⑤ 육분의를 사용하지 않을 때에는 보관 상자에 넣어 보관하고 장기간 햇볕에 노출시키지 않는다.

⑥ 육분의를 보관 상자에 넣을 때에는 지표간을 호의 중앙에 고정해서 넣고 무리해서 넣지 않는다.

⑦ 육분의를 운반할 때에는 충격에 주의하도록 한다.

궁금해요

별자리는 계속 변하지 않나요? 변하는 별자리의 고도 측정으로 어떻게 위치를 알죠?

별자리는 밤하늘에 있는 별들을 쉽게 찾아내기 위해 몇 개씩 이어서 그 형태를 동물이나, 신화 속 인물 등의 이름을 붙여 놓은 것을 말합니다.

최초의 별자리는 약 5,000년 전 바빌로니아인들이 제정한 뒤, 기원전 3,000년경에 태양이 지나가는 별자리들인 황도 12궁이 만들어지고 고대 이집트에서도 별자리가 기록되기 시작하였습니다. 이것이 그리스로 전해져 그리스의 영웅들을 기리는 별자리가 만들어졌으며, 그 후에도 수 세기 동안 학자들이 새 별자리를 만들고 명칭을 붙여서 현재는 국제천문연맹(IAU) 공인 88개의 별자리가 있습니다.[8]

별자리는 옛날부터 항해자의 길잡이였으며, 별자리를 이루는 별들은 저마다 거리와 밝기가 다르지만, 너무 먼 곳에 있어서 같은 자리에 있는 것처럼 보이는 것입니다. 또한, 지구가 공전하기 때문에 계절에 따라서 별자리가 다르게 보이는 것입니다. 따라서 항해자가 어떤 계절에 어디에 있는지 알면 별자리를 쉽게 찾을 수 있고, 거꾸로 별자리를 찾으면 내가 어디에 있는지 쉽게 알 수가 있는 것입니다.

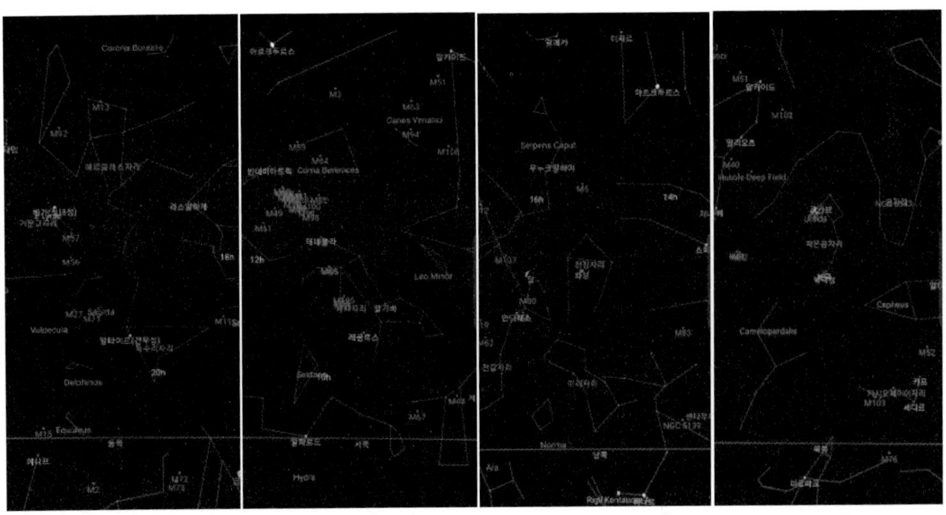

(a) 동쪽 (b) 서쪽 (c) 남쪽 (d) 북쪽

[겨울철 별자리]

8 위키나무, '별자리' 중에서

제3절 측거의(Stadimeter)

선박이 항해 중 물표의 거리를 측정할 때에는 항해레이더를 이용한다. 그러나 항해레이더는 1,000야드 이하에서는 거리 오차가 늘어나고 더 가까워지면 최소탐지거리에 영향을 받기 때문에 근거리에서는 대부분 측거의(Stadimeter)를 사용하여 거리를 측정한다.

측거의에 의한 거리 측정은 기기의 척도 상 선박의 높이 50 ~ 200피트(ft), 거리 200 ~ 10,000야드(yds)까지 가능하며 해상에서 선박이 유류 공・수급을 위하여 타선박에 접근할 때, 인명구조 등으로 바다에 떠 있는 물표에 접근할 때, 군함이 전술기동 훈련 중 함정간 거리를 유지할 때 등 거리가 중요한 상황에서 많이 사용한다.

측거의는 선박의 선교에서 이미 알고 있는 높이를 가지고 있는 선박이나 물표까지의 거리를 측정한다. 측정 원리는 <그림 4-5>와 같다. 직각 삼각형 ABC에서 $\overline{AC}$는 $\overline{BC}$ • $\cot a$의 관계가 있어서 선박간 거리를 쉽게 구할 수 있다.

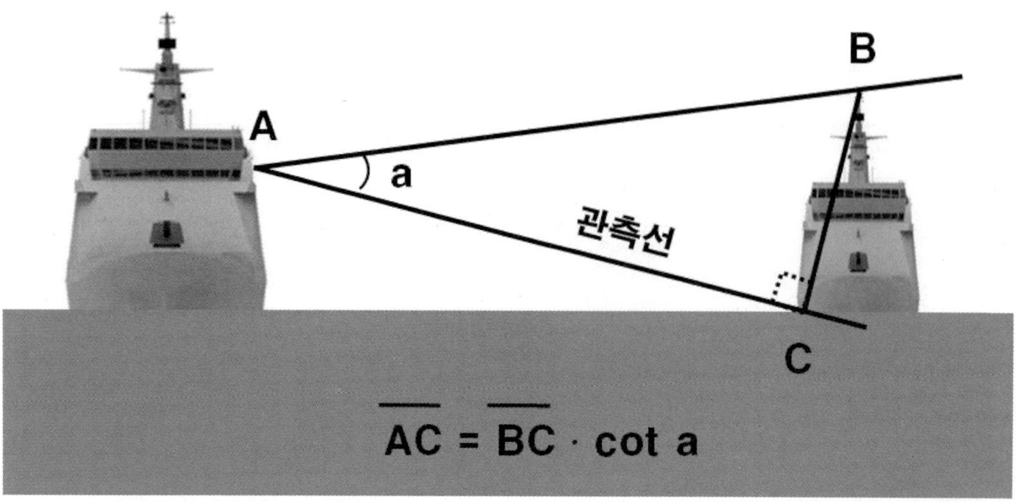

〈그림 4-5〉 측거의 측정 원리

측거의는 미해군에서 사용하던 피스크형(Fisk type) 측거의와 브렌돈 육분의형(Brandon sextant type) 측거의가 있으나 현재는 브렌돈 육분의형 측거의를 사용한다. 브렌돈 육분의형 측거의의 구조는 <그림 4-6>과 같다.

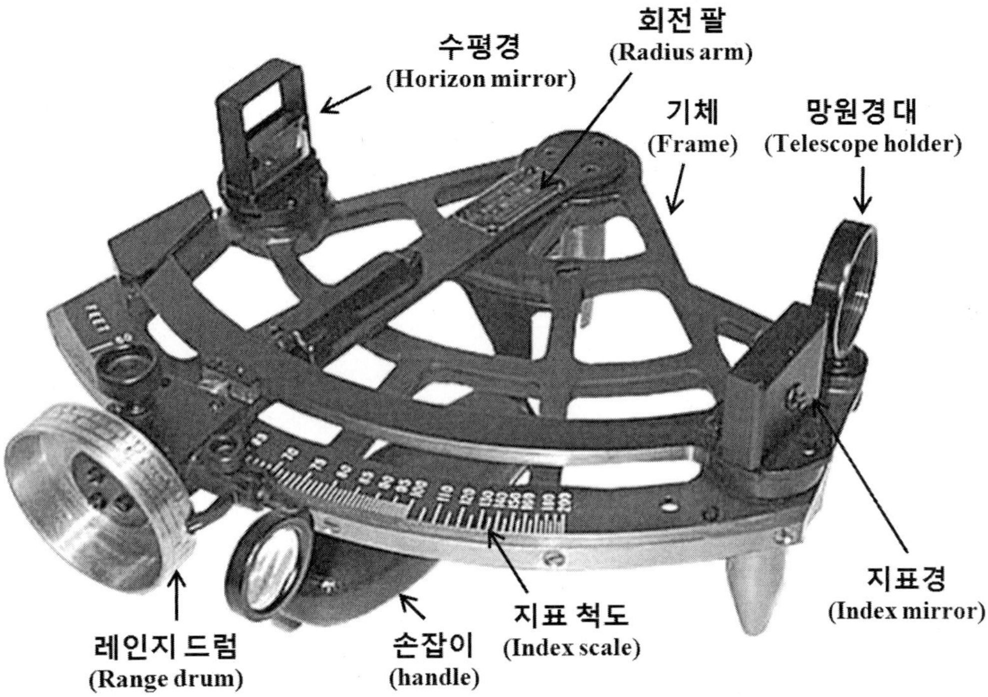

〈그림 4-6〉 브렌돈 육분의형 측거의 구조

측거의는 다음과 같은 절차에 따라 거리를 측정한다.

① 거리를 측정하고자 하는 상대선박의 높이를 지표 척도에 맞춘다.

② 오른손으로 측거의의 손잡이를 수직으로 잡고 망원경을 이용하여 상대선박을 본다.

③ 수평경의 왼쪽 화면에 상대 선박의 흘수선을 보고 레인지 드럼을 돌려 지표경을 조정하여 수평경의 오른쪽 화면에 상대 선박의 마스트를 맞춘다.

④ 레인지 드럼 수치가 선박간의 거리이다.

만약 상대 선박의 높이를 알지 못할 경우에는 측정자의 안고를 고려한 높이를 지표 척도에 맞추고 위와 반대절차에 의거 측정하면 계산할 수 있다.

최근에는 측거의를 거의 사용하지 않으며, 새로 건조되는 선박에는 측거의를 비치하지 않는 경우도 있지만 항해자로서 측거의 사용법을 숙지하는 것은 매우 중요하다고 할 수 있다.

제4절 레이저 거리측정기

레이저 거리측정기는 레이저를 이용하여 현재위치에서 물표까지의 거리를 측정하는 기기이다. 광원으로는 가시광선이나 적외선을 사용하며 송수신 간의 시간을 측정하여 거리를 측정한다. 과거에 군사적으로 표적의 거리를 측정하여 포의 명중률을 높이기 위해 사용하였다. 현재는 군사용뿐만이 아니라 건설현장, 골프, 사냥 등 레저 활동에도 많이 사용되고 있다.

레이저 거리측정기는 레이저를 발생하는 송신부와 물표에 반사되어 되돌아온 레이저를 감지하는 수신부, 시간계산을 위한 계수기 등으로 구성된다. 거리측정은 기기의 조준선과 레이저의 광축을 일치시키고 레이저를 발사한 후, 레이저가 표적으로부터 반사되어 돌아온 시간을 측정하여 왕복거리임을 고려하여 2로 나눈 값을 거리로 산출한다. 최근에는 거리측정기에 자이로센서가 추가되어 높이를 확인할 수도 있다.

일반적으로 인터넷을 통해 판매되고 있는 레이더 거리측정기는 <그림 4-7>과 같이 많은 형태가 있다.

〈그림 4-7〉 판매되고 있는 레이저 거리측정기 형태

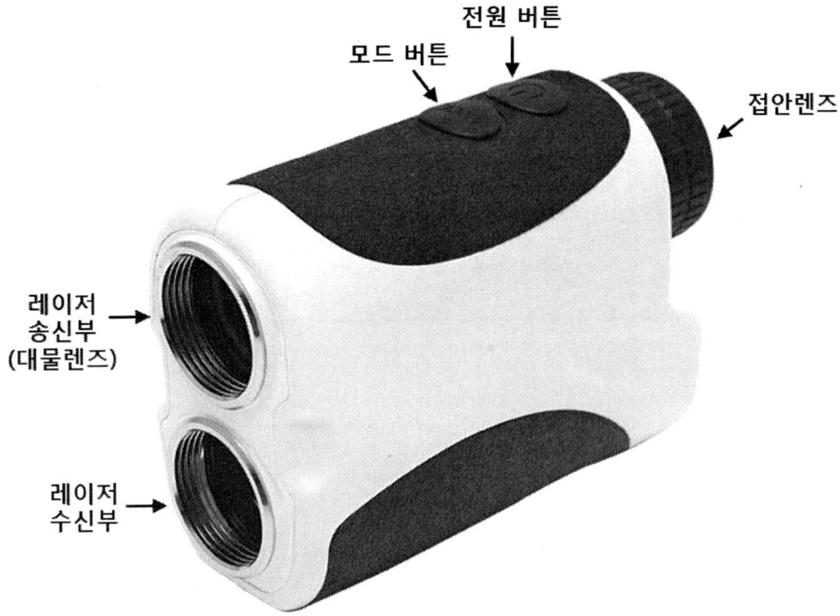

〈그림 4-8〉 레이저 거리측정기 구조

많은 사람들이 선호하여 사용하는 형태의 세부 구조는 <그림 4-8>과 같다.

기기는 전원 버튼, 모드 선택 버튼, 레이저 송신부와 수신부, 접안렌즈로 구성되며 배터리가 내장되어 있다. 탐지거리는 레이저 특성상 원거리 탐지가 제한되지만 건설현장에서는 100m 내외, 골프용은 500m 내외가 많으며 약 1800m까지도 측정할 수 있는 것이 판매되고 있다. 오차범위는 약 500m 기준 1～2m 수준이다.

레이저 거리측정기는 선박에서 항해 중 원거리 사용에는 제약이 있지만 항해레이더로 탐지하기 곤란한 근거리, 또는 해상보급이나 인명구조 등 접근 시 정확한 거리가 필요한 상황에 사용하면 매우 효과적일 것이다.

해설 **레이저?**

레이저는 영어로 LASER, Light Amplification by the Stimulated Emission of Radiation의 머리글자입니다. 의미는 원자나 분자 내부에 축적된 에너지를 집약적으로 뽑아낸 단색광을 말합니다.

일반적으로 원자들은 안정된 상태에 있다가 에너지를 받으면 전자들이 들뜬 상태가 되어 에너지가 높아지면서 불안정한 상태가 되었다가 빛을 내면서 다시 안정화됩니다. 이러한 것을 자연 방출이라고 하며 자연적인 빛이 이에 해당합니다. 그러나 원자가 들떠 있는 순간에 자신이 방출하는 빛과 같은 파장의 빛이 충돌하면 파장과 위상이 같은 빛을 방출하게 되며 이를 유도 방출이라고 합니다. 레이저는 이 원리를 이용한 것입니다. 따라서 일반적인 빛은 넓은 면적으로 방출하고 레이저 빔은 가늘고 멀리까지 방출하게 됩니다. 레이저 응용 분야는 산업 분야에서 절단, 용접 등에도 사용되고 광 디스크 저장장치에도 사용이 됩니다. 또한, 의료 분야의 안과나 미용 수술뿐만이 아니라 거리 측정기 같은 계측, 통신 등 다방면으로 확대되고 있습니다.

이것만은 알아둡시다!

1 **육분의 :** 두 물체 간 각거리(angular distance)를 측정하는 항해계기.
육분의를 이용하면 천체의 고도각, 육상 두 물표의 사이각(또는 협각)을 구할 수 있음.

2 **측거의 :** 선박의 선교에서 이미 알고 있는 높이를 가지고 있는 선박이나 물표까지의 거리를 측정하는 항해계기.
* 기기의 척도 상 선박의 높이 50 ~ 200피트(ft), 거리 200 ~ 10,000야드(yds)까지 측정 가능
* 현재는 많이 사용하지 않음.

| 참고문헌 |

[1] 고재우, 임봉택, 최창묵, 『재미있는 항해학개론』, 세종출판사, 2016.
[2] 이상집 등 3, 『최신 항해기기론』, 다솜출판사, 2006.
[3] 이원우, 『항해계기학』, 일광사, 2013.
[4] 해군본부, 『항해와 항법 교범』, 2017.
[5] Thomas J. clutter, 『Dutton's Nautical Navigation』, 2en-ed., McGraw-Hill, 2008.
[6] 네이버 『지식백과』
[7] Wikipedia 『백과사전』

5장
수심 측정계기

제1절 개요
제2절 측심연
제3절 음향측심기
제4절 음향측심기 설치규정
제5절 음향측심기 사용법

제5장
수심 측정계기

제1절 개요

항해 중 또는 출입항 및 투묘를 위해서는 해저의 수심을 측정하게 된다. 수심을 측정하는 계기는 기다란 줄을 이용하는 측심연(Lead)과 해저에 음파를 빔형태로 발사하여 반사되는 신호를 이용하는 음향 측심기(Echo sounder)가 있다.

따라서 본장에서는 측심연과 음향측심기에 대한 이론과 사용법에 대하여 설명하고자 한다.

제2절 측심연

측심연은 기다란 줄과 연추로 구성되어 있다. 기다란 줄에는 중간 중간에 부호를 표시하여 사용된 양에 따라 길이(또는 수심)를 알 수 있고 연추는 밑 부분에 구멍이 있어 해저 저질도 확인할 수 있다. 일반적으로 선박에서 투묘하기 전 투묘 예정지역의 수심과 저질을 확인하기 위해 사용하거나 모르는 항구나 수로를 출입할 경우 정확한 수심을 확인하기 위해 사용한다.

측심줄에 표시한 부호는 <그림 5-1>과 같이 표현하며 세계적으로 패덤으로 표현하지만 일부에서는 미터로 환산하여 표현하기도 한다.

측심연 줄의 맨 끝에 붙어있는 연추는 항내나 연안에서는 7파운드 및 14파운드를 사용하며, 대양에서는 바다의 깊이에 따라 30, 60, 100파운드를 사용한다. 연추의 밑 부분은 구멍이 있어 측심 시 동물성 기름(또는 그리스)을 발라 투하하고 회수하였을 때 구멍에 딸려오는 재료에 따라 뻘, 모래, 자갈 등의 해저 저질을 확인한다. 해저 저질은 선박 투묘시 파주력에 영향을 미치기 때문에 매우 중요하게 확인해야 할 사항이다.

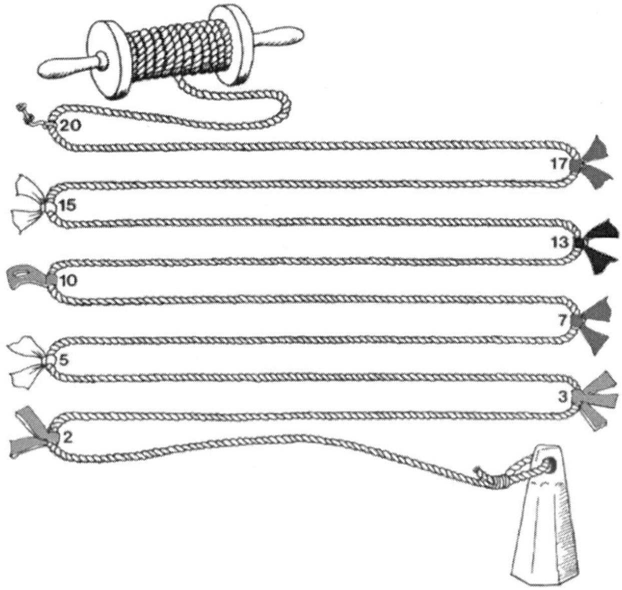

- 2패덤 : 가죽 조각 2개
- 3패덤 : 가죽 조각 3개
- 5패덤 : 흰 천 조각
- 7패덤 : 붉은 천 조각
- 10패덤 : 구멍 뚫린 가죽 조각
- 13패덤 : 파란 천 조각
- 15패덤 흰 천 조각
- 17패덤 : 붉은 천 조각
- 20패덤 : 두 개의 매듭

* 패덤(fathom) = 6피트 ≒ 1.8미터

〈그림 5-1〉 측심연 구조

측심연을 운용할 때에는 줄을 잘 사려서 던졌을 때 줄이 잘 풀리도록 하며, 측심대 또는 필요한 장소에서 측심하고, 선박 투묘 시에는 닻줄을 고려하여 반대현측에서 측심한다.

제3절 음향 측심기

음향 측심기는 수중에 음파를 쏘아서 해저에 부딪혀 돌아오는 시간을 측정하여 수심을 계산하는 장비이다. 영어로는 Echo sounder라고 한다. 바다에서 수심을 측정하기 위해서는 전파를 사용하지 않고 음파를 사용한다. 전파는 물속을 통과할 수 없기 때문이다. 음파는 공기 중에서는 340m/s의 일정한 속도로 전파되지만 바다에서는 매질이 달라지기 때문에 속도가 달라진다. 염분 35‰의 해수에서는 공기 중의 음속대비 약 5배 빨라져서 약 1,500m/s로 전파된다. 바다 속에서 음속은 수온과 수압에 따라 증가할 수 있어 바다 속 깊은 찬물보다 따뜻한 표층에서 더 빨리 진행하게 된다. 또한 수심 약 80m부근에서 최대가 되고 수심 약 1,000m부근에서 최소가 된다. 수심에 따른 음속은 <그림 5-2>와 같다.

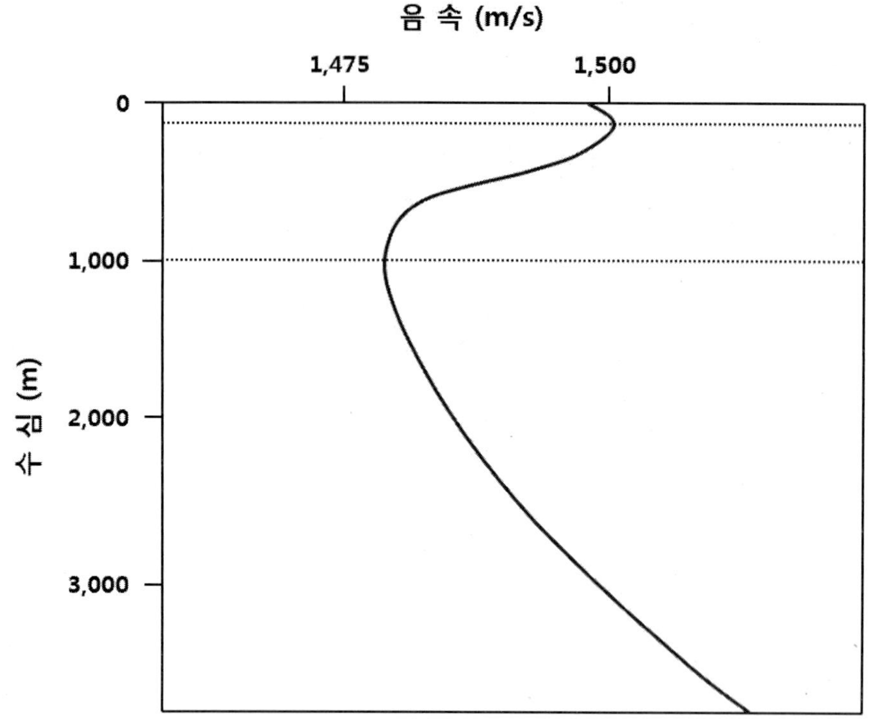

〈그림 5-2〉 수심에 따른 음속

음향 측심기의 원리는 음파를 빔형태로 해저에 발사하면 약 1,500m/s로 전파되어 나아가 해저에 반사되어 반사파가 돌아오게 되는 소요시간을 측정한다. 소요시간은 왕복시간임을 고려하여 2로 나누어 수심을 계산한다. 음향 측심기의 원리는 <그림 5-3>과 같다.

음향 측심기에서 사용하는 주파수는 보통 10~200KHz이다. 음파는 해수를 통과하면서 산란, 흡수 등에 의해 강도가 감소되기 때문에 측정 깊이에 따라 주파수에 영향을 받게 된다. 낮은 주파수를 사용하면 깊은 해저까지 잘 전달되어 측정이 용이하지만 정밀도가 다소 떨어지고, 높은 주파수를 사용하면 정밀도는 높아지지만 깊은 곳을 측정하기에는 다소 제한된다. 따라서 선박에서 사용하는 음향 측심기는 50KHz와 200KHz의 두 주파수를 선택하여 사용할 수 있도록 되어 있다.

또한 과거 음향 측심기는 단일 빔을 이용하여 수심만을 측정하지만 최신 음향 측심기는 다중 빔을 이용하여 수심뿐만이 아니라 해저의 침선, 장애물, 어초 등의 물체 조사에도 사용할 수 있다.

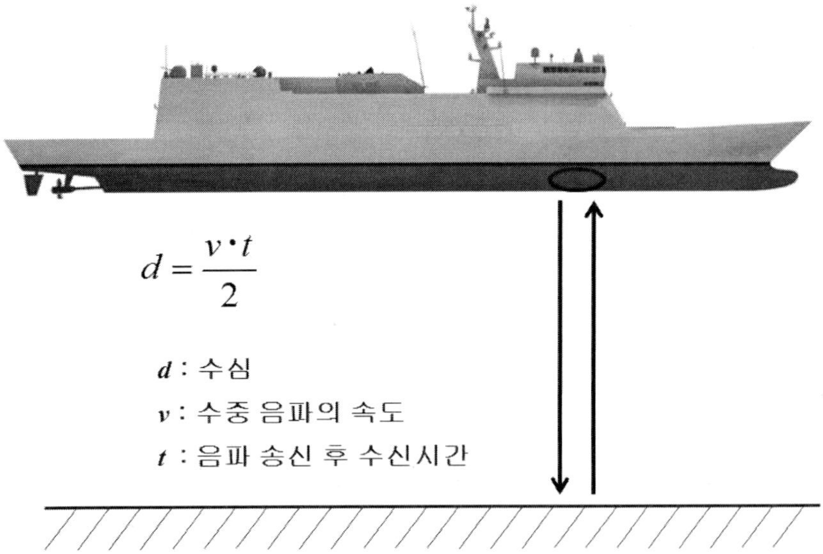

〈그림 5-3〉 음향 측심기의 원리

궁금해요

▌수중에서 전파를 사용하면 더욱 편리하지 않나요?

전파는 전기장과 자기장이 교차하는 일종의 파동으로써 빛의 속도로 매우 빠르게 전파되고 파장만큼 정확하게 측정할 수 있어 많은 분야에서 효과적입니다. 그러나 전파는 전기자기파로 물속으로 유입이 되면 급격한 감쇄 현상으로 파가 소멸하여 사용할 수가 없습니다. 주파수에 따라서 약간은 상이하지만, 통신에 많이 사용되는 UHF(Ultra High Frequency), VHF(Very High Frequency), HF(High Frequency)는 물속으로 유입이 어렵고, VLF(Very Low Frequency) 이상은 약 70m 정도까지는 들어갈 수 있어 얕은 수심에서는 통신할 수 있습니다. 따라서 일반적으로 물속에서는 전파가 아닌 음파를 이용하여 계측이나 통신을 합니다.

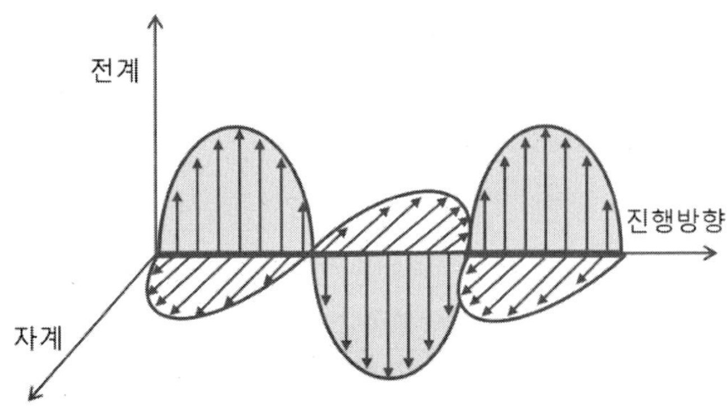

궁금해요

▌왜 음파는 공기 중보다 바다 속에서 빨라질까요?

음파는 공기, 바다, 고체 속에서도 전파되어 나아갑니다. 일반적인 속도는 아래 표와 같다. 기체보다는 액체, 액체보다는 고체에서 속도가 빠르게 전달되며 이는 매질의 단위 부피당 입자수 즉, 매질의 체적탄성율과 밀도에 따라서 결정됩니다.

$$v = \sqrt{\frac{\text{체적탄성율}\, B}{\text{밀도}\, \rho}}$$

보통 공기 중에서는 340 m/s, 해수 중에는 1,500 m/s 입니다. 또한 매질의 온도 변화에 따라서도 달라지며 약 1° 올라갈 때마다 속도는 0.6 m/s 증가합니다.

* 매질 속에서의 음파 속도(Berg and Brill, 2005)

구 분	매 질	음 속(m/s)
기체(20°C)	공 기	344
	헬 륨	1,005
액 체	담 수	1,440
	해 수	1,560
고 체	강 철	6,100
	목 재	3,500–5,000

제4절 음향 측심기 설치 규정(선박 설비 기준)

① 다음의 선박에는 수심을 측정할 수 있는 음향측심기를 설치하여야 한다. 다만, 500톤 미만의 선박(국제항해에 종사하는 선박으로서 근해구역 이상을 항해구역으로 하는 선박을 제외한다)으로서 위성항법장치 및 항해하여야 할 해역 등의 해도를 비치한 경우에는 그러하지 아니하다.

㉮ 150톤 이상의 여객선.

㉯ 여객선 이외의 선박으로서 연해구역 이상을 항해구역으로 하는 총톤수 300톤 이상의 선박

② 제1항의 규정에 의한 음향측심기는 다음의 요건에 적합한 것이어야 한다.

㉮ 송수파기는 가능한 한 선체 또는 프로펠러 등에 의하여 발생하는 수류의 영향을 받지 아니하는 위치에 이를 설치할 것

㉯ 통상의 음파의 전파 상태에서 송수파기의 아래쪽 2미터에서 400미터까지의 수심을 측정할 수 있는 것일 것

㉰ 측정할 수 있는 최대의 수심에 대응하는 측심레인지 및 그 10분의 1 측심레인지를 가지는 것일 것

㉱ 음파를 매분 12회 이상 발사할 수 있는 것일 것

㉲ 수심의 표시방법은 해양수산부장관이 적당하다고 인정하는 것일 것

㉳ 측정할 수 있는 최대수심에 대응하는 측심레인지에서 15분간의 측심기록을 표시할 수 있는 것일 것

㉴ 선박이 5도 종요 또는 10도 횡요된 상태에서도 그 기능에 장애를 받지 아니하는 것일 것

제5절 음향 측심기 사용법

음향 측심기는 Koden, Furuno, 삼영이엔씨 등 많은 제조회사에서 제품을 만들어 판매하고 있다. 모든 장비의 사용법은 유사하기 때문에 한 장비의 사용법을 배우게 되면 다른 장비들도 쉽게 사용할 수 있을 것이다. 본 절에서는 삼영이엔씨의 SES-2000 제품을 중심으로 설명하고자 한다.

1. 기본제원 및 기능

삼영이엔씨의 SES-2000 기본 제원은 <표 5-1>과 같다.

〈표 5-1〉 삼영이엔씨의 SES-2000 기본 제원

구 분	특 성
사용 주파수	50KHz / 200KHz
출 력	600W
수심 설정 범위(m)	0~10/20/30/40/50/60/70/80/90/100/120/ 150/200/250/300/400/500/600/1,000/1,500
수심보정	0~99m
기능선택	양주파, 단주파
사용온도	−10℃ ~ 50℃

측심기 본체 구성은 <그림 5-4>와 같으며 버튼 사용은 다음과 같다.

〈그림 5-4〉 측심기 본체 구성

	전원의 ON/OFF
	측심 화면에서 메뉴(작업 종류) 선택 시 사용
	화면 표시 모드를 변경할 때 사용
	경보 발생 시 멈추거나 메뉴 내에서 항목을 선택/변경할 때 사용
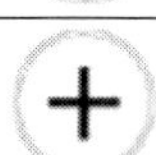	커서 키를 누르면 가변 잣대가 표시, 한번 더 누르면 삭제 커서가 표시된 곳의 수심 측정 시 사용
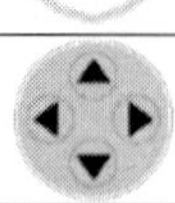	작업종류선택, 이동 또는 자료입력, 커서 이동 및 수심 변환 시 사용.

측심기 화면은 <그림 5-5>와 같으며 세부 설명은 다음과 같다.

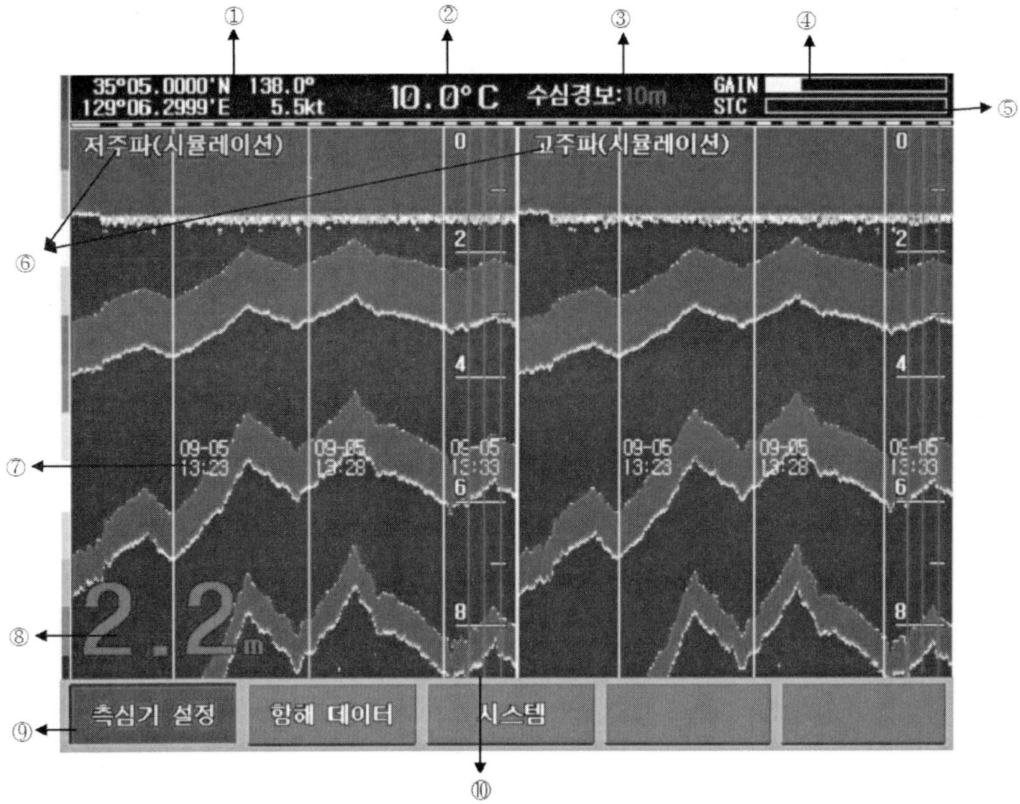

〈그림 5-5〉 측심기 화면 [출처: 삼영이엔씨 SES-2000 취급설명서]

① 항해 정보 표시 : 자선 위치의 위도/경도 및 진행 방향과 속도를 표시

② 수온 : 수온계를 통한 현재 수온(수온계 연결 시)

③ 수심경보 설정범위 : 설정범위 이내일 경우 경고음과 함께 수심표시가 깜박임

④ 감도 : 수신기의 감도 값을 표시

⑤ 감쇄 : 약 100m 보다 얕은 곳의 감도를 억제해서 플랑크톤, 기포의 방사를 제거한 화상을 보기 위해 조절한 감쇄 값을 표시

⑥ 주파수 : 해당 화면의 사용주파수를 고주파 또는 저주파로 표시함. 양주파 모드일 때, 측심에 사용되고 있는 주파수는 노란색임

⑦ 5분 시간 마크표시선 : 자동으로 5분 간격으로 시간마크선이 표시됨

⑧ 수심 표시 : 측정된 수심

⑨ 메뉴표시줄 : 각종 기능의 주 메뉴 표시

⑩ 시간 마크표시선 : 설정시간 간격으로 적색마크선이 표시됨

2. 측심기 설정

측심기 설정 메뉴는 측심기의 성능 향상 및 기능 사용을 위해 각종 설정 값들을 변경하기 위해 사용한다. 이 기능을 사용하기 위해서는 메뉴에서 "측심기 설정" 항목을 선택하면 <그림 5-6>과 같은 화면이 뜨고 다음과 같이 설정하면 된다.

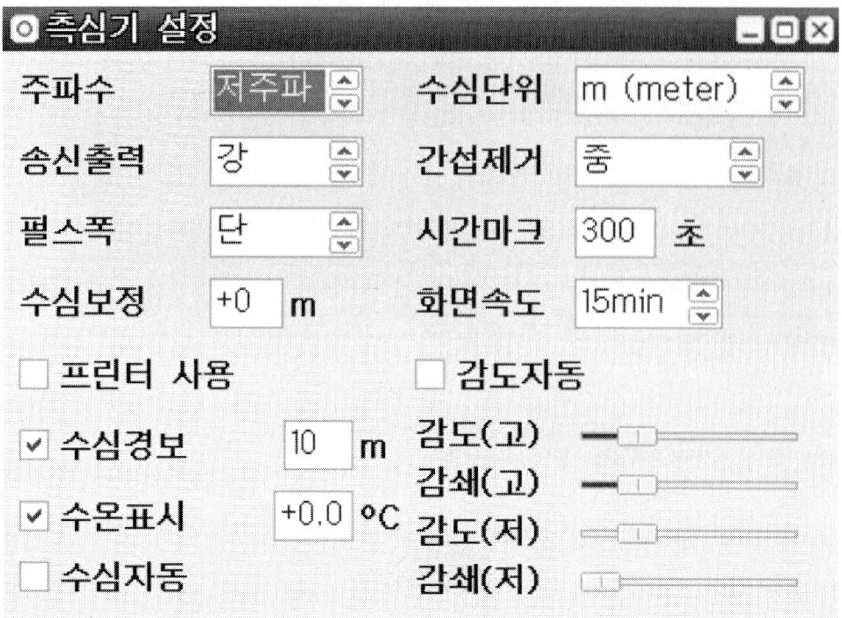

〈그림 5-6〉 측심기 설정 화면

① 주파수 설정

주파수 설정은 양주파 화면 모드일 때, 수심을 측정하기 위해 저주파를 사용할 것인지 아니면 고주파를 사용할 것인지를 결정할 때 사용한다. 설정하는 방법은 메뉴의 측심기 설정 화면에서 방향키로 주파수, 방향키로 저주파 또는 고주파를 선택하면 된다.

② 송신출력 설정

송신출력 설정은 출력강도를 강(600W) 또는 약(300W)으로 설정할 때 사용한다. 설정하는 방법은 메뉴의 측심기 설정 화면에서 방향키로 송신출력, 방향키로 강 또는 약을 선택하면 된다.

③ 펄스폭 설정

펄스폭 설정은 펄스폭을 단 또는 장으로 설정할 때 사용한다. 설정하는 방법은 메뉴의 측심기 설정 화면에서 방향키로 펄스폭, 방향키로 단 또는 장을 선택하면 된다.

④ 수심 보정 설정

송수신기의 설치 위치에 따른 오차를 보정하는 기능이다. 부착 위치가 함정의 바닥이기 때문에 해면을 기준으로 수심을 전시하면 오차가 발생한다. 따라서 실제 위치나 흘수 등을 보정해야 정확한 수심 측정이 가능하다. 보정 가능 범위는 0~99m이다. 설정하는 방법은 메뉴의 측심기 설정 화면에서 방향키로 수심 보정, 방향키로 수치를 증가 또는 감소시키면 된다.

⑤ 수심 경보 설정

수심 경보는 선박이 지정된 수심보다 낮은 지역으로 진입할 때 경보를 울리기 위해 사용하는 기능이다. 설정하는 방법은 메뉴의 측심기 설정 화면에서 방향키로 수심 경보, 방향키로 수치를 증가 또는 감소시키면 된다.

⑥ 수심 단위 설정

수심 단위는 화면에 표시되는 수심의 단위를 미터(m) 또는 피트(ft)로 나타내기 위한 기능이다. 설정하는 방법은 메뉴의 측심기 설정 화면에서 방향키로 수심 단위, 방향키로 m(meter) 또는 ft(feet)를 선택하면 된다.

3. 시스템 설정

시스템 설정 메뉴는 밝기 설정, 언어 설정 등 시스템 전반에 대한 설정 기능이다. 이 기능을 사용하기 위해서는 메뉴에서 "시스템" 항목을 선택하면 <그림 5-7> 화면이 뜨고 다음과 같이 설정하면 된다.

〈그림 5-7〉 시스템 설정 화면

① 밝기 설정

밝기 설정은 화면 밝기를 조절할 때 사용하는 기능이다. 항해 중 화면이 주변보다 밝으면 항해에 방해가 될 수 있어서 각별히 주의해야 한다. 설정하는 방법은 메뉴의 시스템 설정 화면에서 방향키로 밝기를 조절하면 된다.

② 배경 모드 설정

배경 모드는 화면 배경색을 조절할 때 사용하는 기능이다. 이 기능은 항해 중 주간일 경우에는 주간모드, 야간일 경우에는 야간모드를 지원한다. 설정하는 방법은 메뉴의 시스템 설정 화면에서 방향키로 배경 모드, 방향키로 주간 모드 또는 야간 모드를 설정한다.

③ 언어 설정

언어 설정은 화면에 표시되는 각종 문자들의 언어를 변경할 때 사용하는 기능이다. 한국어, 영어, 중국어 설정이 가능하다. 설정하는 방법은 메뉴의 시스템 설정 화면에서 방향키로 언어 설정, 방향키로 Korean, English, Chinese 중 하나를 선택한다.

이것만은 알아둡시다!

1 **측심연** : 기다란 줄과 연추로 구성되어 있으며, 기다란 줄에는 중간 중간에 부호를 표시하여 사용된 양에 따라 길이(또는 수심)를 알 수 있고 연추는 밑 부분에 구멍이 있어 해저 저질을 확인할 수 있음

2 **음향측심기** : 수중에 음파를 쏘아서 해저에 부딪혀 돌아오는 시간을 측정하여 수심을 계산하는 장비이며, 영어로는 Echo sounder라고 함

* 원리 : 음파를 빔형태로 해저에 발사하면 약 1,500m/s로 전파되어 나아가 해저에 반사되어 반사파가 돌아오게 되는 소요시간을 측정하고 왕복시간임을 고려하여 2로 나누어 수심을 계산

| 참고문헌 |

[1] 고재우, 임봉택, 최창묵, 『재미있는 항해학개론』, 세종출판사, 2016.

[2] 강효진 등 7명, 『해양학』, 시그마프레스, 2008.

[3] 해군본부, 『항해와 항법 교범』, 2017.

[4] 삼영이엔씨, 『SES-2000 취급설명서』

[5] FURUNO 홈페이지(http://www.furuno.com)

[6] 삼영이엔씨 홈페이지(http://www.samyungenc.com)

6장
위치 측정계기

제1절 개요

제2절 위치 결정 방법

제3절 항해레이더를 이용한 방법

제4절 위성항법시스템(GNSS)을 이용한 방법

제5절 위성항법 보정시스템(DGNSS)을 이용한 방법

제6장
위치 측정계기

제1절 개요

해상에서 선박이 항법을 한다는 것은 항해 목표를 설정하고 위치를 결정하면서 찾아가는 것이다. 이때 위치를 결정한다는 것은 육상물표에 의한 방법, 천체 관측에 의한 방법, 무선신호에 의한 방법 등에 의거 위치선(LOP: Line Of Position)을 구하여 교점을 선박의 위치로 결정하는 것이다.

위치선이란 항해 중 선박의 위치를 결정하려고 물표를 관측하여 얻은 방위, 중시선, 협각, 거리, 수심 등을 만족시키는 점의 자취로 관측을 실시하는 선박이 그 자취 위에 있다고 생각되는 특정한 선을 말한다. 따라서 최소 2개 이상의 위치선을 이용해서 위치를 결정할 수 있으며, 3개 이상의 위치선이 있다면 보다 신뢰할 수 있는 위치를 제공할 수 있다. 또한 구하는 위치가 3차원이라면, 정확한 3차원 위치 정보를 갖고 있는 물표로부터 최소 3개 이상의 위치선이 필요로 할 것이다. 위치선은 앞서 정의한 것과 같이 방위에 의한 위치선, 중시선에 의한 위치선, 수평협각에 의한 위치선, 수평거리에 의한 위치선, 수심에 의한 위치선 등으로 구분되며, <그림 6-1> ~ <그림 6-5>와 같다. 그림과 같은 방법으로 위치를 결정하기 위해서는 방위를 측정하는 전륜나침반(Gyro Compass), 협각이나 고각을 측정하는 육분의(Sextant), 항해레이더, 위성항법장치 등 다양한 항해계기를 이용하게 된다.

과거에는 위와 같은 모든 방법으로 위치를 측정하였지만, 현대에는 대부분 GPS 같은 위성항법장치와 항해레이더를 이용하여 위치를 측정하고 있다. 따라서 본 장에서는 위치를 측정하는 방법으로 동일한 시각에 위치선을 받아서 나의 위치를 결정하는 동시관측법과 서로 다른 시각에 위치선을 받고 나의 위치를 결정하는 격시관측법에 대하여 설명하고, 항해레이더를 이용하는 방법, 위성항법장치를 이용하는 방법 등에 대하여 설명하고자 한다.

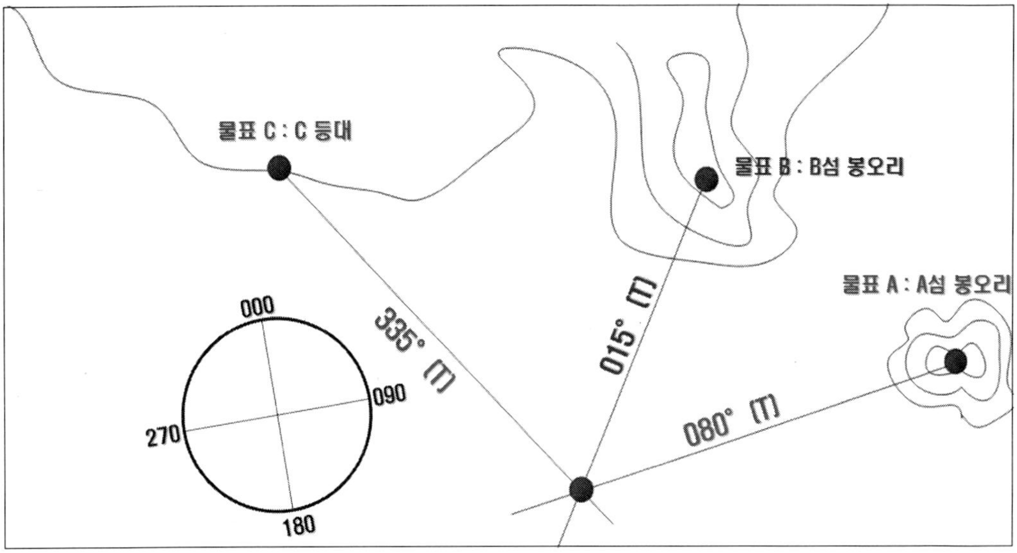

〈그림 6-1〉 방위에 의한 위치선

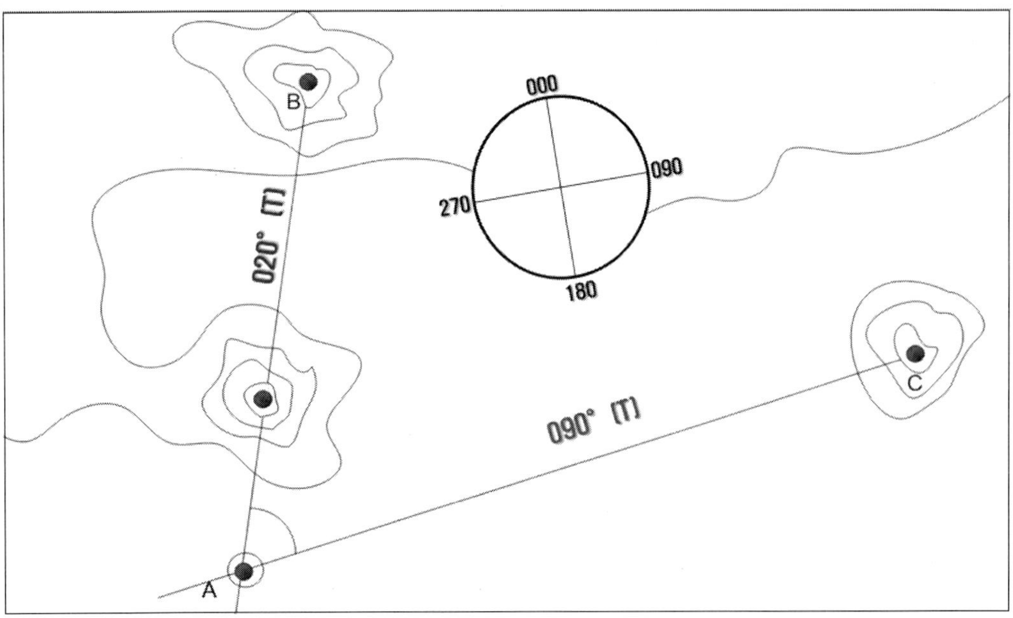

〈그림 6-2〉 중시선에 의한 위치선

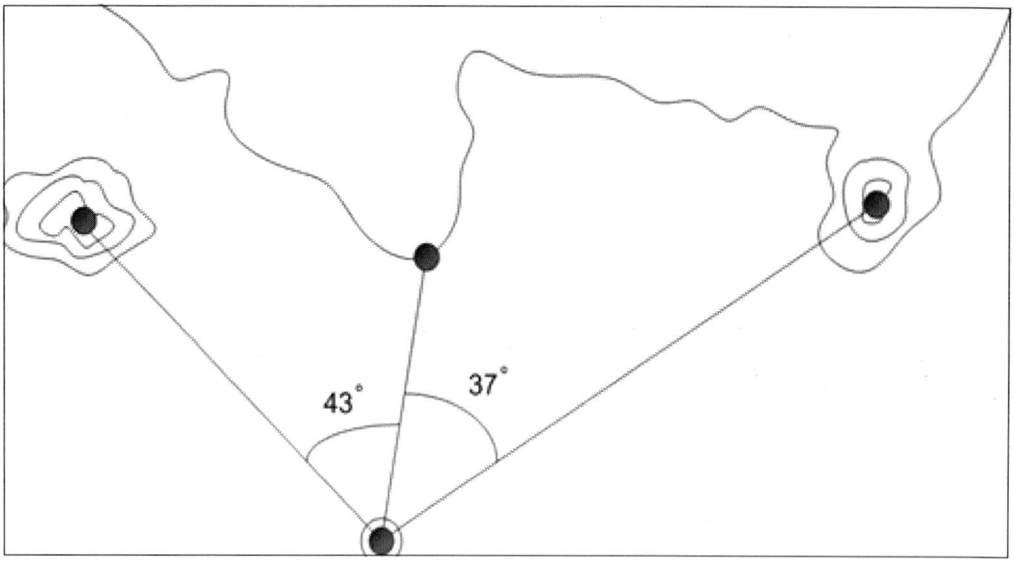

〈그림 6-3〉 수평협각에 의한 위치선

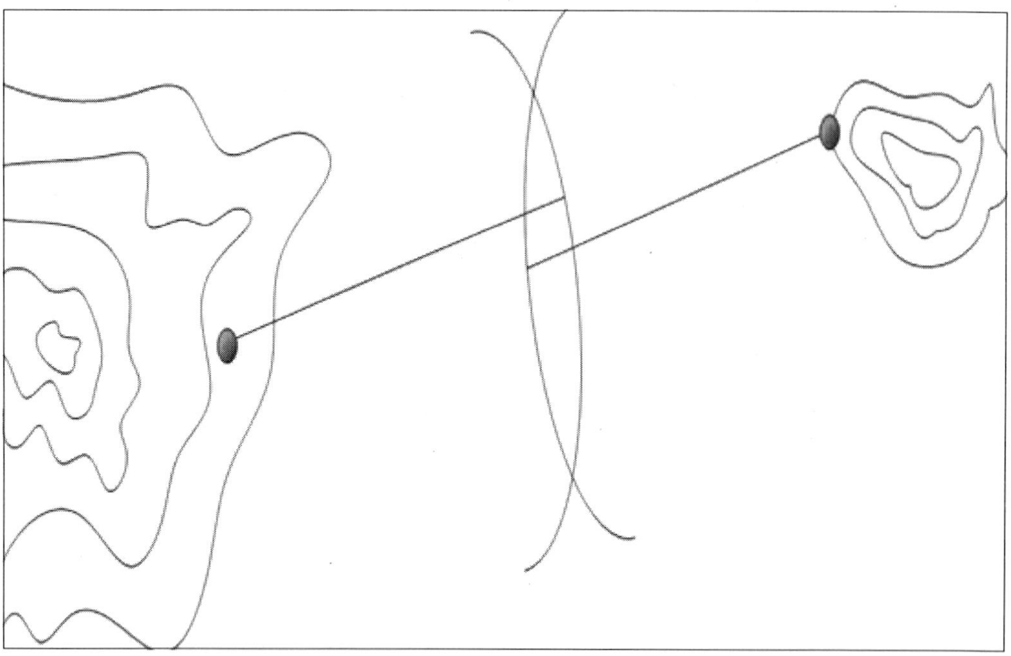

〈그림 6-4〉 수평거리에 의한 위치선

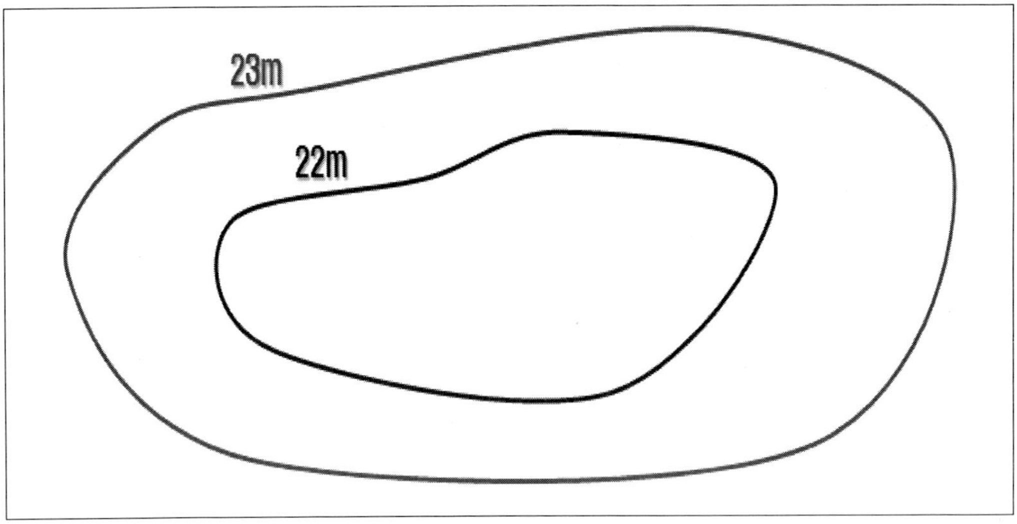

〈그림 6-5〉 수심에 의한 위치선

제2절 위치 결정 방법

위치선을 이용해서 해도 상에 2차원으로 나의 위치를 결정하는 방법은 크게 2가지로 구분된다. 동일한 시각에 위치선을 받아서 나의 위치를 결정하는 동시관측법과 서로 다른 시각에 위치선을 받고 나의 위치를 결정하는 격시관측법이 있다.

1. 동시관측법

동시관측법은 글자 그대로 동시(同時)에 측정한 위치선을 가지고 선박의 위치를 결정하는 방법이다. 예를 들어 동시에 방위에 의한 위치선을 받아서 위치를 결정할 수도 있고, 한물표의 방위와 2물표 간 협각을 동시에 측정하여 위치를 결정할 수도 있고, 협각만을 동시에 측정해서 위치를 결정할 수도 있다. 또한 하나의 방위에 의한 위치선과 선박에서 확인되는 수심을 가지고 위치를 결정할 수도 있다. 그러나 동시관측법은 동시에 측정하려고 노력은 하지만 실제로는 동시에 관측하기는 어렵다. 가장 대표적 동시관측법인 교차방위법에서도 대상이 되는 물표를 선정하고 방위환을 통해 물표의 방위를 순차적으로 측정해야 하기 때문에 시간지연이 발생할 수 밖에 없는 것이다.[9] 동시관측법은 순차적 위치선을 바탕으로 동시에 위치를 산출하는 방법으로, 교차방위법, 수평협각법, 한 물표의 방위와 수평 협각에 의한 방법, 중시선과 수평협각 또는 방위에 의한 방법, 두 개의 중시선에 의한 방법, 한 물표의 방위와 거리에 의한 방법, 두 개 이상 물표의 수평거리에 의한 방법, 한 물표의 방위와 수심에 의한 방법 등으로 구분되며 가장 대표적으로는 교차방위법이 사용되고 있다.

① 교차방위법

연안을 항해할 때 해도에 기재되어 있는 두 개 이상의 뚜렷한 물표를 선정하여 거의 동시에 이들의 방위를 측정하여 해도상에 각 물표로부터 위치선을 그려 서로 교차된 점을 선박의 위치로 결정하는 것으로 가장 대표적인 동시관측법이다. 해군 함정에서는 협수로 연안항해 시 협수로 연안항해 요원[10]을 배치하여 교차방위법을 통해 3분간[11] 함정의 위치를 산출하고 있다.

교차방위법은 연안항해 시 가장 많이 사용되고 있으며, 선박의 위치 결정이 간단할 뿐 아니라 결정된 위치의 정확도 또한 신뢰성이 높다. 선박이 정지한 상태에서 고정된 주변 물표를 측정하게 되면 위치선을 2개만 받아도 정확한 선박의 위치가 결정될 것이다. 그러나 함정이 움직이고 있는 상황과 물표측정의 시간차가 발생하는 상황에서 2개의 위치선 만으로는 결정된 교점을 선박의 위치로 결정하게 되면 부정확한 위치가 산출된다. 따라서 보통 3개 이상의 위치선을 통해 선박의 위치를 결정하게 된다. 이 때 3번째 위치선의 방위를 Check Bearing 이라고 하며, 2개 위치선에 대한 오차를 확인하기 위한 방위라는 의미를 가지고 있다.

3개 이상의 위치선을 통해 산출되는 위치는 하나의 점으로 표현되는 경우가 거의 없고, <그림 6-6>과 같이 작은 삼각형 형태로 나타난다. 이러한 삼각형을 오차 삼각형 또는 시오 삼각형이라고 부르며, 오차 삼각형이 만들어지는 원인은 <표 6-1>과 같은 여러 가지 이유가 있다. 오차삼각형이 생기는 가장 근본적인 원인은 선박이 움직이고 있는 상황에서 물표를 동시에 측정하지 못하고 순차적으로 측정한다는데 있다. 3개의 물표를 보통 양호하게 순차적으로 측정하는 기준시간을 해군에서는 6초 이내로 간주하고 평가를 하고 있다.

---

9 해군함정에서 사용하고 있는 교차방위법의 경우 3개의 물표를 순차적으로 측정하는 시간의 기준을 6초 이내로 두고 있다. 『함정 훈련지침서 제1권 기본훈련』, p2-50, 해군작전사령부, 2014.

10 연안항해 요원은 1) 방위측정수, 2) 방위기록수, 3) 위치기점수로 구분되어 운용한다.

11 해군에서 협수로 연안항해시 3분간 위치를 산출하는 이유는 3분간법을 적용하여 함정의 속력을 쉽게 산출하기 위함이다. 즉, 3분간 이동한 거리를 컴퍼스로 확인하고 산출된 거리(yds)를 100으로 나누게 되면 함정의 3분간 실속력이 산출된다. 예를들어 3분간 이동거리가 1,200yds 였다면 함정의 3분간 속력은 12kts인 것이다.

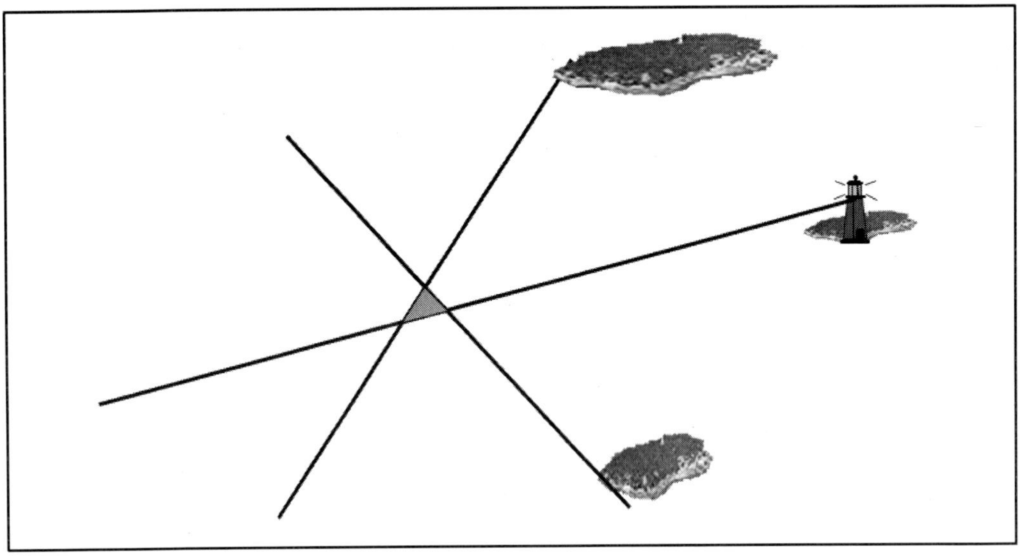

〈그림 6-6〉 오차 삼각형

〈표 6-1〉 오차 삼각형이 발생하는 이유

구분	발생 원인
①	해도에 기재된 물표의 위치가 실제위치와 다를 때
②	방위를 동시에 측정하지 못하여 지연시간이 발생하기 때문에
③	방위측정수의 물표측정이 부정확할 때
④	함정 나침반의 오차가 있을 때
⑤	위치기점수가 해도 상 위치선을 작도할 때

오차삼각형이 생기게 되면, 선박의 위치를 삼각형 내 어느 위치로 결정할 것인가 고민할 수 있다. 함정의 안전을 위해서라면 오차삼각형 중 기본 침로선에서 벗어나고, 위험물에 근접한 위치로 간주하고 기동을 하는 것도 필요할 수 있지만 보통은 삼각형의 내심에 선박의 위치가 있을 것으로 보고 내심에 점을 표기하고 이후 항해관련 권고[12]를 하게 된다. 예를 들면, 만약에 오차삼각형이 평소 나오는 크기보다 많이 크게 나올 경우에는 보통 작도상 오차에 의한 것일 수 있으므로,

12 해군함정의 경우 항해관련 권고사항이 10가지이며 다음과 같다. ① 위치결정시간, ② 함위편위량, ③ 권고침로 ④ 변침점 거리, ⑤ 변침물표/변침방위, ⑥ 다음침로, ⑦ 실침로/실속력, ⑧ 유향/유속, ⑨ 해도상 수심, ⑩ 기타, 해군교육사령부, 『항해초군반 통합교재 2권』, pp 90~92, 2012.

기존에 받은 물표의 방위를 통해 위치선을 다시 그어보는 것이 필요하며 그래도 오차 삼각형이 클 경우에는 물표를 다시 측정하는 방법을 사용해야 한다.

교차방위법을 집행할 경우, 또한 중요한 것이 방위측정수가 좋은 물표를 선정하고 정확한 방위를 측정하는 것이다. <표 6-2>는 물표를 선정할 때 주의해야 하는 사항을 나타낸다.

〈표 6-2〉 물표 선정 시 주의사항

구분	주 의 사 항
①	위치가 정확하고 뚜렷한 물표를 선정
②	먼 물표보다는 가까운 물표를 선정
③	물표 상호간의 각도는 될 수 있는 한 30~150° 인 것을 선정 * 두 물표일 때는 90도, 세 물표일 때는 60도가 이상적
④	두 개의 위치선으로 선박의 위치를 결정할 때에는 하나는 선수방향에, 다른 하나는 정횡방향에 있는 물표를 선정하는 것이 바람직 * 선수방향의 물표는 좌/우 편위정도를, 정횡방향의 물표는 선박의 실속력 정보를 제공

물표를 선정할 때는 우선 위치가 정확하고 관측하기에 뚜렷한 물표를 선정하는 것이 좋다. 예를 들어 완만한 산봉우리를 물표로 선정하여 방위를 측정한다면 오차가 발생할 가능성이 커지고, 상대적으로 등대와 같이 뚜렷한 물표를 선정하게 되면 이러한 오차는 많이 줄어들 것이다. 또한, 물표 선정 시 방위 변화가 큰 물표를 선정하는 것이 좋다.

이는 <그림 6-7>에서 볼 수 있듯이 원거리 물표를 선정하게 되면, 상대적으로 방위 변화율이 낮아지고 약간의 방위측정 오차를 통해서도 선박의 위치가 크게 변하게 되어 위치 오차가 더욱 커지는 현상이 발생할 수 있다. 따라서 되도록 원거리 물표보다는 근거리 물표를 선정하는 것이 바람직하다.

물표간 사이각은 30 ~ 150° 정도가 적당하며, 2물표만을 측정할 경우에는 사이각이 90°, 3물표를 측정할 경우에는 60°가 가장 적당하다. 이러한 이유는 물표를 측정한 방위 또는 방위를 통해 위치선 작도시 오차가 발생하게 된다면, <그림 6-8>과 같이 오차의 영향이 최소화되기 때문이다.

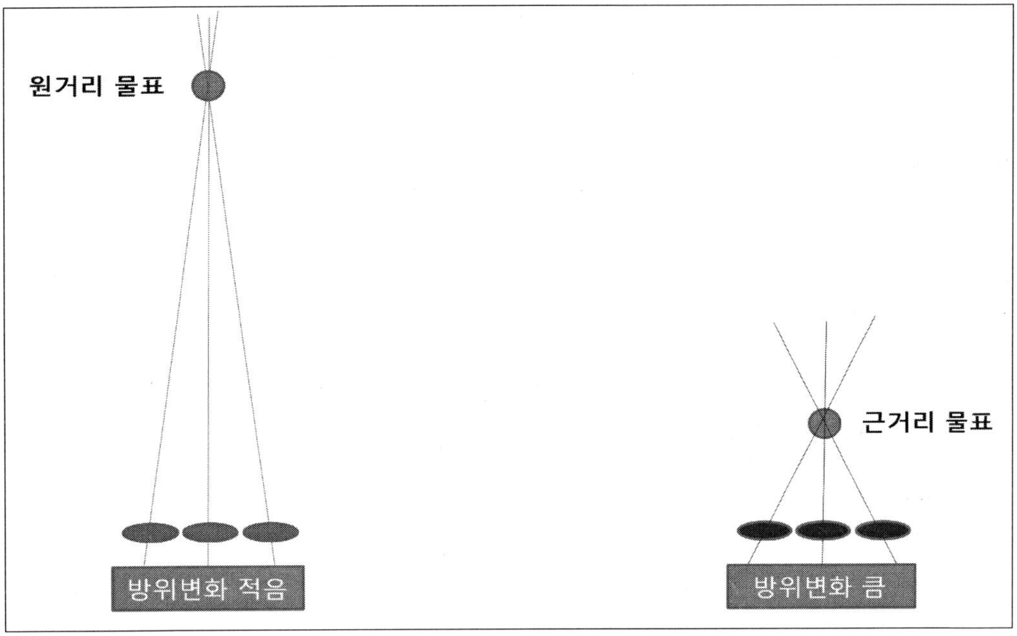

〈그림 6-7〉 원거리 및 근거리 물표선정시 방위변화율

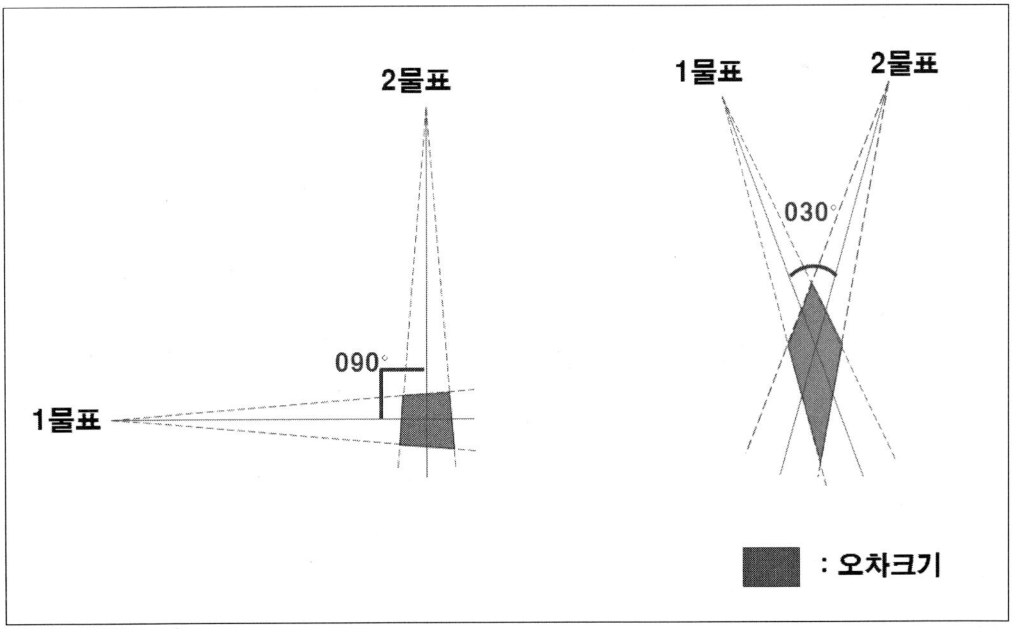

〈그림 6-8〉 두 물표 사이각(90도, 30도)에 의한 오차 크기 비교

해설 **물표의 사이각이 90도 일 때 위치 오차가 제일 작다**

위치를 측정할 때 측정 물표들의 사이 각이 어떻게 놓였는지가 오차를 크게 하기도 하고 작게 하기도 합니다. 오른쪽 그림을 보면 관측자가 T 위치에서 물표 A와 B를 측정할 경우 오차를 포함한 위치는 F로 나타날 수 있습니다.

따라서 오차는 다음 식과 같이 표현됩니다.

$$\text{오차}(error) = FT = \frac{AB\ \csc\theta}{2}$$

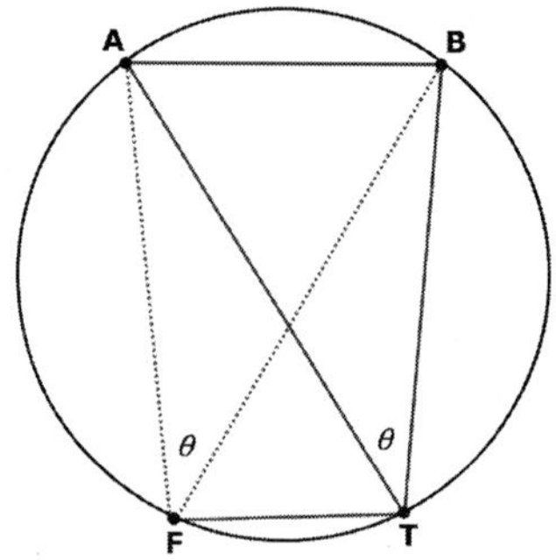

[2개의 위치선에 의한 오차]

위 식에서 위치 오차가 최소화되기 위해서는 csc Θ 가 최소가 될 때 가능하므로 아래 그림에서 2개의 위치선의 교각이 90° 일 때 오차가 가장 작습니다. 따라서 3개의 위치선에서는 각각 30~60° 일 때 오차가 가장 작게 됩니다.

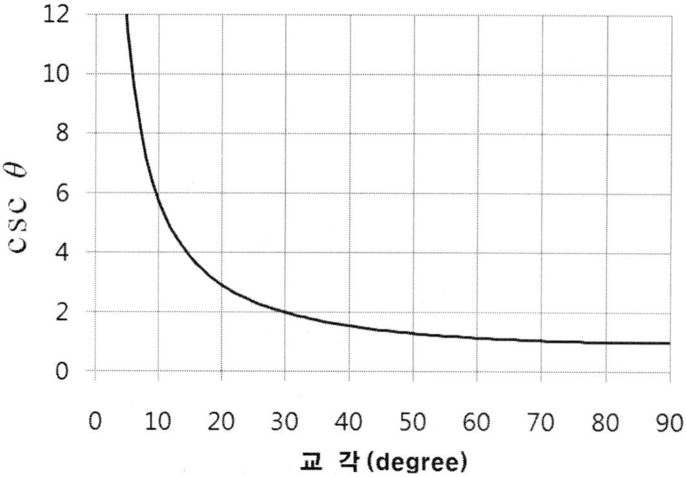

[2개의 위치선 교각에 따른 오차]

<표 6-3>은 물표를 측정할 때 주의사항을 나타낸다. 물표를 측정할 때 물표 측정수가 가장 중요하게 생각해야 하는 것이 신속하게 측정하는 것이다. 이는 선박이 정지해 있는 상태가 아니라 연안에서 보통 빠른 속도로 움직이고 있기 때문에 물표측정에 지연시간이 클수록 선박의 위치 오차는 커질 수밖에 없기 때문이다. 이와 같은 맥락에서 방위환은 수평으로 유지한 상태에서 방위측정을 해야 하며 위아래로 기울어진 상태로 측정하여 오차가 발생하게 해서는 안 된다.

〈표 6-3〉 물표 측정 시 주의사항

구분	주 의 사 항
①	물표의 방위를 신속하게 측정
②	방위환을 수평으로 유지하여 정확히 측정
③	방위 변화가 큰 물표를 먼저 측정(정횡물표) * 선수미 방향보다는 정횡 방향의, 원거리 보다는 근거리 물표의 방위변화가 큼
④	선수와 선미 방향의 물표를 측정시 선수방향의 물표부터 측정

또한 상선에서는 방위 변화가 큰 정횡 물표를 가장 나중에, 해군 함정에서는 가장 먼저 측정한다. 이는 두 유형의 선박이 조금은 각기 다른 이유가 존재한다. 상선의 경우 방위변화가 큰 물표를 가장 나중에 측정하는 것은 최종 물표를 측정한 위치에서의 거리 오차를 최소로 하기 위함이다. 반면, 해군 함정의 경우 '00분 함교 위치보고'라는 과거의 특정 시점을 기준으로 위치보고를 하고 있으며, 집행당시 시각인 '00분'에서 가장 오차가 적은 위치를 구하기 위해서는 방위 변화가 가장 큰 물표를 우선 측정해야 하는 것이다.

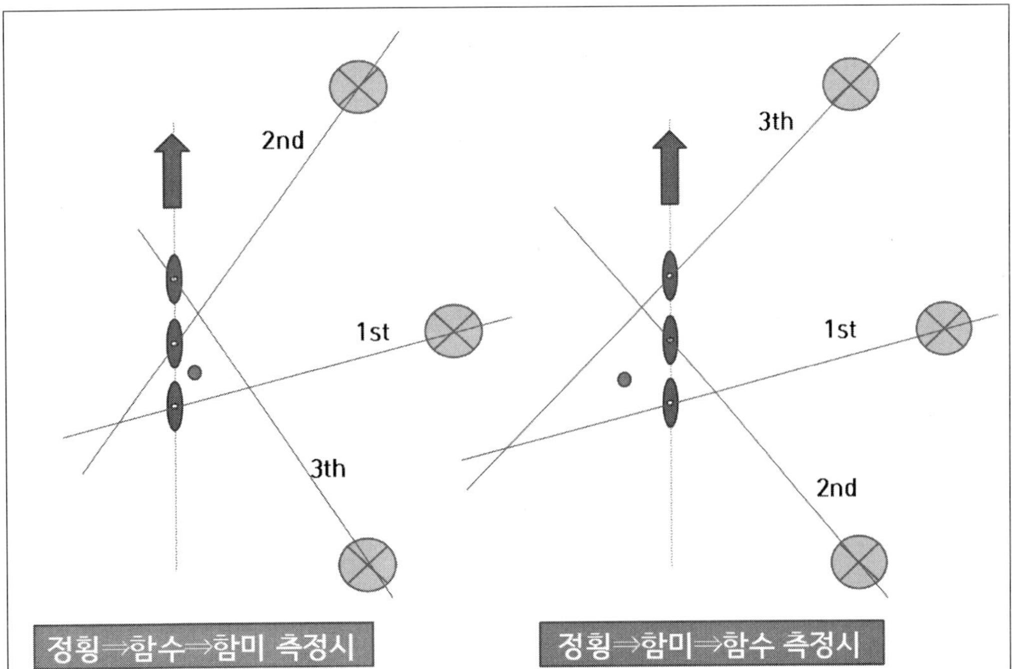

〈그림 6-9〉 물표 측정 순서에 따른 위치 편위 정도

마지막으로 선수와 선미 방향의 물표에 대한 측정 우선순위는 선수방향의 물표에 있다. 이는 <그림 6-9>에서 보는 것과 같이 선수물표를 우선 측정할 경우 물표 쪽으로 위치가 편위되며, 선미물표를 우선 측정할 경우에는 물표 반대쪽으로 편위가 되기 때문이다.

즉, 물표를 선정 시에 고려사항을 통해 언급된 내용이기도 하지만 보통 물표를 선정할 때 근거리의 방위변화가 큰 물표를 선정하게 되며, 결과적으로 근거리의 물표는 방위 정보를 통해 위치를 알게 해주는 도움을 주는 역할을 하기는 하지만 근거리에 위치한다는 점에서 위험물로도 인식될 수 있다. 따라서 위험물에서 가까워지도록 위치가 나오게 된다면 보다 경각심을 가지고 항해를 할 수 있을 것이다.

② 수평협각법

뚜렷한 3개의 물표를 선정하고 육분의(Sextant)나 펠로러스(Pelolus)를 사용하여 중앙 물표와 좌우 물표 사이의 수평 협각을 측정한 후 삼간 분도기(Three arm protractor)를 이용하여 이들 두 협각을 품는 원둘레와 만나는 점을 선위로 결정하는 방법을 수평협각법이라 한다.

(a) 3물표 협각을 통한 위치산출 (b) 육분의 (c) 삼간분도기

〈그림 6-10〉 수평협각법

수평협각법은 <그림 6-10>과 같이 육분의를 통해 주변의 3물표로부터 2개의 협각을 측정한 후, 해도 상에서의 3물표를 확인하고 삼간분도기를 통해 협각을 표현하여 선박의 위치를 확인한다. 수평협각법은 정밀도가 높은 선위를 얻을 수 있다는 점과 선박의 나침반의 오차와 관계없이 선위를 구할 수 있다는 장점을 가지고 있다. 그러나 교차방위법에 비해 선위를 산출하는 절차와 시간이 오래 걸린다는 점, 오차가 존재한다 해도 항상 선위가 점으로 표기되기 때문에 오차를 확

인할 수 있다는 점, 반드시 3개의 물표를 측정해야 된다는 점, 3물표와 관측자가 동일 원주 상에 위치할 경우 <그림 6-11>과 같이 동일한 협각을 가진 위치가 무한히 존재하기 때문에 위치 산출이 어렵다는 단점을 가지고 있다.

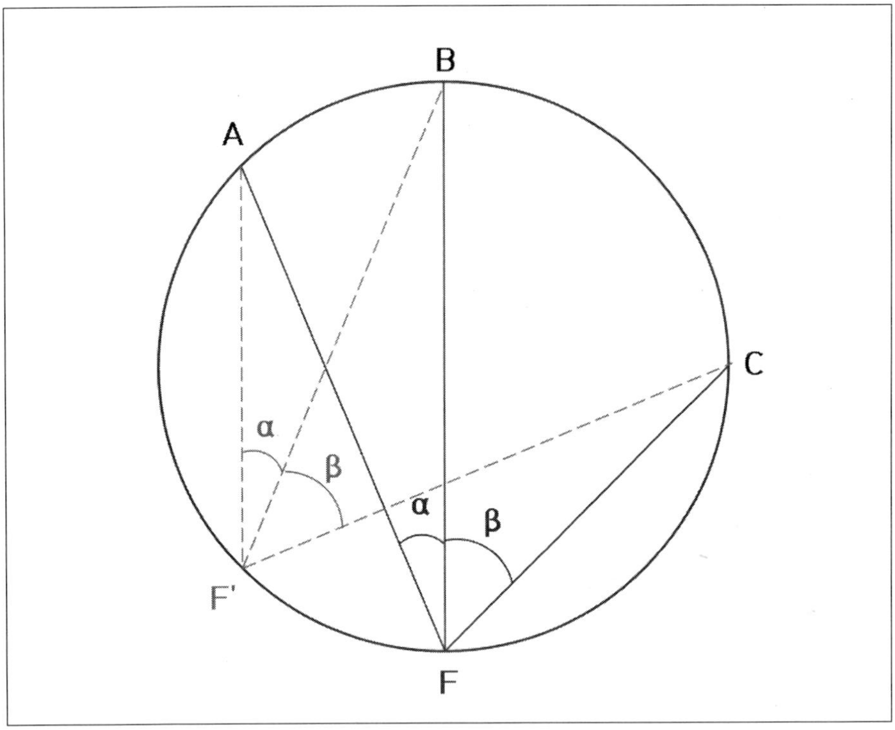

〈그림 6-11〉 동일 원주상에 3물표와 관측자가 존재할 경우

③ 한 물표의 방위와 수평 협각에 의한 방법

한 물표의 방위와 다른 물표와의 협각에 의한 방법은 교차방위법으로 선위를 결정할 때 두 물표 중 한 물표가 장애물에 가려 방위를 측정할 수 없는 경우에 사용되는 방법이다. 한 물표의 방위를 측정하고 또 다른 물표와 이루는 협각을 육분의로 측정하여 먼저 측정한 방위에 협각을 가감하여 다른 물표의 방위를 계산하고, 교차 방위법과 같은 방법으로 선위를 결정하는 것이다.[13]

13 박양기 등 2명, 『지문항해』, 연경문화사, p351, 2012.

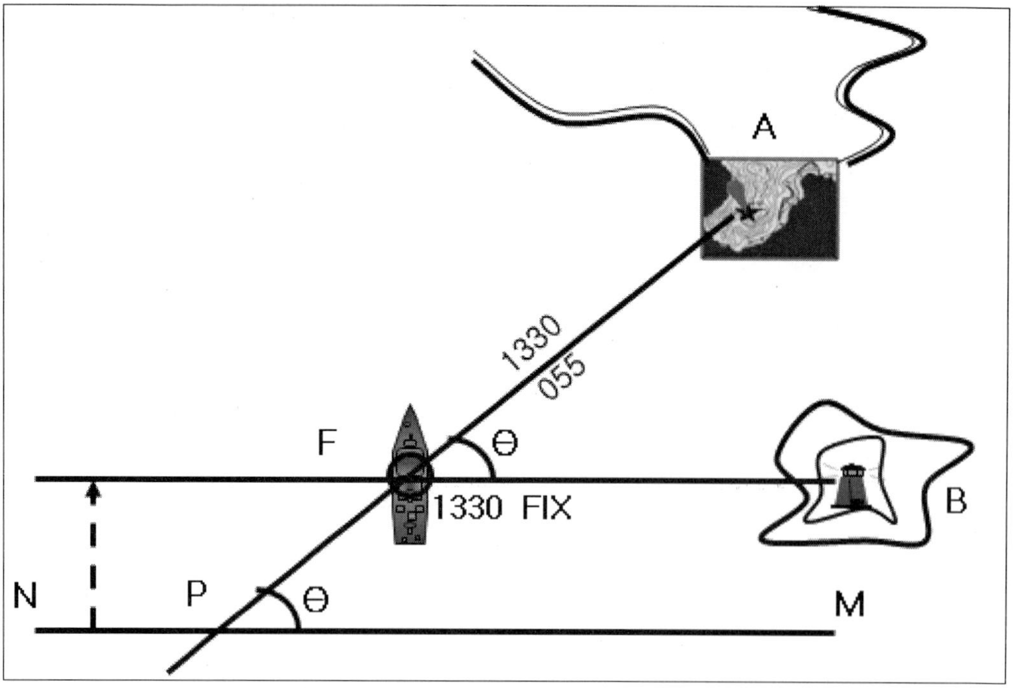

〈그림 6-12〉 한 물표의 방위와 수평 협각에 의한 방법으로 위치 산출

이를 적용하기 위해서 순서는 다음과 같다. 첫째, 물표 A의 위치선(직선 AP)을 작도한다. 둘째, 물표 A-B의 협각 Θ를 측정한다. 셋째, 직선 P점에서 협각 Θ를 고려 직선 NM을 긋는다. 넷째, 직선 NM을 물표 B까지 평행이동 시킨다. 다섯째, 직선 AP와 직선 NM의 교점(F)을 선위로 확인한다.

④ 중시선을 이용한 위치 산출 방법

중시선과 다른 물표와의 협각 또는 방위에 의한 방법은 연안항해 중 두 물표가 중시가 되는 순간 또 다른 중시선, 방위, 협각을 측정하여 선위를 결정하는 방법이다. 이 방법 또한 한물표의 방위와 협각을 이용한 방법에서 선위를 구하는 것과 다르지 않다. 중시선을 이용한 방법은 선위 이외에 추가적으로 나침반의 오차를 산출할 수 있다. 진해에서 해군 함정의 경우 출입항 시 협수로를 지나게 되는데, 이때 돈힌녀와 초리도 등대간 중시선에 의한 방법으로 나침반 오차를 측정하고 있다. 예를 들어 해도 상에 두 물표의 방위는 089°(T)이나 중시선에 의해 실제로 측정한 방위는 090°(T)라고 한다면, 현재 함정의 나침반 오차는 1°(E)가 되는 것이다.

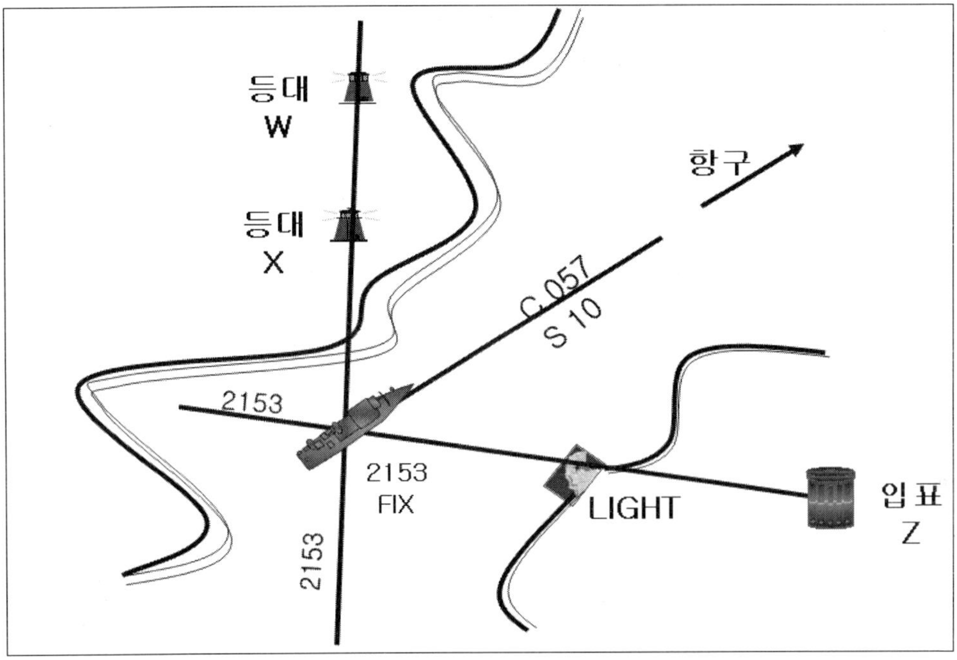

〈그림 6-13〉 중시선과 중시선을 이용한 위치 산출

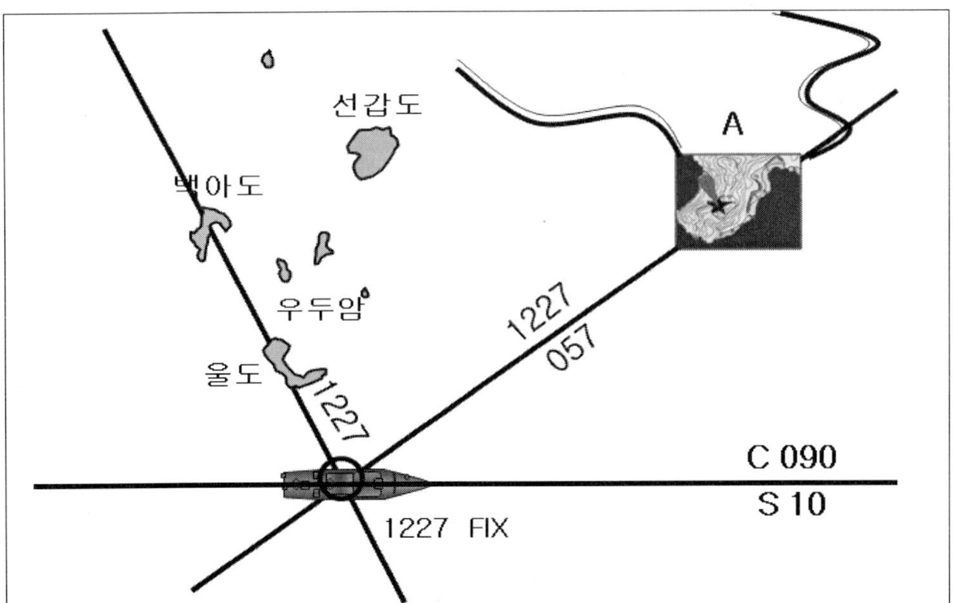

〈그림 6-14〉 중시선과 협각 방위에 의한 위치 산출

⑤ 거리를 이용한 위치 산출 방법

선박과 물표사이의 거리는 보통 선박이 보유하고 있는 항해레이더, 측거의 등으로 측정이 가능하다. 최근에는 레이저를 이용한 거리측정기 등으로 거리를 쉽게 산출하기도 한다.

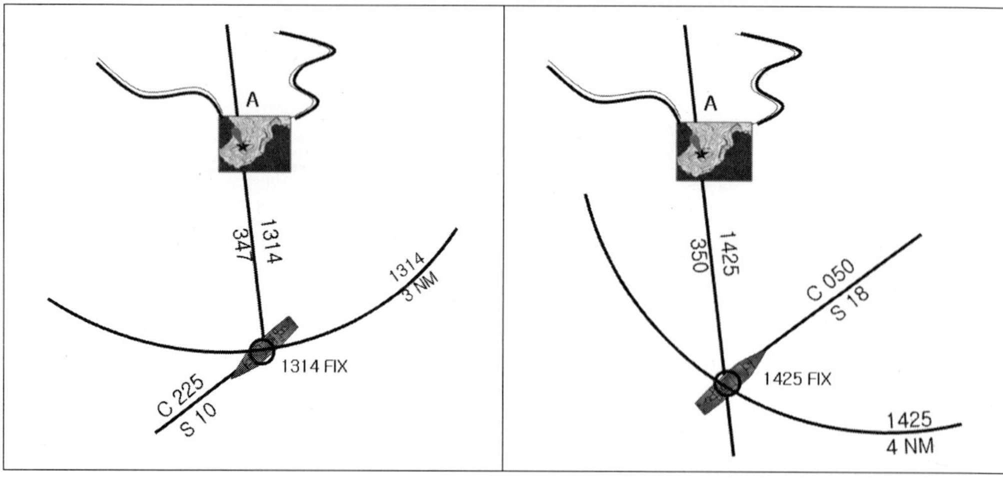

〈그림 6-15〉 한 물표의 방위와 거리를 이용한 위치 산출

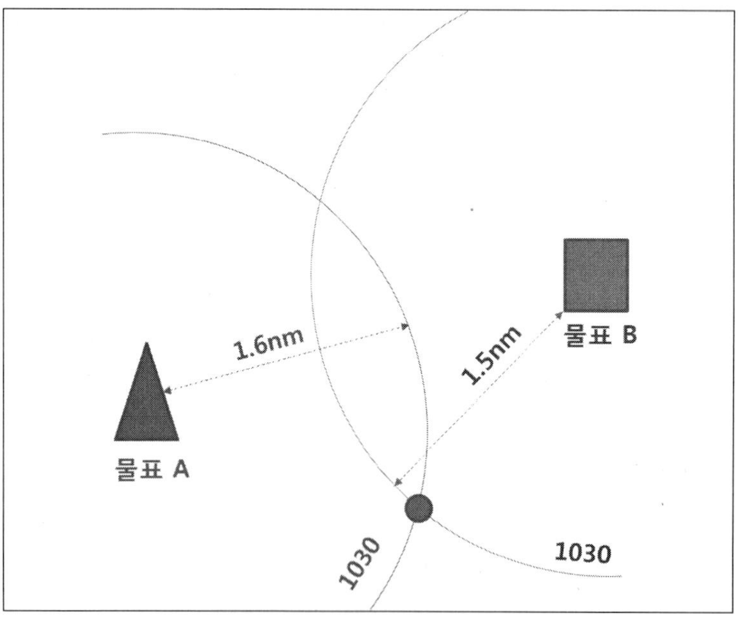

〈그림 6-16〉 두 물표의 거리를 이용한 위치 산출

거리를 통해 산출되는 위치선은 원형의 모양을 보이며, 또 다른 위치선이 방위이거나 거리이거나 두 위치선의 교점이 선위로 결정되는 것이다. <그림 6-15>는 한물표의 방위와 한물표의 거리에 의한 위치 산출 방법을, <그림 6-16>은 두 물표의 거리를 이용한 위치 산출 방법을 나타낸다. 현재 세계적으로 사용 중인 GPS 같은 위성항법시스템은 거리를 이용한 위치 산출 방법으로 위성으로부터 전파신호를 받아 걸린 시간을 산출하고 위성과 수신기간 거리를 측정하여 위치를 구한다. 자세한 원리는 제4절 위성항법시스템(GNSS)을 이용한 방법을 참고하기 바란다.

⑥ 수심에 의한 위치 산출 방법

바다의 지도인 해도에는 눈으로 볼 수 있는 지형의 물표 외에도 보이지 않는 암초, 조석, 조류, 수심, 등심선까지도 표시되어 있다. 따라서 지형 물표로부터만 위치를 산출할 수 있는 것이 아니라 수면 밑의 해저 깊이를 측정하여 대략적인 위치를 산출할 수 있다. 그러나 모든 해역에서 가능한 것이 아니라 수심의 변화가 규칙적이고 정확한 해역에서만 가능하다. 수심 측정에 관한 사항은 제5장 수심 측정계기를 참고하기 바란다.

2. 격시관측법

격시관측위치는 앞서 언급한 동시관측위치와 달리 시간의 간격을 두고 위치선을 받아 선박의 위치를 결정하는 방법이다. 격시로 관측을 하는 이유는 시정이 불량해서 물표 측정이 제한적이거나 야간에 하나의 물표만을 식별하면서 항해할 경우 등 충분한 물표를 볼 수 없는 경우인 것이다. 이때는 한 물표를 시간차를 두고 측정하여 두 개의 위치선을 만들어 선위를 구해야 한다. 이때 먼저 작도한 위치선은 추측항법의 규정에 따라 전위(傳位)해야 하며, 전위선과 이후 일정 시간이 지난 후에 산출한 두 번째 위치선에 의해 선박의 위치가 결정된다. 이렇게 결정된 위치를 격시관측위치(隔時觀測位置, Running fix)라고 한다. 격시관측위치는 항해장비가 발달되어 있는 오늘날 잘 사용하지 않는다. 왜냐하면 격시로 물표를 측정하면서 발생하는 전위 오차가 포함되어 신뢰성이 많이 떨어지기 때문이다. 특히나 연안항해 시에는 해조류의 영향을 많이 받으며, 많은 접촉물에 의해 수시로 변침변속을 해야 되는 상황이 발생하므로 더욱더 정밀도가 떨어지게 된다.

① 한 물표의 방위를 이용한 격시관측위치

<그림 6-17>과 같이 침로 090도 속력 10노트로 항해하는 선박이 항해중 0900시 물표 A를 관

측해서 위치선을 산출하게 되면, 0900시 추측위치와 위치선을 그린 후 측정시간을 기록한다. 30분 뒤 0930시에 측정한 위치선을 이용해서 격시 관측위치를 구하기 위해서 0930시에 물표 A를 바라본 위치선을 작도한다. 이때, 물표 A를 처음 보았던 위치선을 선박의 침로와 속력과 동일하게 이동하였을 것으로 가정하고 090도 10,000야드(10노트로 30분 기동 시 이동거리) 이동한 것으로 판단하고 위치선을 평행 이동시키며 두 번째 관측된 위치선과의 교점을 격시관측위치로 결정하는 것이다.

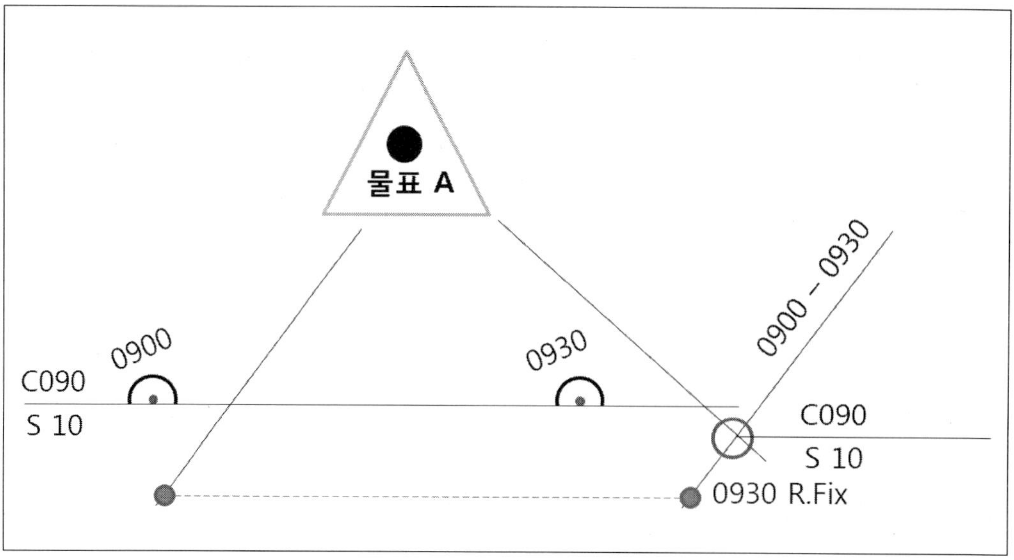

〈그림 6-17〉 한 물표를 이용한 격시관측위치 산출

② 서로 다른 물표의 방위와 거리를 이용한 격시관측 위치

<그림 6-18>과 같이 선박이 침로 070도, 속력 15kts로 항행 중 0900시에 물표 A의 거리를 항해레이더로 산출하였다면 0900시의 추측위치와 위치권을 그린 후 거리를 구한 시간을 기입한다. 0930시 침로를 120도로 변침하고 속력을 10kts로 감속한 후 0950시에 두 번째 물표인 물표 B의 방위를 측정하여 위치선을 긋는다. 0900시~0930시까지 선박은 변침 변속을 하였으므로, 물표 A의 거리를 측정한 위치권을 추측위치 작도법에 의해 전위하고 전위한 거리권과 물표 B를 바라본 위치선이 만나는 점을 격시관측위치로 결정하는 것이다.

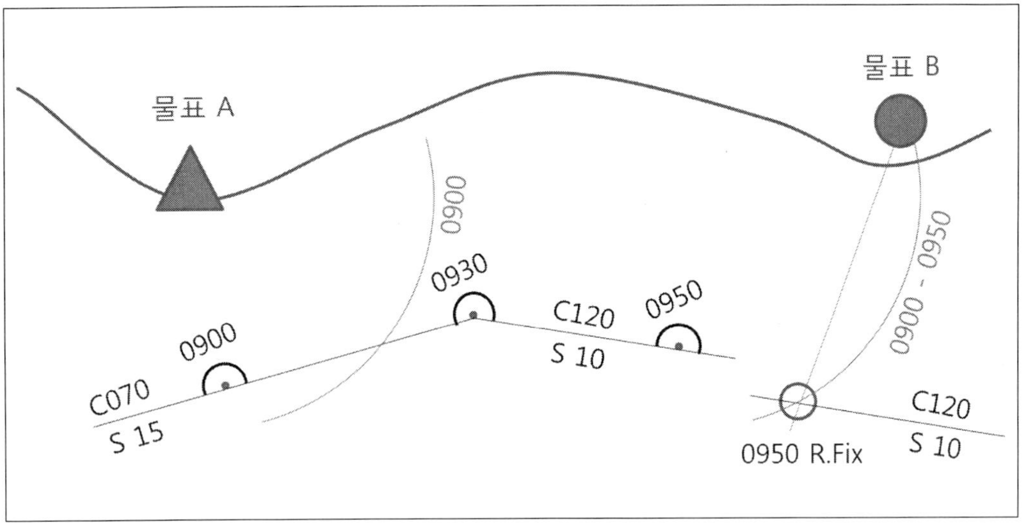

〈그림 6-18〉 서로 다른 물표의 방위와 거리를 이용한 격시 관측위치 산출

제3절 항해레이더를 이용한 방법

1. 개 요

레이더는 영어로 RADAR, Radio Detection and Ranging의 약자로 '전파를 이용하여 탐색 및 거리를 측정한다.'는 의미이다. 레이더는 선박이나 항공기 등에서 물체를 탐지하는데 사용되며, 특히 제한시계[14]에서 유용하게 사용되는 전자장비이다.

레이더는 세계대전을 거치면서 적의 침투를 경고하고 대공무기를 통제하기 위한 용도로 개발이 활발하게 이루어져왔으며, 지금은 육상, 해상, 항공, 우주 등 모든 분야에서 널리 이용되고 있다. 레이더는 탐지뿐만이 아니라 위치 측정에도 사용이 된다.

레이더를 이용한 선박의 위치 측정은 상대위치 측정이다. GPS와 같은 위성항법시스템은 위성으로부터 전파 신호를 받아 선박의 절대위치를 경위도로 알 수 있도록 하지만, 레이더는 선박 주위 고정물표(등대, 산봉우리, 섬 해안선 등)로부터 방위 또는 거리를 측정하여 선박의 상대적 위치를 알 수 있도록 하며 이를 해도 위에 기점을 해야 절대위치를 알 수 있다.

14 제한시계는 안개, 눈, 비 등으로 인하여 시계가 제한되는 상태를 말하며, 항해안전을 위해 견시(look-out)가 증강되고 레이더, 위성항법장치 등 전파를 이용한 계기들이 중요하게 운용된다.

따라서 본 절에서는 레이더를 이용한 항법과 레이더 사용법 등에 대하여 설명하고자 한다. 항해레이더의 기본 원리 및 성능 등에 대해서는 '재미있는 전파항해학' 교재를 참고하기 바란다.

2. 레이더 항법

① 개요

선박이 눈, 비, 안개 등의 제한시계 항해에 있어서 레이더의 중요성은 이루 말할 수 없으며, 항해의 안전과 항해시간 단축에 큰 역할을 수행하였다. 그러나 레이더의 기능에는 근본적 한계가 있으므로, 관계된 성능을 잘 이해하고 사용하는 것이 무엇보다 중요하다.

레이더를 항해에 이용할 경우, 크게 나누어서 두 가지의 분야가 있다. 하나는 선박의 위치 결정이고, 다른 하나는 충돌예방이다. 또한 선박의 위치 결정은 간접이용법과 직접이용법으로 구분할 수 있으며 <그림 6-19>와 같다.

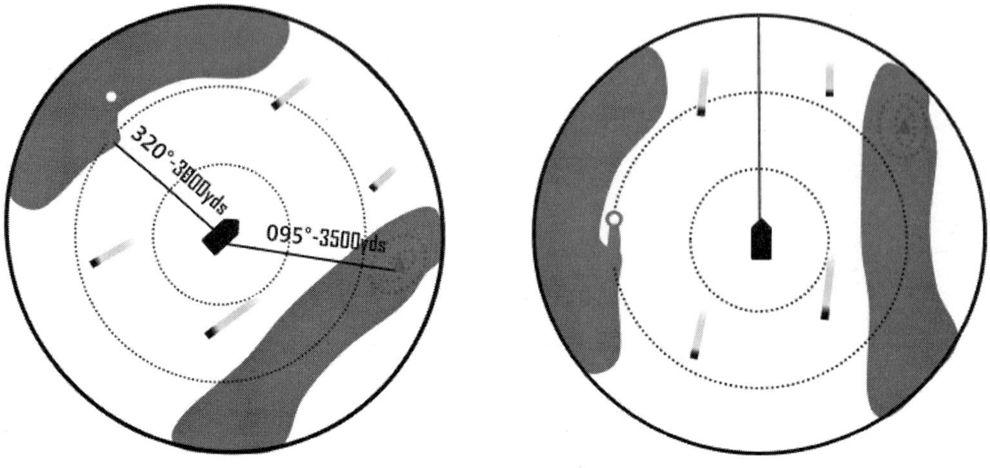

(a) 간접이용법 (b) 직접이용법

〈그림 6-19〉 레이더를 이용한 위치결정 방법

간접이용법은 레이더를 이용하여 선박 주위의 고정물표(등대, 산봉우리, 섬 해안선 등)의 방위 또는 거리를 측정하여 선박의 위치를 구하는 것을 말하며, 한물표의 방위와 거리에 의한 방법, 둘 또는 그 이상의 물표의 거리에 의한 방법이 대표적이다. 직접이용법은 항해 중 레이더 화면 표시기를 선수방위로 직접 보면서 선박들의 위치 관계를 확인하고 선박을 조함하는 것이다. 간접이용법은 군함의 전투정보실 등에서 이루어지고, 직접이용법은 상선의 선교나 군함의 함교에서 주로 이용하며, 입출항이나 좁은 협수로를 통과할 때 선박 주위의 육상물표와 레이더 물표를 쉽게 식별할 수 있어 많이 활용한다.

레이더의 충돌예방법은 레이더의 방위, 거리 정보를 이용하여, 피험선[15]을 설정하거나 레이더 플로팅을 하여 침로, 속력, 최근접거리(CPA: Closest Point of Approach), 최근접시간(TCPA: Time to Closest Point of Approach) 등을 확인하여 항해안전을 도모하는 것이다. 특히, <그림 6-20>과 같이 접촉물의 방위끌림 정보를 이용하면 조기에 충돌을 예방할 수 있다. 방위끌림이란 선박에서 상대선박을 볼 때 방위의 변화가 생기는 것을 의미한다. 표현법은 방위가 왼쪽으로 변화하면 방위끌림 왼편, 방위가 오른쪽으로 변화하면 방위끌림 오른편, 방위 변화가 없으면 방위끌림 없음으로 표현한다. 방위끌림이 없을 때가 서로 충돌의 위험이 있는 상황이다. 항해 중 주의를 요하는 상황은 근거리에서 선박의 왼편에 있는 접촉물이 방위끌림 오른편으로 생길 때, 선박의 오른편에 있는 접촉물이 방위끌림 왼편으로 생길 때, 방위끌림이 없을 때이다.

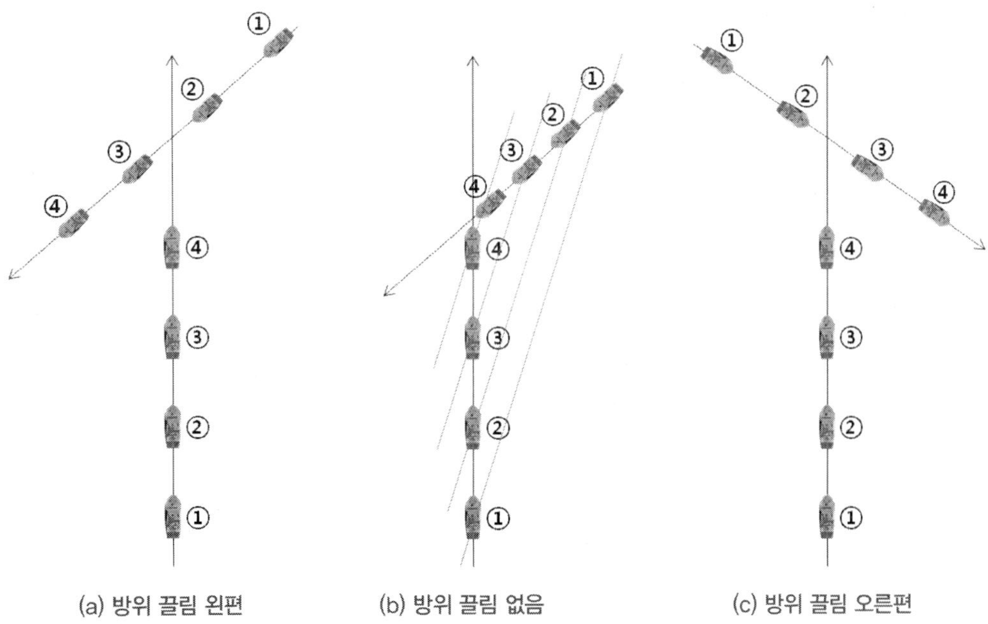

〈그림 6-20〉 접촉물의 방위 끌림 정보

15 피험선은 선박이 항해 시 미리 해도를 보고 충분히 연구하여 뚜렷한 물표의 방위, 거리, 수평협각 등을 이용하여 위치를 측정하지 않고 항로에서 위험물을 피해갈 수 있도록 설정한 위험 예방선이다.

레이더의 표시기에 나타난 영상은 실제의 해도를 보는 것과는 달리 X-Ray 사진을 보는 것 같아서 영상을 판독하는 기술이 필요하다. 영상을 옳게 판독하려면 레이더의 특성과 각종 물표의 반사성능을 충분히 습득하고 레이더의 최대탐지거리, 최소탐지거리, 방위분해능, 거리분해능 등에 대해서 잘 이해하는 것이 무엇보다 중요하여 전문적인 교육훈련이 필요하다.

또한 영상 판독에 방해가 되는 방해현상과 거짓상 등에 대한 지식도 필요하다.

② 거리정보와 오차

레이더에서 거리 정보는 전파의 도달시간과 관계가 있다. 자유공간 속에서 전파의 속도는 빛의 속도로 3×10^8m/s 또는 3×10^5km/s 일정함으로 전파 신호가 표적에 부딪치고 돌아오는 시간을 측정함으로써 거리를 결정한다.

예를 들면, 송신한 펄스 신호가 100μs 후 반사파가 수신되었다면, 표적의 거리는 전파의 속도 $\times$ 100μs / 2 = (3×10^5km/s $\times$ 100*10^{-6}s) / 2 = 15km, 약 8마일이다.

거리측정의 오차는 펄스폭과 휘점의 크기에 의해서 결정된다. 특히, 정확한 거리를 측정하려면 가변거리눈금을 되도록 어둡게 하며 영상에 내접하도록 하여 측정하고, 너무 포개지지 않도록 해야 한다. 또한 가변거리 눈금의 정밀도는 고정거리 눈금의 정확도보다 낮으므로 때때로 양자를 비교하여 볼 필요가 있다.

일반적으로 거리측정 오차는 중앙오차(50% 오차)의 경우 측정거리의 1%, 최대오차(95% 오차)의 경우 측정거리의 3% 정도이다. 예를 들어, 표적의 거리가 10마일이면 거리측정의 중앙오차는 0.1마일, 최대오차는 0.3마일이 되는 것이다. 항해 당직자로서 주의해야 할 것은 레이더에 의해 거리를 측정할 경우, 사전에 반드시 목측(目測, 관측자가 직접 눈으로 보고 관측하는 것)에 의해 장비의 오차를 예측해 볼 필요가 있다. 그리고 끊임없이 목측 훈련을 실시하여 레이더 측정거리에 큰 오차가 생기지 않도록 주의해야 한다.

③ 방위 정보와 오차

표적의 방위 정보는 360도 회전하고 있는 안테나가 나타내는 방향에 의해 결정된다. 이것은 안테나와 표시기 장치의 동기화 문제가 크게 좌우되며, 레이더에서 보내는 전파 신호의 지향특성인 빔폭에 영향을 받는다. 따라서 좁은 빔폭을 이용하여 에너지를 방사하면 상대적 신호강도가 커지며 정확도도 향상된다.

레이더의 성능에 한계가 있어 방위측정에 오차가 생기는 것을 종합하면 다음과 같다.

첫째, 안테나의 수평빔폭 때문에 영상의 확대 현상이 생겨 방위측정 오차가 생긴다. <그림 6-21>은 수평빔폭에 의한 영상의 방위 오차이다. 따라서 섬의 양 끝의 방위를 측정하였을 때에는 빔폭의 1/2 만큼 수정해야 한다. 예를 들어, 안테나 크기 120cm인 X 밴드 항해레이더를 사용 시 빔폭은 약 2도이므로 1도의 수정이 필요하다. 만약 수정하지 않고 교차방위법을 사용했을 경우 선박의 위치는 오차가 생겨 위험을 초래할 수 있다.

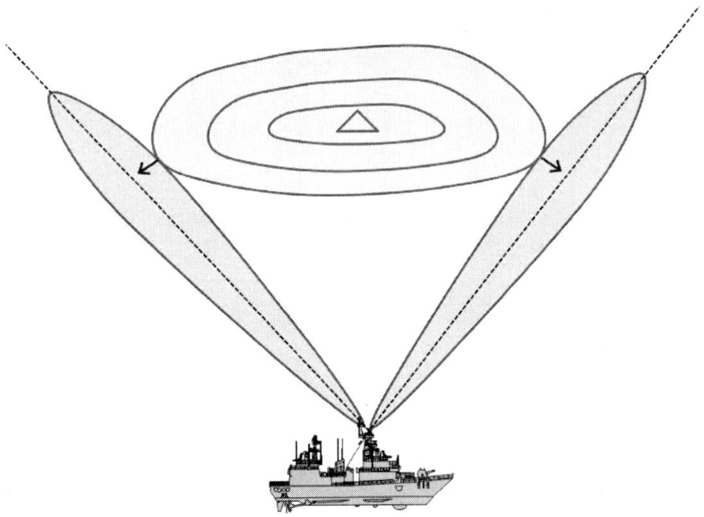

〈그림 6-21〉 수평빔폭에 의한 영상의 방위 오차

둘째, PPI(Plan Position Indicator) 영상의 중심과 방위 눈금의 중심, 즉 방위선과 회전중심이 일치하지 않기 때문에 방위 오차가 생길 수 있다.

셋째, 표시기의 편향코일(음극선관의 수평 및 수직 편향에 사용되는 코일)은 안테나와 동기되어 회전하는 것이지만 마찰 때문에 어느 정도는 늦을 수가 있다. 그 때문에 안테나 방향과 표시기 소인선(掃引線, sweep trace)[16]의 방향이 일치하지 않으므로 일정한 양의 방위 오차가 생긴다.

이상과 같이 레이더의 방위 오차에는 여러 가지의 원인이 있다.

일반적인 X 밴드 항해레이더의 방위측정 오차는 중앙오차(50% 오차) 1도, 최대오차(95% 오차) 3도 정도 발생할 수 있다.

16 전기회로에 발생하는 현상을 표시하기 위하여 브라운관의 편향관에 가해진 규칙적인 전압 또는 전류에 의해서 전자빔을 규칙적으로 편향시켜서 형광막 상에 영출된 전기 현상에 대응한 선형의 영상(레이더 표시기 등)에 나타나는 가느다란 선.

④ 영상의 판독

레이더 표시기의 통상적인 형태는 표적의 위치 표시기 즉, PPI 방식으로 극좌표로써 목표물의 위치를 방위와 거리에 대해 표시한다. 이것은 전기적 출력을 거리 및 방위의 눈으로 볼 수 있는 표시로 전환시켜 준다.

레이더의 안테나가 수직축을 중심으로 하여 일정한 속도로 회전함으로써 수평면상에서 탐색을 할 수가 있다. 안테나의 매회전마다 매우 많은 수의 펄스가 방사된다. 이들 각각의 펄스가 방사될 때마다 광점이 표시기의 중심에서부터 출발하여 표시기의 끝단까지 움직인다. 표시기의 끝단에 도달하면 광점은 순식간에 표시기의 중심으로 되돌아와 다음 펄스가 방사되면 동일하게 반복된다. 안테나가 회전함에 따라 광점이 지시기의 중심 주위를 회전하여 광점이 나타나는 방사선의 각도가 안테나 빔의 방위를 나타내고, 지시기 중앙으로부터의 길이가 거리를 나타낸다.

접촉물에 부딪쳐 돌아오는 반향신호가 수신되면 광점의 강도가 현저하게 커지며 더욱 밝은 광점으로 남아 있게 된다. 또한 안테나가 360° 회전하면서 나타나는 물표를 그대로 나타내고 안테나가 물표의 위치로부터 지나쳐 버린 다음에도 다음회전까지 물표의 영상이 보이도록 광점이 적절한 지속성을 가지고 있다.

표시기의 PPI 영상 방위표시는 <그림 6-22>와 같이 크게 진방위표시방식과 상대방위표시방식으로 할 수도 있다. 그 어느 것이 좋은가는 그 때의 상황에 따라 다르지만 보통은 화면을 진북기준으로 하는 진방위표시방식을 사용하는 것이 좋다. 그 이유는 해도와 같이 진북을 위로 하여 화면이 나타나므로 해도와 대조하기 용이하고 대각도로 변침 하더라도 선수 지시선이 이동할 뿐 영상 화면은 그대로 움직이지 않기 때문이다. 반대로 선수기준으로 상대방위표시방식의 경우에는 변침할 때마다 화면이 회전하여 중요한 시기에 방해가 될 수 있지만, 직접항법의 경우는 선교에서 접촉물에 대한 대응이 레이더와 시각으로 식별이 용이하여 편리할 수도 있다.

레이더의 거리범위는 지형이나 선박의 교통량에 의해 좌우된다. 넓은 해역에서 고속 항해 시는 12마일 이상의 거리범위를 사용하여 타선을 조기에 경계하는 것이 중요하다. 예를 들어, 두 선박이 속력 10노트로 서로 마주치는 항해를 할 경우, 10마일의 거리에서 발견했다고 하면, 30분 후에 두선박이 마주치게 되기 때문이다.

또한 연안에서는 보통 6~12마일의 거리범위를 이용한다. 이 범위라면 영상은 선명하게 나타나고 또 타선 등의 경계도 용이하게 할 수 있기 때문이다.

단, 이 경우에는 주기적으로 거리범위를 3마일 정도로 바꾸어 선박 부근의 소형선을 놓치는 일이 없도록 주의해야 한다. 그리고 수로가 좁은 협수로에서는 지형에 따라 6마일 이하의 작은 거리범위로 항해하는 것이 용이하다.

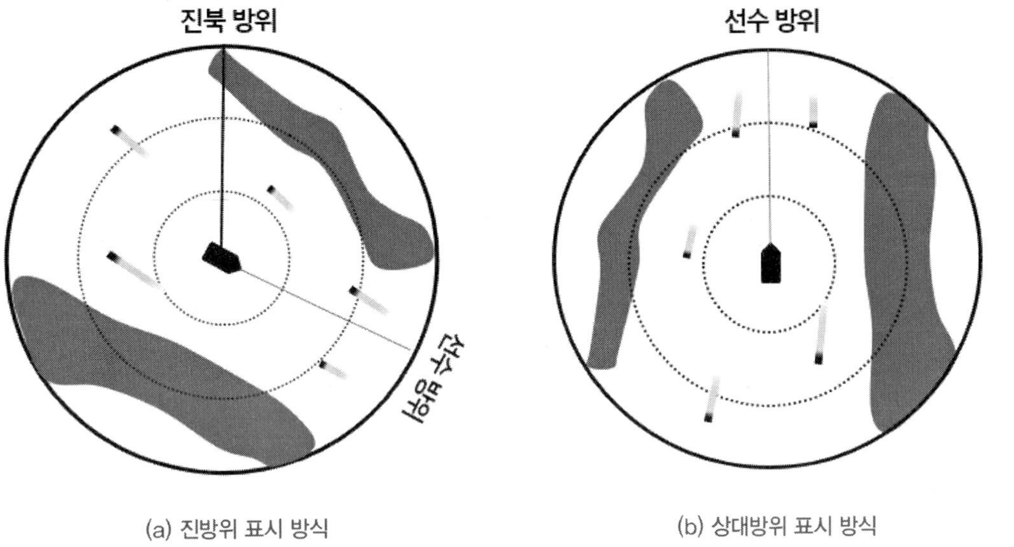

〈그림 6-22〉 레이더 영상 방위표시 방식

⑤ 레이더 플로팅

레이더는 선박의 위치 결정 뿐만 아니라 제한시계에 있어서 충돌방지에 매우 유용하다. 그러나 레이더에 타선이 근거리에 접근한 경우에는 벌써 도움이 되지 않는다. 그것은 레이더로는 타선의 침로, 속력, 변침, 변속을 바로 알 수 없기 때문이다.

따라서 레이더에 의해서 충돌을 방지하려면 빨리 타선의 침로와 속력을 측정하여 피항 조치를 취해야 하며, 그러기 위하여서는 먼저 영상을 판독하고 상황을 해독하여 타선의 침로와 속력, 최근접거리(CPA), 최근접시간(TCPA) 등을 계산하여야 한다.

두선박이 충돌을 피하기 위해 가장 중요한 것은 상대운동을 이해해야한다. <그림 6-23>에 보듯이 선박 A와 선박 B가 서로 마주칠 때, 두 선박의 실제 운동은 (a)처럼 나타나고 상대운동은 (b)처럼 나타나며, 이것은 레이더 표시기 영상으로 나타난다. 또한 선박 A와 B가 만나는 최근접거리(CPA)와 최근접시간(TCPA)를 계산하면 쉽게 피항 조치를 강구할 수 있다.

레이더로는 직접 타선의 침로, 속력 등을 바로 알 수 없다. 그러나 과학기술의 발달과 더불어 레이더 표시기에 나타나는 타선박들의 움직임에 관한 데이터를 자동적으로 분석하여 일정 형태의 유용한 정보를 제공해 주는 장치가 1960년대부터 개발되어 사용되고 있다. 이것을 자동충돌예방보조장치(ARPA: Automatic Radar Plotting Aids)라고 한다.

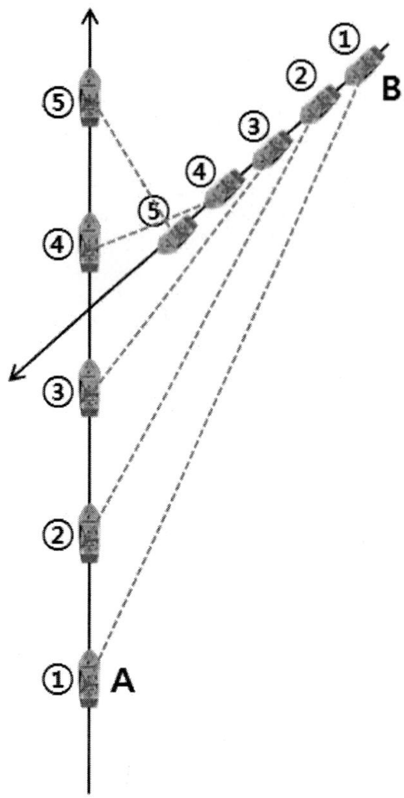

(a) 실제 운동

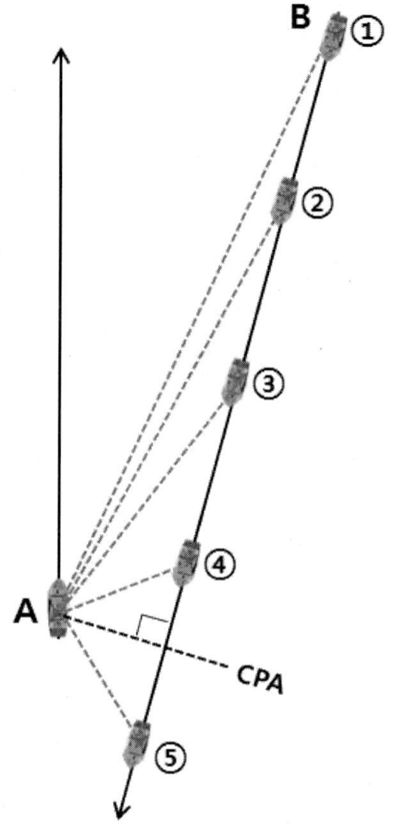

(b) 상대 운동

〈그림 6-23〉 선박의 상대운동

⑥ **자동충돌예방보조장치**(ARPA)

자동충돌예방보조장치(ARPA)는 국제해사기구 IMO에서 1984년 9월 1일부로 모든 선박에 강제 탑재토록 규정화하여 본선과 주위 선박의 움직임을 분석하여 VECTOR 정보를 제공하는 항해 장비로써 선박의 충돌방지를 위해 운용되고 있다.

주요 기능은 물표를 탐지하고 포착하여 자동 추적이 가능하며, 예상 최근접거리 및 최근접시간을 계산하여 충돌위험 자동경고 기능을 가지고 있다. 국제적으로 SOLAS 협약 제5장 제19규칙에서 레이더 관련 장비 탑재요건을 다음과 같이 규정화하고 있다.

〈 모든 여객선 및 300톤 이상 선박이 탑재할 레이더 장비 〉

- **9 GHz Radar : 300톤 이상의 선박**
- **3 GHz Radar : 3000톤 이상의 선박**
- **전자플로팅설비(EPA: Electronic Plotting Aids)**
  - 소형선박의 레이더에 부가하여 수동직접플로팅(Manual Direct Plotting)을 위한 장비, 레이더 화면상의 물표를 처음 수동으로 플로팅한 후에 일정시간이 경과한 후 다시 플로팅을 하면 물표의 벡터 표시가 화면상에 나타남
  - 최소 10개 이상의 물표를 플로팅할 수 있어야 함
  - 300톤 이상 선박에 요구 됨
- **자동추적장치(ATA: Automatic Tracking Aids)**
  - ARPA와 역할이 동일하나 좀 단순화 한 장비
  - 최소 10개 이상의 물표를 자동플로팅할 수 있어야 함
  - 500톤 이상 선박에 요구 됨
- **자동충돌예방보조장치(ARPA: Automatic Radar Plotting Aids)**
  - 최소 20개 이상의 물표를 자동플로팅할 수 있어야 함
  - 10,000톤 이상 선박에 요구 됨

위의 탑재요건을 선박 톤수별 정리하면 <표 6-4>와 같다.

〈표 6-4〉 선박 톤수별 레이더 관련 장비 탑재요건

선 박 톤 수	9GHz Radar	3GHz Radar*	EPA	ATA	ARPA
300톤 이상 500톤 미만	1		1		
500톤 이상 3,000톤 미만	1			1	
3,000톤 이상 10,000톤 미만	1	1		2	
10,000톤 이상	1	1		1**	1

* 9GHz Radar 1대 추가로 대체 가능
** ARPA 1대 추가로 대체 가능

3 레이더 사용법

선박에서 사용하는 X-밴드용 항해레이더는 Furuno, Garmin, Simrad 등 여러 회사의 다양한 제품들이 사용되고 있다. 일반적인 사용법은 유사하기 때문에 간단한 사용법을 소개하고자 하며, FURUNO사의 레이더 화면을 이용하여 설명을 하겠다.

① 화면 메뉴

선박의 레이더 화면은 <그림 6-24>처럼 전시화면과 제어패널로 구성된다. 전시화면은 자함 정보, 접촉물 정보, 신호 감도, 스케일 등을 보여주며, 제어패널은 이러한 전시를 위한 다양한 조작을 위한 것이다.

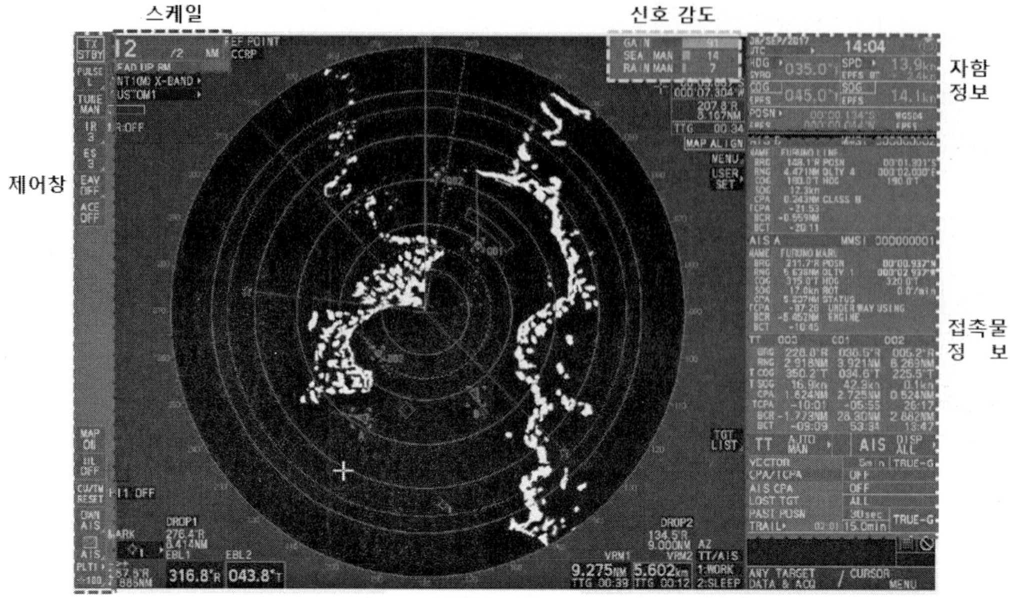

(a) 전시화면

(b) 제어패널

〈그림 6-24〉 레이더 전시화면 및 제어패널

㉮ 전시화면

- 자함 정보 : 자함의 선수방위, 속도, COG(대지침로), SOG(대지속력) 등을 전시
- 접촉물 정보 : 직접 접촉된 물표와 AIS 접촉물에 대한 항해정보와 CPA/TCPA 등을 전시
- 신호 감도 : Gain, 해면반사, 눈/비에 의한 반사 제어를 위한 감도 전시
- 스케일 : 레이더 화면의 거리를 조절(0.5, 1.5, 3, 6, 12마일 등)
- 제어창 : 버튼이나 바를 쉽게 표현하기 위한 창

㉯ 제어패널

- EBL 조절 : EBL(Electronic Bearing Line) 키로서 EBL on/off 조절, 손잡이가 있어서 밝기를 조절함
- 신호감도 조절 : Gain, 해면반사, 눈/비에 의한 반사 제어로 손잡이를 왼쪽/오른쪽으로 돌려서 감도를 조절
- VRM 조절 : VRM(Variable Range Marker) 키로서 VRM on/off 조절
- 기능 키 : F1~F4 기능키와 ALARM ACK, STBY TX 조절
- 스케일 조절 : 레이더 화면의 거리를 조절하는 것으로 +와 -를 이용하여 0.5, 1.5, 3, 6, 12, 24 마일 등 조절
- 접촉물 지정 : 접촉물 신호 지정과 정보 전시, 취소 키
- 트랙볼 조절 : 레이더 기능을 실행하기 위한 트랙볼 사용

② 신호 감도 조절

신호 감도 조절부에서는 레이더 화면을 잘 보기 위해서 이득(Gain) 조절, 해면반사 제어, 눈/비에 의한 반사 제어를 위해 손잡이를 왼쪽/오른쪽으로 돌려서 조절한다.

㉮ 이득(Gain) 조절

레이더 화면상 잡음이 나타나는 것을 제어해 주는 역할을 하며, 0부터 100까지 조작이 가능하다. 이득을 너무 낮추면 작은 물표가 탐지되지 않을 수 있으며, 너무 높으면 잡음까지도 접촉물로 탐지될 수 있어 조절 시는 각별히 유의하여야 한다. 일반적으로 40정도를 이용한다.

㉯ 해면반사 제어

선박의 근거리 해면에서 부딪혀 돌아오는 신호가 많을 때 발생하는 잡음을 제어해 주는 역할

을 하며, 0부터 100까지 조작이 가능하다. 조절 손잡이는 Sea, Sea clutter, STC(Sensitivity Time Control) 등으로 표시된다. 잔잔한 바다에서는 조절 손잡이를 돌려서 최소값으로 설정하고 파도가 있을 때는 높여서 사용한다.

레이더 화면에서 해면반사를 제어하면 그 효과는 <그림 6-25>와 같다.

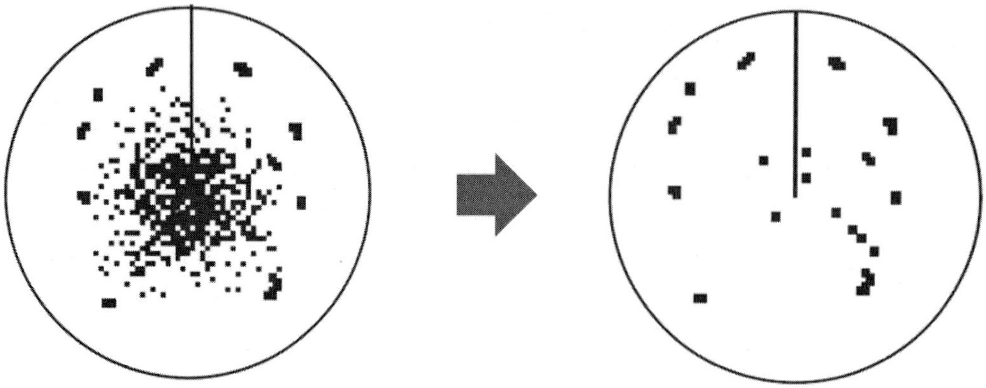

〈그림 6-25〉 해면반사 제어 효과

㉰ 눈, 비에 의한 반사 제어

눈, 비 등과 같이 일정한 속도로 떨어지는 물체에 대해 레이더 신호가 부딪쳐 돌아오는 것으로 많은 잡음이 동반되어 제어해 주지 않으면 레이더 화면 분석이 매우 어렵다. 조절 손잡이를 돌려서 0부터 100까지 조작이 가능하다. 조절 손잡이는 Rain, Rain clutter, FTC(Fast Time Control) 등으로 표시된다.

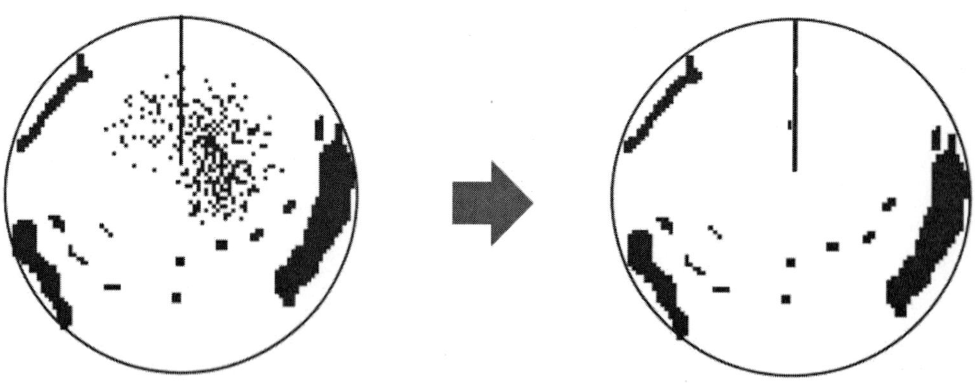

〈그림 6-26〉 비, 눈 등에 의한 반사 제어 효과

조절 손잡이를 너무 돌려 최대값으로 가게 될 경우는 눈, 비에 의한 신호뿐만이 아리라 작은 접촉물까지도 잡음처럼 제어될 수 있기 때문에 조절 시는 각별히 유의하여야 한다.

레이더 화면에서 눈, 비에 의한 반사를 제어하면 그 효과는 <그림 6-26>과 같다.

③ 화면전시 모드 변경

레이더 화면 전시모드는 크게 상대방위 모드와 진방위 모드가 있다. 상대방위 모드는 Head up 모드, Course up 모드, Stern up 모드 등이 있으며, 진방위 모드는 North up 모드가 있다. <그림 6-27>에는 레이더 화면전시 모드를 나타내었다.

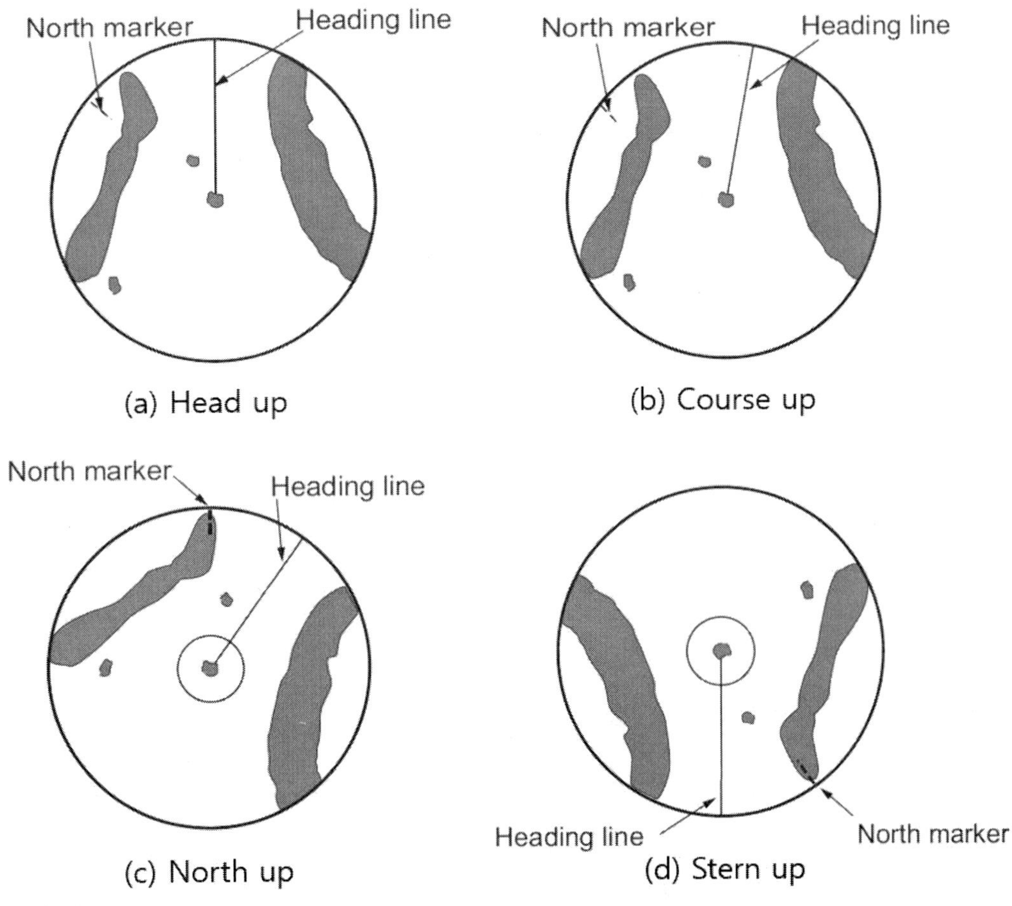

〈그림 6-27〉 레이더 화면전시 모드

㉮ Head up 모드

레이더 화면의 중앙에 선수방위(Heading line)가 나타나며, 이를 기준으로 모든 접촉물이 전시된다. 함교에서 당직사관이나 운용자가 볼 때 유용하다.

㉯ Course up 모드

침로를 설정하면 레이더 화면의 중앙에 그 방위를 보여주며, 접촉물은 침로에 대하여 상대적으로 전시된다. 파도나 외력에 의해 선수방위가 변해도 접촉물 전시는 문제되지 않는다. 만약 새로이 침로를 설정하면 새로운 침로에 대하여 Course up 모드를 설정하여야 한다.

㉰ North up 모드

레이더 화면의 중앙에 북쪽이 표시되며, 모든 접촉물이 진방위에 의해 전시된다. 함교 이외의 장소에서 레이더 운용 시 일반적으로 사용하는 모드이다.

㉱ Stern up 모드

레이더 화면의 중앙에 선박의 180도 부분, 즉 선미 부분을 전시하는 것으로 레이더를 두 대 가지고 있는 Tugboat에서 유용하다. 레이더 하나는 선수 방위, 다른 하나는 선미 방위를 운용하면 효과적이다.

④ 거리 스케일 조정

원거리 또는 근거리를 집중적으로 보기위해 화면의 크기를 조절하는 것이다. 거리 스케일은 0.125부터 0.25, 0.5, 0.75, 1.5, 3, 6, 12, 24, 48마일 등 최대거리까지 조절가능하다. 일반적으로 원해, 근해, 연안 등 어디에서 항해하느냐에 따라서 스케일을 적이 조정한다. 원해에서는 접촉물이 많지 않기 때문에 원거리 접촉물에 대응하기 위해 12마일 정도가 적절하며, 연안에서는 3에서 6마일, 협수로나 항구로 입항할 때에는 그보다 더 확대하여 사용한다. 만약, 선박에 레이더가 두 대 이상 있다면 하나는 원거리, 다른 하나는 근거리용으로 설정하는 것이 좋으며, 한 대로 운용 시에는 주기적으로 변경하여 원거리와 근거리에 교호로 대응하는 것이 효과적이다.

⑤ 목표물 지정 및 분석

레이더 운용자는 부딪쳐 돌아오는 신호에 대하여 접촉물로 지정하고 지정된 접촉물에 대해서는 전시되는 정보(침로, 속력, CPA, TCPA 등)를 이용하여 항해 안전유무를 지속 확인하여야 한다. 이러한 기능은 조절 패널과 커서 메뉴에서 직접 가능하며 아래에는 조절 패널 버튼에 대해 설명한다.

: 부딪쳐 돌아오는 신호에 대하여 접촉물로 지정

: 접촉물 정보 화면에 접촉물의 침로, 속력, CPA, TCPA 등 데이터 전시

제4절 위성항법시스템(GNSS)을 이용한 방법

1. 개 요

1957년 구 소련의 스푸트니크(Sputnik) 1호 인공위성 발사 성공에서 시작된 우주개발기술은 그 응용분야의 하나로 인공위성을 이용하여 위치를 구하는 항법기술의 촉진을 가져왔고, 이 항법을 위성항법(Satellite Navigation)이라 부르고 있으며 이것은 전파항법의 범주라 할 수 있다.

위성항법시스템은 전세계적인 규모의 측위 시스템이라 GNSS(Global Navigation Satellite System)라 불리고, 세계적으로 미국의 GPS, 러시아의 GLONASS, EU의 Galileo, 중국의 COMPASS가 있다. 또한 지역항법 개념으로 인도의 IRNSS가 운용 중이며 일본의 QZSS는 2023년까지 구축 예정이다. GNSS는 IMO(International Maritime Organization) 등의 국제기구가 공식으로 채택한 용어로서 "인공위성을 이용한 항법 방식을 일반적으로 부르는 용어"이다. 현재 완료 및 진행 중인 GNSS 시스템의 특성을 비교하면 <표 6-5>와 같고, 각 시스템의 사용 주파수는 <그림 6-28>과 같다.

〈표 6-5〉 GNSS 시스템 특성 비교

구 분	GPS	GLONASS	GALILEO	COMPASS
위성수	24	24	30	35
궤도수	6	3	3	3
궤도 고도	20,200km	19,100km	23,200km	21,500km
궤도 경사각	55도	64.8도	56도	55도
주파수	L1, L2, L5	L1, L2, L3, L5	E1, E5, E6	E1, E2, E5b, E6
변조방식	CDMA	FDMA & CDMA	CDMA	CDMA

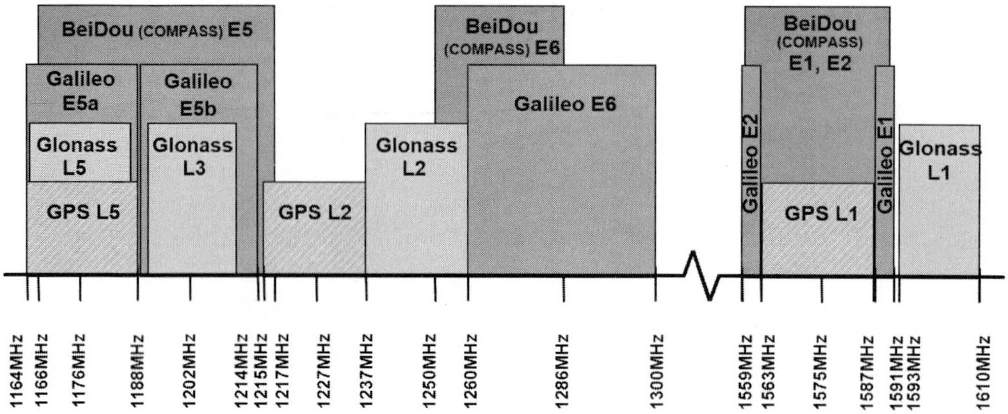

〈그림 6-28〉 GNSS 시스템 사용 주파수

2. 측위원리

위치 측정의 기본원리는 위치선(LOP: Line Of Position)을 측정하거나 계산하여 위치를 구하는 것이다. 즉, 기하학적 삼각법에 의한 위치 결정으로 위치를 정확히 아는 위성에서 보내주는 위성신호를 수신하여 전파의 도달 시간을 측정하고, 이것이 위치선이 되어 사용자의 위치를 구하는 것으로 <그림 6-29>와 같이 최소 4개의 위성으로부터 신호를 받을 때 위치 및 시간을 정확하게 얻을 수 있다.

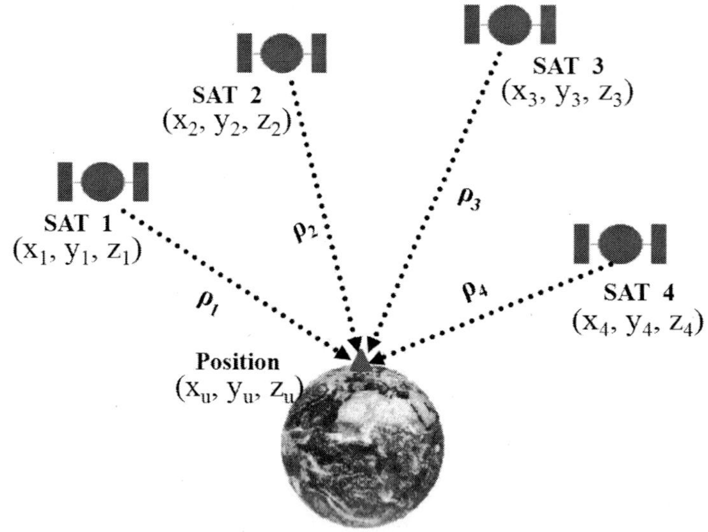

〈그림 6-29〉 위성항법 위치결정 원리

3차원에서 단독 측위를 위해 이용자 위치를 x_u, y_u, z_u라 하고 수신기에서 궤도 데이터로 계산한 i번째 위성의 위치를 x_i, y_i, z_i라 하면, 위성과 이용자 간의 의사거리[17] ρ_i는 식 (6-1)과 같고 추정근사위치에 의한 의사거리 $\hat{\rho_i}$는 식 (6-2)와 같다. 이들로부터 항법방정식을 풀어 위치를 구하게 된다.

$$\rho_i = \sqrt{(x_i - x_u)^2 + (y_i - y_u)^2 + (z_i - z_u)^2} + c\,t \tag{6-1}$$

$$\hat{\rho_i} = \sqrt{(x_i - \hat{x_u})^2 + (y_i - \hat{y_u})^2 + (z_i - \hat{z_u})^2} + c\,t \tag{6-2}$$

여기서,

x_i, y_i, z_i : i번 항법위성의 ECEF 좌표

x_u, y_u, z_u : 이용자 수신기의 ECEF 좌표

$\hat{x_u}, \hat{y_u}, \hat{z_u}$: 이용자 수신기의 추정근사위치

$\Delta x, \Delta y, \Delta z$: 위치 보정치

$x_u = \hat{x_u} + \Delta x$

$y_u = \hat{y_u} + \Delta y$

$z_u = \hat{z_u} + \Delta z$

c : 전파 속도

t : 수신기 시계오차

식 (6-1)은 이용자의 수신기 실제위치에 대한 의사거리 식이고 식 (6-2)는 이용자의 수신기 위치에 대한 추정근사위치에 대한 의사거리 식이다. 3차원의 수신기 위치를 얻기 위해서는 의사거리 식으로 부터 만들어지는 비선형 연립방정식을 풀어야 하며, 이를 위해서는 초기치를 추정근사위치로 한 공학적 접근 방법이 필요하다.

x_u, y_u, z_u와 위치 보정치 $\Delta x, \Delta y, \Delta z$ 만큼의 차이가 나는 추정근사위치를 $\hat{x_u}, \hat{y_u}, \hat{z_u}$라 할

---

17 의사거리는 수신기 시계오차를 포함한 수신기와 위성 간 전파로 측정된 거리를 말하며, 영어로 pseudorange, pseudo+range의 합성어이다.

때, 위치 보정치에 상응하는 선형화 된 의사거리의 차를 아래 식으로부터 얻을 수 있다.

$$\hat{\rho_i} - \rho_i = \frac{x_i - \hat{x_u}}{\hat{r_i}} \Delta x + \frac{y_i - \hat{y_u}}{\hat{r_i}} \Delta y + \frac{z_i - \hat{z_u}}{\hat{r_i}} \Delta z - c\Delta t \qquad (6\text{-}3)$$

$\hat{r_i}$ 는 위성과 추정근사위치와의 공간상의 거리를 나타낸다.

상기 선형방정식에서 GPS 위성 4개가 위치결정에 사용 된다고 가정 할 때, 미지수는 위치 보정치 $(\Delta x, \Delta y, \Delta z)$와 수신기 시계오차 Δt이다. 상기 식(6-3)은 위성 k개에 대한 각각의 의사거리 차로부터 만들어지는 연립방정식을 상태방정식으로 표현 하면 아래와 같이 간소화할 수 있다.

$$\delta R = (\delta\rho_1\ \delta\rho_2\ \delta_3 \ldots.\ \delta_k)^T \qquad (6\text{-}4)$$

$$\delta X = (\triangle X \triangle Y \triangle Z - c\triangle T)^T \qquad (6\text{-}5)$$

$$\delta R = G\,\delta X \qquad (6\text{-}6)$$

$$\delta X = G^{-1}\delta R \qquad (6\text{-}7)$$

여기서,

δR : 의사거리 오차

δX : 위치 보정치

G : 위성배열 기하학적 행렬

실제로 행렬 G는 위성의 방위(θ)와 고각(ϕ)으로 구성되어 식 (6-8)과 같다.

$$G = \begin{pmatrix} \cos\phi_1 \sin\theta_1 & \cos\phi_1 \cos\theta_1 & \sin\phi_1 & 1 \\ \cos\phi_2 \sin\theta_2 & \cos\phi_2 \cos\theta_2 & \sin\phi_2 & 1 \\ \cos\phi_3 \sin\theta_3 & \cos\phi_3 \cos\theta_3 & \sin\phi_3 & 1 \\ \vdots & \vdots & \vdots & \vdots \\ \cos\phi_n \sin\theta_n & \cos\phi_n \cos\theta_n & \sin\phi_n & 1 \end{pmatrix} \qquad (6\text{-}8)$$

위의 의사거리 방정식에 대한 상태방정식으로부터 위치오차는 최소자승법이나 칼만 필터 기법 등을 이용하여 계산이 가능하며, 위치오차 공분산은 식 (6-9)와 같이 기댓값 연산자 E 와 함께 표시할 수 있다.

$$cov(\delta X) = G^{-1} \cdot E[\delta R \cdot \delta R^T] \cdot G^{-T} \tag{6-9}$$

여기서 위성 각각이 상호 독립적이고 의사거리 오차가 평균이 0이고 분산이 일정한 가우시안 확률변수라고 할 때, 위의 위치 공분산은 식 (6-10)와 같이 간단하게 표시할 수 있다.

$$cov(\delta X) = ranging\ varince \cdot [G^T G]^{-1} \tag{6-10}$$

식 (6-10)에서 위치오차 분산의 크기는 거리오차 분산과 위성배열의 기하학적 행렬 G로부터 얻어지는 위성배열 상태인 DOP(Dilution Of Position) 함수에서 구해진다. 즉, 위치오차는 전파 지연, 다중경로 오차 등 의사거리에 영향을 주는 요차요소와 위성 배열 상태에 영향을 받게 된다.

결과적으로 4개의 위성으로부터 각각 의사거리가 구해지면 4개의 식이 얻어져 미지수를 구할 수 있다. 그러나 움직이지 않는 정적인 관계에서 위치측정에는 계산하는 시점의 숫자가 보상되어 3개 이하의 위성에서도 정확한 위치측정이 가능하다.

3. 오차요소

위성항법시스템의 위치오차는 전파를 이용한 위치선(LOP)을 계산하는데 나타나는 오차로 크게 위성 부문, 신호전파 부문, 이용자 부문에서의 오차로 나누어 볼 수 있다. 먼저, 위성 부문의 오차는 위성시계 오차(신호 안정도, 지연 등)와 위성궤도 오차(궤도데이터의 예측과 모델, 기타 요소 등)가 있고 신호전파 부문에서는 전파가 통과하는 매질의 특성인 전리층 전파지연, 대류권 전파지연이 있으며, 이용자 부문에서는 수신기 잡음, 다중경로에 의한 멀티패스 효과 등이 있다. 위성항법시스템의 세부 오차요소를 정리하면 <표 6-6>과 같이 나타낼 수 있으며, 대략적인 수치는 GPS 기준으로 작성하였다.

〈표 6-6〉 오차 요소

부 문	오차 요소	UERE(σ) / GPS 경우
위 성	위성시계 오차 위성궤도 오차	3m 4m
신호전파	전리층 전파지연 대류권 전파지연	4~5m 1~2m
이용자	수신기잡음 멀티패스 기타	1.5m 2.5m 0.5m
UERE(rss)		8.0m

위성시계 오차는 위성에 탑재된 원자시계로부터 발생하는 오차로 주통제국에 의해 어느 정도 예측이 가능하다. 위성궤도 오차는 관제소에서 취득한 데이터를 바탕으로 예측하여 그 파라미터를 위성이 코드정보와 함께 방송하고 있으나 예측된 궤도와 실궤도 사이에는 차이가 생겨 오차가 발생한다. 전리층과 대류권 지연오차는 전파 신호가 대기를 통과하여 올 때 매질 변화에 따른 지연 오차로 전리층에서 더 크게 발생된다. 전리층에서의 전파지연은 전리층의 전자 활동이 활발한 경우에는 커지고, 활동이 미약한 자정무렵에 작아지며, 그 차가 일별, 계절별로 상당한 격차를 보인다. 주통제소에서 상기 지연량들을 예측하여 코드정보와 함께 항법메시지로 방송하여 신호 수신시 보정하여 위치오차를 줄이고 있다.

또한, 위와 같은 오차에 추가하여 위성의 배치상황에 따라 기하학적인 요인과 어우러져 최종 위치 오차를 나타내게 된다.

위치 측정 시 이용되는 위성들의 배치상황에 따라 오차가 증가하게 되는데 이는 지문항해에서 교차방위법으로 위치 산출 시 사이각이 어느 정도인 물표가 선정되었느냐에 따라 오차 삼각형이 크고 작아지는 것과 동일한 형태로 위치 오차가 증가하여 부정확하게 된다.

따라서 위성이 3차원 공간에 어떻게 적절히 배치되어 있는지가 위치 오차에 영향을 주게 되며, 이를 DOP(Dilution Of Position)라고 한다. DOP는 수신기에서 위성까지의 단위벡터로 표현된 체적의 크기와 반비례하게 되며, 방위각과 고도각의 행렬 조합에 의해 계산되어진다. DOP는 GDOP(Geometric DOP), PDOP(Position DOP), TDOP(Time DOP)등으로 구분하여 나타낼 수 있다. <그림 6-30>과 같이 작은 DOP 값은 위성의 좋은 기하학적 배치를 의미하며, 큰 DOP 값은 위성의 나쁜 기하학적 배치를 의미한다. 최종 위치 측정오차는 의사거리오차에 PDOP의 곱으로 계산되며, 예를 들어, PDOP가 2인 경우 위치오차는 대략 16m(σ) 정도이다.

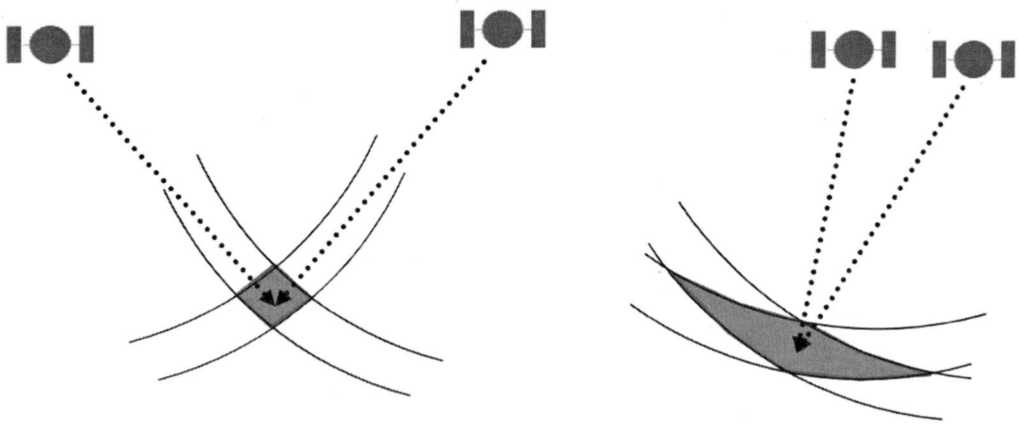

(a) Good (Small GDOP) (b) Bad (Big GDOP)

〈그림 6-30〉 기하학적 위성배열에 따른 DOP 값

4. GPS Plotter 사용법

선박에서 사용하는 GPS Plotter는 해양전자의 AQUA XG, 삼영이엔씨의 NAVIS 5100 등이 있다. 장비 사용법은 대부분 유사하기 때문에 한 장비의 사용법을 배우게 되면 다른 장비들도 쉽게 운용할 수 있다. 본 절에서는 삼영이엔씨의 NAVIS 5100 기준으로 사용법을 설명하고자 한다.

① 시스템 구성

GPS Plotter는 GPS 안테나와 컴퓨터 본체로 구성된다. GPS 안테나는 L1(1575.42 MHz) C/A 코드를 수신하며 채널 16개를 가지고 있어 위성 16개로부터 신호를 수신할 수 있다. 그러나 현재 구축되어 있는 GPS 위성 28~30기 중 수평선 이상의 고각에서 수신이 가능한 위성은 10~12기 정도 이다.

② 기능 버튼 구성

컴퓨터 본체 화면에 표시된 기능 버튼에 대하여 설명하면 <그림 6-31>과 같다.

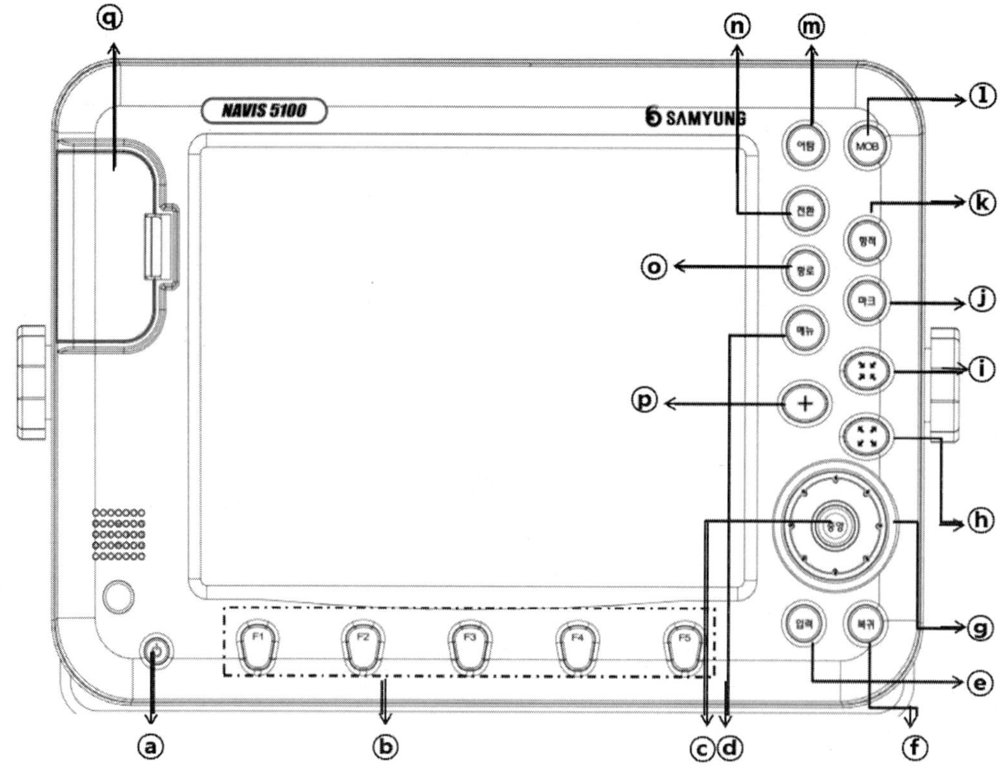

〈그림 6-31〉 기능 버튼

ⓐ 전원 버튼 : 전원 on/off

ⓑ 기능 버튼 : 옵션 추가 시 사용되는 기능

ⓒ 중앙 버튼 : 자선을 중앙으로 이동, 커서가 있는 좌표를 중앙으로 이동

ⓓ 메뉴 버튼 : 메뉴 항목을 표시/삭제

ⓔ 입력 버튼 : 메뉴를 선택, 자료 입력 및 입력완료, 커서 사용 시에는 이벤트 마크 삽입/삭제

ⓕ 복귀 버튼 : 메뉴 화면에서 플로터 화면으로 복귀, 입력모드 취소

ⓖ 8방향 버튼 : 8방향 지도 및 커서 이동, 메뉴 커서 이동

ⓗ 확대 버튼 : 화면 확대

ⓘ 축소 버튼 : 화면 축소

ⓙ 마크 버튼 : 마크의 종류 변경

ⓚ 항적 버튼 : 항적선을 화면에 나타냄

ⓛ MOB 버튼 : MOB 기능

ⓜ 어탐 버튼 : 플로터 화면과 어탐 화면 전환

ⓝ 전환 버튼 : N/S, W/E 상호전환, +/- 90 상호전환

ⓞ 항로 버튼 : 목적지 항법 및 루트 항법을 외부에서 실행할 때 사용

ⓟ 커서 버튼 : 플로터 화면 커서 표시

ⓠ SD 카드 슬롯 : 사용자 데이터 호출 및 백업

③ 화면 구성

GPS Plotter의 화면은 자함 정보, 목적지 정보, GPS 위성 상태, 해도/측지계 정보 등 다양한 정보를 전시하며 <그림 6-32>와 같다.

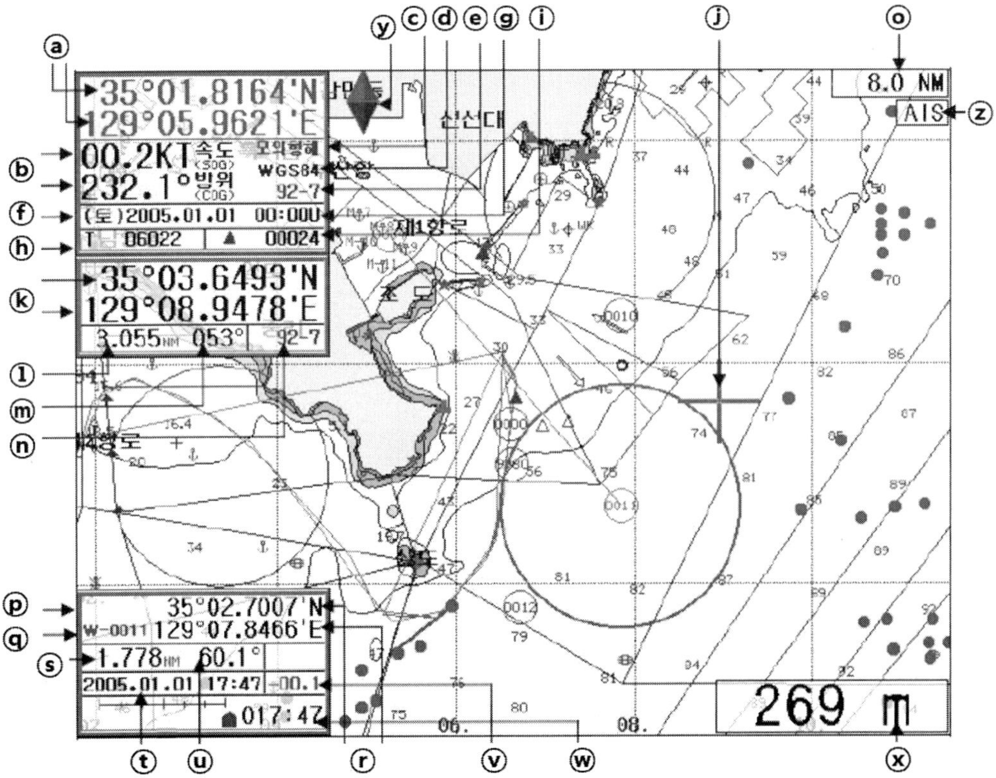

〈그림 6-32〉 GPS Plotter 화면 구성

<그림 6-32>의 각 화면을 설명하면 다음과 같다.

ⓐ 자함의 위도와 경도

ⓑ 자함의 속도와 침로(COG)

ⓒ GPS 수신상태 : 수신이 안되면 "입력없음", 수신시는 "수신중", 시뮬레이션 기능 on 시는 "모의항해"로 표시

ⓓ 현재 사용 중인 측지계 종류

ⓔ 자함 위치 지점의 해구도

ⓕ 현재 날짜

ⓖ 현재 시간

ⓗ 항적의 기록 유무

ⓘ 현재 설정되어 있는 마크 모양과 기록되어 있는 마크 수

ⓙ 커서

ⓚ 커서 위치의 위도와 경도

ⓛ 자함 위치에서 커서까지의 거리

ⓜ 자함 위치에서 커서까지의 방위

ⓝ 커서가 위치한 지점에서의 해구도

ⓞ 플로터 화면의 실제 가로 거리

ⓟ 항법 표시, 목적지 항해 시는 표시 없음, 루트 항해 시는 루트 번호 표시

ⓠ Way point 개수

ⓡ 목적지 위도와 경도

ⓢ 목적지까지의 거리

ⓣ 목적지 도착 예정 시간

ⓤ 목적지까지의 방위

ⓥ 목적지에 접근하는 속도

ⓦ 목적지 도착까지의 항해 시간

ⓧ 어탐 기능 사용 시의 수심

ⓨ 나침반

ⓩ AIS 기능 사용 시 표시

④ **항적 설정**

항해 시 항적을 설정하려면 <그림 6-33>처럼 설정을 하여 기억 간격을 시간과 거리로 설정할 수 있다.

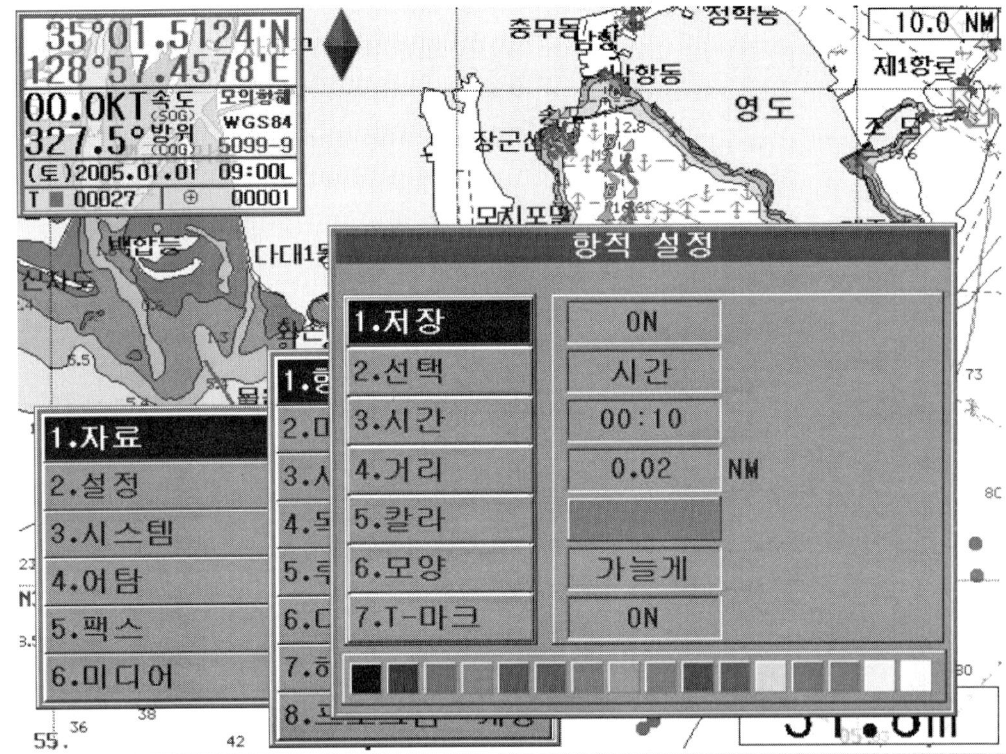

(a) 설정 화면

(메뉴) ➧ [1. 자료] (입력) ➧ [1. 항적 자료] (입력) ➧ [1. 설정] (입력) ➧ [1. 저장] (입력)

(누를 때마다 ON/OFF 반복 선택됨)

(b) 설정 방법

〈그림 6-33〉 항해 시 항적 설정

⑤ **목적지 설정 및 편집**

사용자가 등록한 목적지를 화면에 표시하고 등록기능을 이용하여 999점까지 등록하여 목적지를 편집할 수 있다.

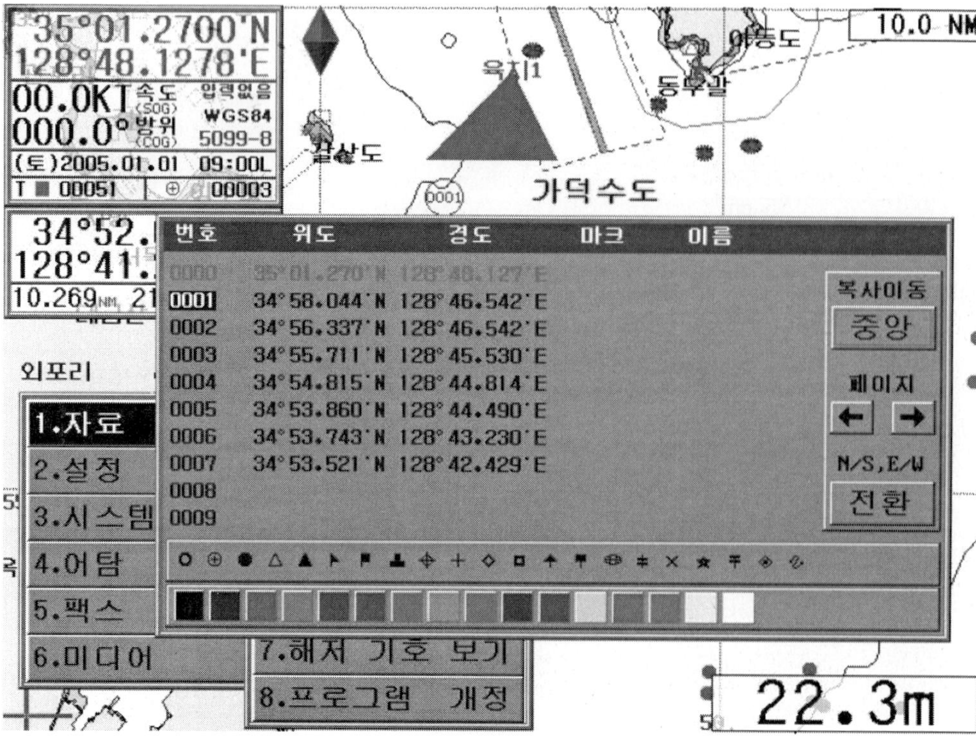

(a) 설정 화면

(메뉴) ➡ [1. 자료] (입력) ➡ [4. 목적지 자료] (입력) ➡ [1. 표시] (입력) ➡ ON/OFF 선택 후 (입력)

(b) 표시 방법

(메뉴) ➡ [1. 자료] (입력) ➡ [4. 목적지 자료] (입력) ➡ [2. 편집] (입력) ➡ 목적지 번호 선택 (입력)
➡ 위도 값 입력 (입력) ➡ 경도 값 입력 (입력) ➡ 마크 종류 선택 (입력) ➡ 마크 색상 선택 (입력)
➡ 목적지 이름 입력 (입력)

(c) 편집 방법

〈그림 6-34〉 목적지 설정 및 편집

⑥ 루트 항법 설정

루트 항법을 설정하고 항해하려는 루트에 변침점을 20개까지 등록하여 사용할 수 있다. 루트 항법 설정 방법은 <그림 6-35>와 같다.

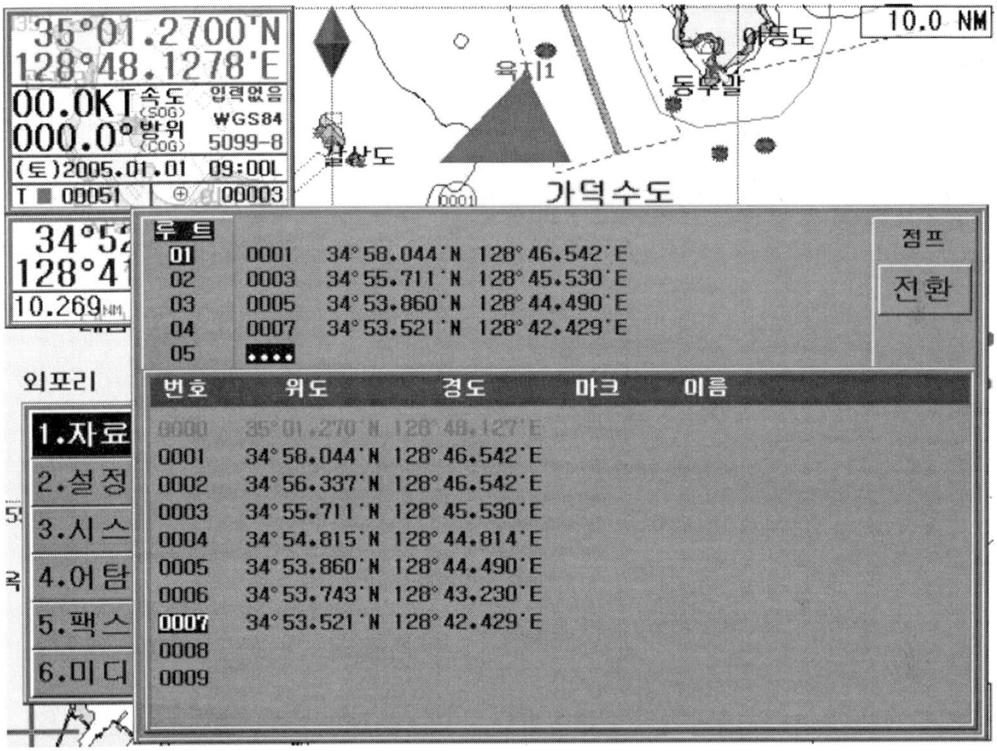

(a) 설정 화면

(메뉴) ➧ [2. 설정] (입력) ➧ [1. 항해 설정] (입력) ➧ [2. 루트 항법 설정] (입력)

➧ [1. 편집] (입력) ➧ 루트번호(01-20) 선택 후 (입력)

(b) 설정 방법

〈그림 6-35〉 루트 항법 설정

⑦ **경보 설정**

선박의 항해안전을 위해 “도착 경보”, “이탈 경보”, “앵커 경보”, “해저 케이블 경보”, “수심 경보” 등을 설정할 수 있다. 설정 방법은<그림 6-36>과 같다.

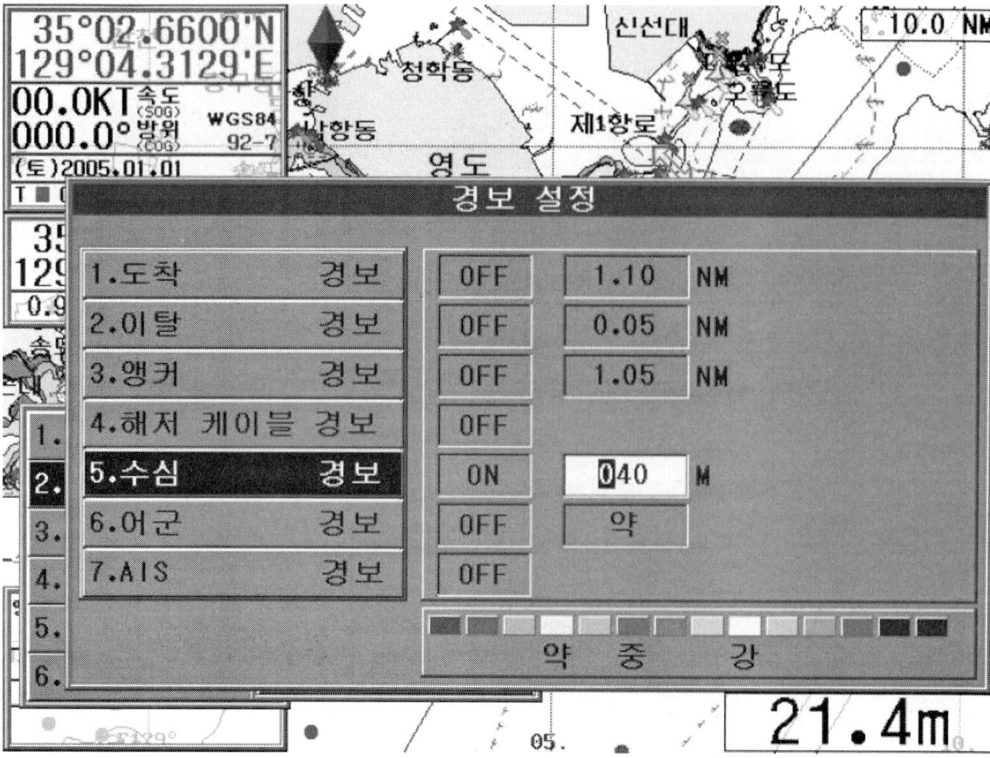

(a) 설정 화면

(메뉴) ➡ [2. 설정] (입력) ➡ [2. 경보 설정] (입력) ➡ [1. 도착 경보] (입력) ON/OFF 설정 (입력)
[2. 이탈 경보]
[3. 앵커 경보]
[4. 해저 케이블 경보]
[5. 수심 경보]

➡ ON 선택 시, 경보 범위(0.01-9.99) 입력 (입력)

(b) 설정 방법

〈그림 6-36〉 경보 설정

⑧ **위성 정보**

항해 중 필요한 GPS에 대한 관련 정보를 설정하는 기능이다. 신호를 수신하지 못할 경우, 초기 위치나 날짜/시간 등을 설정할 수 있으며, GPS/DGPS 모드 설정, 안테나 높이와 측지계를 설정하여 사용한다.

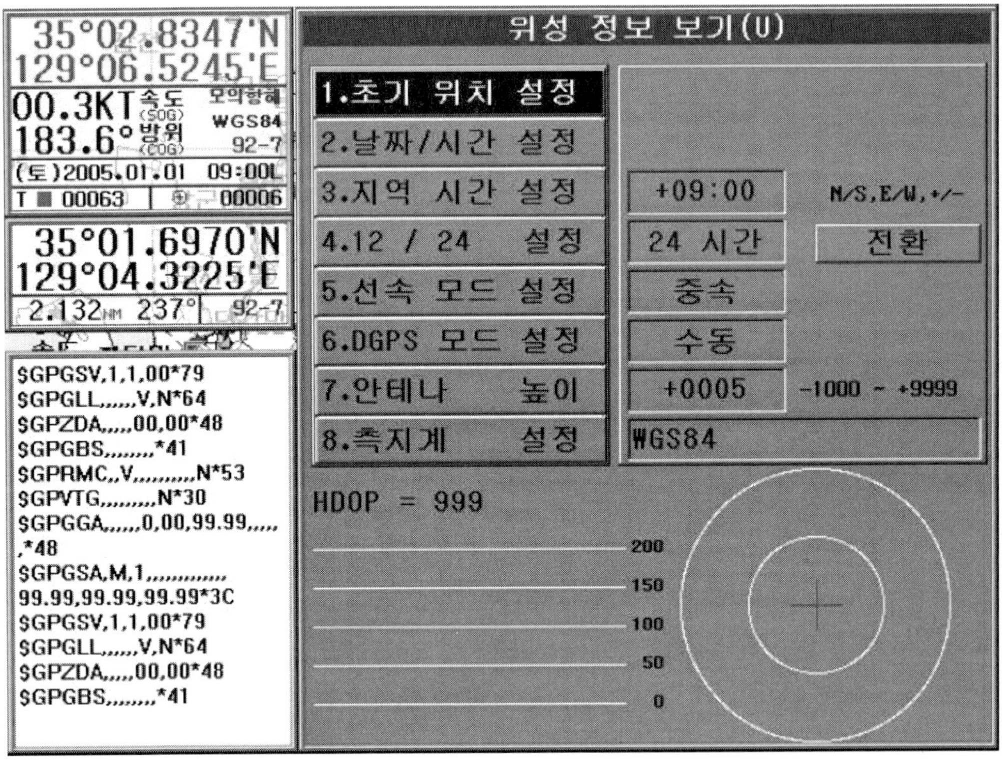

(a) 설정 화면

(메뉴) ➡ [3. 시스템] (입력) ➡ [1. 위성 정보] (입력) ➡ [1. 초기 위치 설정] (입력) 경도/위도 입력 (입력)
[2. 날짜/시간 설정]
~
[8. 측지계 설정]

(b) 설정 방법

〈그림 6-37〉 위성 정보 보기 및 설정

5. 위성항법시스템(GNSS) 설치 규정(선박 설비 기준)

① 다음의 선박에는 본선의 위치를 측정할 수 있는 위성항법장치(보정위성항법장치의 보정수치가 선박위치 표시에 적용되는 것을 말한다. 이하 같다), 지상파 무선항해시스템 또는 이와 동등 이상의 장치를 설치하여야 한다. 다만, 해당 선박에 설치된 자동식별장치 등의 항해 장비 내부에 본선의 위치를 측정할 수 있는 위성항법장치가 설치된 경우에는 그러하지 아니하다.

㉮ 국제항해에 종사하는 선박

㉯ 국제항해에 종사하지 아니하는 선박으로서 다음의 선박

(1) 연해구역 이상을 항해구역으로 하는 총톤수 20톤 이상의 선박

(2) 평수구역을 항해구역으로 하는 총톤수 500톤 이상의 선박

② 제1항의 규정에 의한 위성항법장치는 다음의 요건에 적합하여야 하며 지상파무선항해시스템 등은 해양수산부장관이 정한 요건에 적합하여야 한다.

㉮ 2003년 7월 1일전에 탑재되는 위성항법장치

(1) 다음의 장비를 포함하는 것일 것

(가) 신호를 수신할 수 있는 안테나

(나) 수신기 및 처리장치

(다) 계산된 위도 및 경도위치를 입출력할 수 있는 장치

(라) 자료제어 및 다른 장비에 연결할 수 있는 장치

(마) 위치를 표시할 수 있는 장치

(2) 안테나는 위성과 연결이 확실히 될 수 있는 위치에 설치할 수 있는 구조일 것

(3) 측위정도관리(SA)에 의하여 수정된 표준위치신호를 수신하고 처리할 수 있어야 하며, 세계측지계(WGS-84)의 좌표를 도, 분 및 1/1000분으로 된 위치정보 및 협정세계시(UTC)에 의한 시간을 제공할 수 있을 것

(4) 세계측지계에 따라 계산된 위치정보를 사용한 해도의 자료와 일치하는 자료로 변환할 수 있는 장치가 있는 경우에는 화면상에 변환된 기준좌표를 표시할 수 있어야 하며, 위치를 나타낸 좌표시스템을 식별할 수 있을 것

(5) L_1(1575.42 MHz)신호 및 C/A(Coarse/Acquisition)코드로 작동할 수 있을 것

(6) 위치정보를 다른 장비에 제공할 수 있도록 최소한 하나의 위치정보를 출력할 수 있을 것

(7) 정적정밀도는 100미터이내에서 4이하의 또는 6이하의 3차원측위정도계수(PDOP)를 갖는 것일 것

(8) 동적정밀도는 100미터이내에서 4이하의 2차원측위정도계수(HDOP) 또는 6이하의 3차원 측위정도계수(PDOP)를 갖는 것일 것

(9) 필요한 정밀도 및 최신화율로 선박의 위치를 결정하기 위하여 적절한 위성송신신호를 자동적으로 선택할 수 있을 것

(10) 130데시벨미터(dBm)와 120데시벨미터 범위의 케리어 레벨(Carrier level)의 입력신호를 갖는 위성신호를 포착할 수 있어야 하며, 일단 위성신호를 포착하면 133데시벨미터의 위성신호로 연속적으로 원활하게 작동할 수 있을 것

(11) 유효한 천측력자료가 없는 경우에는 30분 이내에 필요한 정밀도로 위치를 포착할 수 있을 것

(12) 유효한 천측자료가 있는 경우에는 5분 이내에 필요한 정밀도로 위치를 포착할 수 있을 것

(13) 위성신호가 최소한 24시간동안 중단된 경우에도 전력 손실없이 5분 이내에 필요한 정밀도로 위치를 포착할 수 있을 것

(14) 60초간 전원이 차단된 경우에도 2분이내에 필요한 정밀도로 위치를 포착할 수 있을 것

(15) 최소한 매 2초마다 새로운 위치를 표시할 수 있을 것

(16) 위도 및 경도를 최소한 1/1000분으로 나타낼 수 있을 것

(17) 보정위성항법장치(DGPS)신호를 처리하기 위한 장치가 있어야 하며, 보정수신장치가 설치된 경우에 있어서 사목 및 아목의 규정에 의한 정적정밀도 및 동적정밀도는 10미터 이내일 것

(18) 수신장비는 우발적인 회로의 차단, 안테나의 손상, 입출력 연결장치의 손상, 5분간의 위성신호 수신장치의 입출력 차단 등을 유발할 수 있는 항구적인 손상이 없도록 할 것

(19) 다음 사항을 표시할 수 있는 수단이 구비되어 있을 것

(가) 특정 2차원 측위정도계수 저하율이 초과된 경우 또는 새로운 위치가 2초 이상 계산되지 않은 경우 이를 5초 이내에 표시할 수 있는 수단

(나) 위치상실경보

(다) 보정위성항법장치 신호의 수신상태

(라) 보정위성항법장치의 보정수치가 선박위치 표시에 적용되고 있는지 여부

(20) 기타 해양수산부장관이 필요하다고 인정하는 요건

㈏ 2003. 7. 1이후에 탑재되는 위성항법장치

(1) 최소한 매 1초마다 새로운 위치를 표시하고, 다른 장비에 위치정보를 제공할 수 있을 것

(2) 대지침로, 대지속도 및 협정세계시 등의 정보를 다른 장비에 디지털로 제공할 수 있어야 하며, 대지침로 및 대지속도의 정밀도는 자이로콤파스 및 선속거리계의 정밀도 이상 일 것

(3) 선박의 운항중 발생할 수 있는 전파의 간섭상태에서도 원활하게 작동할 수 있을 것

(4) 다음 사항을 표시할 수 있는 수단이 구비되어 있을 것

(가) 특정 2차원 측위정도계수 저하율이 초과된 경우 또는 새로운 위치가 1초 이상 계산되지 않은 경우 이를 5초 이내에 표시할 수 있는 수단

(나) 위치상실경보

(다) 보정위성항법장치 신호의 수신상태

(라) 보정위성항법장치의 보정수치가 선박위치 표시에 적용되고 있는지 여부

(마) 보정위성항법장치의 상태 및 경보

(바) 보정위성항법장치의 통지문의 표시

㈐ 2003년 7월 1일 전에 탑재되는 보정위성항법장치(최고속력이 50노트 미만인 선박에 탑재되는 것에 한함)는 다음의 요건에 적합하여야 한다.

(1) 다음의 장비를 포함하는 것일 것

(가) 보정위성항법장치 신호를 수신할 수 있는 안테나

(나) 보정위성항법장치 수신기 및 처리장치

(다) 수신기 제어 및 출력된 정보를 다른 장비에 제공할 수 있는 장치

(2) 지식경제부장관이 적당하다고 인정하는 주파수대역에서 사용할 수 있을 것

(3) 자동 및 수동으로 주파수를 선택하는 장치를 갖추어야 하며, 자동모드에서 주파수의 변경사항을 사용자에게 알릴 수 있을 것

(4) 자료를 수신한 후 100밀리초 이내에 자료를 사용할 수 있는 것일 것

(5) 전격(電擊)상태에서도 45초간 신호를 수신할 수 있는 것일 것

(6) 최소한 하나의 연속자료를 출력할 수 있을 것

(7) 수평면에 대하여 전방향성을 갖는 안테나가 있을 것

(8) 수신장비는 우발적인 회로의 차단, 안테나의 손상, 입출력연결장치의 손상 및 5분간의 해사무선표지수신장치의 입출력차단 등을 유발할 수 있는 항구적인 손상이 없을 것

(9) 기타 해양수산부장관이 필요하다고 인정하는 요건

㉣ 2003년 7월 1일 이후에 탑재되는 보정위성항법장치(최고속력이 70노트 미만인 선박에 탑재되는 것에 한함)는 다음의 요건에 적합하여야 한다.

(1) 전파발신국을 자동 및 수동으로 선택할 수 있는 장치가 있을 것

(2) 선박의 운항 중 발생할 수 있는 전파의 간섭상태에서도 원활하게 작동할 수 있을 것

(3) ㉢ (1), (2), (4) ~ (9)까지의 요건

제5절 위성항법 보정시스템(DGNSS)을 이용한 방법

1. 개 요

위성항법시스템은 위성에서 송출된 신호를 수신할 수 있는 수신기만 가지고 있으면 언제 어디서나 기상 상태에 불문하여 사용자의 정확한 위치를 결정할 수 있는 시스템으로 광역서비스가 가능하여 전 세계적인 규모의 측위 시스템이라 GNSS (Global Navigation Satellite System)라 불린다.

위성항법시스템의 활용분야는 국방, 교통, 해양, 항공을 비롯하여, 길 찾기, 위치기반서비스(LBS) 등 일반인들에게 널리 보급되면서 위성항법시스템 없이는 사실상 불가능할 정도로 우리 생활 깊숙이 자리 잡고 있다.

그러나 위성항법시스템은 위성신호에 포함된 위성시계오차, 위성궤도오차, 전리층 지연, 대류권 지연 등의 오차로 인하여 아직까지 선박의 협수로 항해나 항만내의 운항, 항공기의 이착륙, 도심에서의 차량항법 및 정밀 측위가 필요한 많은 분야에서 요구되는 정확도, 지속성 등을 충족시키기에는 다소 부족하다. 따라서 각국에서는 위성항법 보정시스템(DGNSS: Differential GNSS)들을 개발하여 운용하고 있다.

위성항법 보정시스템의 핵심은 GNSS 위성신호에 포함된 오차를 계산하여 보정정보로 송신하면 사용자의 수신기에서 오차를 제거하여 사용함으로써 위치정확도를 개선함은 물론, 모니터링 및 레인징(Ranging) 서비스로 인하여 무결성과 지속성 향상에 도움을 준다. 위성항법 보정시

스템은 운용방법에 따라 위성을 이용하여 보정해주는 위성기반 보정시스템(SBAS: Space Based Augmentation System)과 지상기지국을 이용하여 보정해주는 지상기반 보정시스템(GBAS: Ground Based Augmentation System)으로 구분된다.

위성기반 보정시스템(SBAS)은 우주공간의 정지궤도위성을 이용하여 오차 보정치를 송신해 주며, 미국의 WAAS(Wide Area Augmentation System), 유럽의 EGNOS(European Geostationary Navigation Overlay Service), 일본의 MSAS(Multifunctional Sallite Augmentation System), 인도의 GAGAN(GPS Aided GEO Augmented Navigation) 등이 있다. 위성기반 보정시스템은 항공용으로 개발되었으나 수신기만 있으면 육・해・공 어느 곳에서나 사용이 가능하다.

지상기반 조정시스템(GBAS)은 공항이나 항만 또는 특정 지역에 시스템을 구축하여 지상국에서 오차 보정치를 송신해 주며, 위성기반 보정시스템(SBAS) 대비 유효 서비스 범위가 좁다. 대표적인 지상기반 보정시스템은 해상용 DGPS(RBN/DGPS), Eurofix, LAAS(Local Area Augmentation System) 등이 있다.

따라서 본 절에서는 위성항법 보정시스템의 개념과 위성기반 보정시스템(SBAS), 지상기반 조정시스템(GBAS)에 대하여 설명하고자 한다.

2. 위성항법 보정시스템 개념

위성항법시스템(GNSS) 중에서 대표적으로 사용되는 민간용 수신기는 GPS의 C/A 코드 수신기이다. GPS는 미국이 개발한 이후 오작동, 결함, 사고 등에 대해서는 어느 누구도 책임질 수 없다는 입장이며, 또한 초기 민간 이용자들에게 선택적 유용성(SA) 정책을 적용하여 100m 내외의 오차를 고의적으로 주었기 때문에 각 국가에서는 GPS의 정상작동 유무를 판별하여 이용자들에게 알리는 무결성(Integrity) 기능을 수행하고, 정확도를 향상시킬 목적으로 시스템을 개발할 수 밖에 없었다. 이러한 차원에서 위성항법 보정시스템(DGNSS)이 개발되었다.

특히, GPS가 2000년 5월 1일 미국의 SA 정책 해제 이후 정밀도가 10m 수준으로 현저히 향상되어 널리 쓰이고 있지만 아직까지 정밀 측위가 필요한 많은 분야에서 요구되는 정확도 등을 충족시키기에는 다소 부족하여 위성항법 보정시스템(DGNSS)들을 개발하여 운용 중이다. <표 6-7>은 미국의 FRP(Federal Radio navigation Plan)에서 해상, 항공, 육상 항법에서 요구하는 위치 정확도 및 지속성을 나타낸 것이다.

〈표 6-7〉 미국의 FRP가 요구하는 해상, 항공, 육상 항법

구 분		정확도	지속성	무결성 (경보한계)	경보시간
해 상	EHA	8–20m	0.997–0.999	–	–
항 공	NPA	220m	0.99–0.999	$1-2\times10^{-7}$/hr	10s
	CAT Ⅰ	Hor. 16m Ver. 4–6m	0.99–0.999	$1-2\times10^{-7}$	6s
육 상	Navigation	1–20m	> 0.95	2–20m	5s
	Emergency Response	0.1–4m	0.997	0.2–4m	30s

위성항법 보정시스템(DGNSS)은 정확한 위치를 알고 있는 지상 기준국에서 항법 위성으로부터 신호를 수신하여 오차를 분석하고 분석된 데이터를 어떤 전파매체를 이용하여 방송하느냐에 따라 여러 시스템으로 나누어 진다. 기지국의 특성과 전파매체의 특성에 따라 유효거리와 유효 전송속도가 다르기 때문에 적용 항법에따라 요구하는 정확도, 처리능력 등 여러 요소가 관여하게 된다. 위성항법 보정시스템(DGNSS) 구성요소는 <그림 6-38>과 같이 위성항법(GNSS) 구성요소 위성부문, 지상국부문, 사용자부문에 추가하여 위성항법 보정시스템(DGNSS) 기준국이 추가된다.

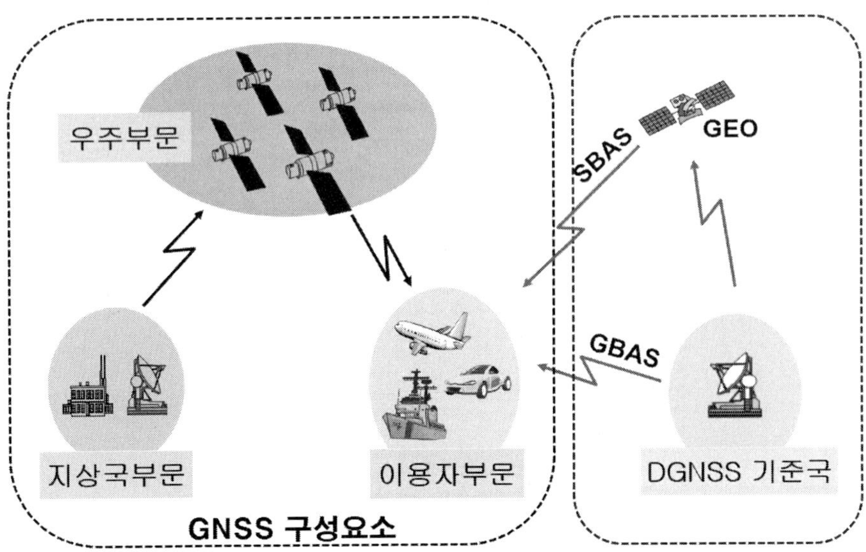

〈그림 6-38〉 위성항법 보정시스템(DGNSS) 구성요소

위성항법 보정시스템(DGNSS) 기준국은 사전에 정확하게 결정된 위치를 바탕으로 시시각각 변하는 위성별 오차를 계산한다. 위성항법 오차 성분은 기준국에서 멀리 떨어질수록 그 크기가 달라지므로, 코드 신호의 경우 반경 100마일, 반송파는 10마일 내에서 적용 가능하다. 기준국에서 계산된 위성별 의사거리 오차는 다양한 전송매체(위성, 중파, 초단파, 인터넷 등)를 통해 전달되며 일반적으로 우주공간의 정지궤도위성을 이용하여 오차 보정치를 전송하는 위성기반 보정시스템(SBAS)과 지상국에서 오차를 전송하는 지상기반 보정시스템(GBAS)으로 구분이 된다.

해설 **미국의 FRP란?**

FRP는 Federal Radionavigation Plan의 약자이며, 위치, 항법, 시각(PNT: Position, Navigation, Time)에 대한 정책과 계획을 담은 미국 연방정부의 계획입니다.
FRP는 미 국방성(DOD: Department Of Defense), 국토안보부(DHS: Department of Homeland Security), 교통부(DOT: Department Of Transportation)가 협력하여 준비하며 매 2년 주기로 발간합니다.
주요 내용은 무선항법 구축 접근방법, 기존시스템 활용강화방안, 무선항법 이중 사용자에 대한 정책 방안, 특히 GPS 관련 정보가 많이 수록되어 있어서 많은 나라가 참고하고 있습니다.

3. 위성항법 보정시스템 원리

위치결정은 GNSS 위성 i에 대해 지상 기준국에서 측정하여 송신된 보정치와 사용자 수신기에서 측정한 의사거리로부터 구한 보정 의사거리 ρ^i_{corr}, 관측지점의 개략위치로부터의 의사거리 ρ^i_{app}로부터 아래와 같이 축차근사법(Method of Successive Approximation)에 의하여 구한다. 즉, 사용자 DGNSS 수신기 u의 x, y, z 3차원 공간에서 진 위치를 x_u, y_u, z_u, 개략위치를 $\hat{x}_u, \hat{y}_u, \hat{z}_u$라면 어떤 GNSS 위성 i에 대한 의사거리 방정식은 아래와 같은 함수로 표시된다.

$$\rho^i_{corr} = f(x_u, y_u, z_u) \tag{6-11}$$

$$\rho^i_{app} = f(\hat{x}_u, \hat{y}_u, \hat{z}_u) \tag{6-12}$$

한편, 개략위치의 보정치를 δ_X, 시계지연 Bias를 δ_t라 하면,

$$\delta_X = (\delta_x, \delta_y, \delta_z)^T \tag{6-13}$$

보정 의사거리 방정식은 아래와 같은 함수로 다시 나타낼 수 있다.

$$\begin{aligned}\rho^i_{corr} &= f(x_u, y_u, z_u, t) \\ &= f(\hat{x}_u + \delta_x, \hat{y}_u + \delta_y, \hat{z}_u + \delta_z, \hat{t} + \delta_t)\end{aligned} \tag{6-14}$$

상기 식을 Taylor 급수로 전개하고 선형화한 의사거리 방정식을 이용하여 개략위치 보정치에 의해 야기되는 i 번째 위성의 의사거리 보정치로 나타내면 식 (6-15)과 같다.

$$\Delta\rho_i = (\frac{\partial\rho^i_{app}}{\partial\hat{x}_u})\delta_x + (\frac{\partial\rho^i_{app}}{\partial\hat{y}_u})\delta_y + (\frac{\partial\rho^i_{app}}{\partial\hat{z}_u})\delta_z + \delta_t \tag{6-15}$$

상기 식 (6-15)를 간단히 표시하면 식 (6-16)과 같다.

$$\Delta\rho_i = l_i\,\delta_x + m_i\,\delta_y + n_i\,\delta_z + \delta_t \tag{6-16}$$

여기서 l_i, m_i, n_i는 관측지점으로부터 각 위성 i로 향하는 X, Y, Z 방향성분에 해당된다.

이들 값은 X, Y, Z축을 각각 관측 지점을 원점으로 한 위도, 경도, 고도 방향으로 취함으로써 관측지점으로부터의 위성을 향하는 앙각, 방위각으로부터 식 (6-17)을 구할 수 있다.

$$\begin{vmatrix} COS(E_1)\cdot SIN(A_{z1}) & COS(E_1)\cdot COS(A_{z1}) & SIN(E_1) & 1 \\ COS(E_2)\cdot SIN(A_{z2}) & COS(E_2)\cdot COS(A_{z2}) & SIN(E_1) & 1 \\ COS(E_3)\cdot SIN(A_{z3}) & COS(E_3)\cdot SIN(A_{z3}) & SIN(E_1) & 1 \\ COS(E_4)\cdot SIN(A_{z4}) & COS(E_4)\cdot SIN(A_{z4}) & SIN(E_1) & 1 \end{vmatrix} \tag{6-17}$$

단, $E_i(i=1,2,3,4)$는 위성과의 앙각, A_{zi}는 i 번째 위성과의 방위각을 나타낸다.

식 (6-16)을 행렬로 표시하면 식 (6-18)과 같다.

$$\begin{bmatrix}\Delta\rho_1\\ \Delta\rho_2\\ \Delta\rho_3\\ \Delta\rho_4\end{bmatrix} = \begin{bmatrix} l_1 & m_1 & n_1 & 1\\ l_2 & m_2 & n_2 & 1\\ l_3 & m_3 & n_3 & 1\\ l_4 & m_4 & n_4 & 1\end{bmatrix}\begin{bmatrix}\delta_x\\ \delta_y\\ \delta_z\\ \delta_t\end{bmatrix} \tag{6-18}$$

식 (6-18)을 벡터인 상태 방정식으로 나타내면 다음 식 (6-19)이 된다.

$$\Delta\rho = H \cdot \delta X \tag{6-19}$$

DGNSS 수신기는 개략 위치 보정치가 최소가 되도록 의사거리의 값을 수정하여 수신점의 위치를 구하게 된다. 알고리즘 전개과정은 <그림 6-39>와 같다.

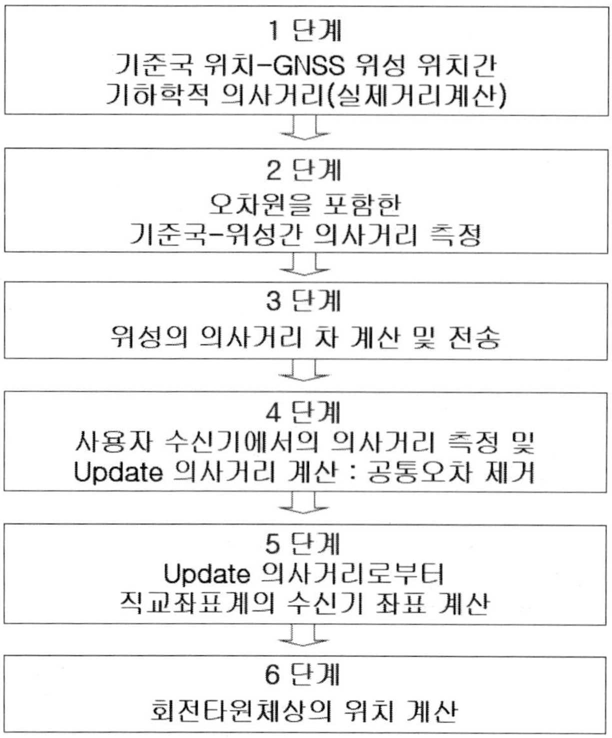

〈그림 6-39〉 DGNSS 위치결정 과정

기준국에서 관측된 동일 위성이 사용자 위치에서 4개 이상 관측되어야만 개선된 3차원 위치 결정이 가능하다. 또 GNSS 위성으로부터 기준국과 DGNSS 사용자의 상대위치가 다름으로 정확한 위치결정에는 영향을 줄 수 있다. 이는 상이한 전파 경로에 따른 전리층 지연 및 대류권 지연의 오차가 다르게 나타날 수 있기 때문이다. 한편 기준국에서 사용자에게 오차 보정치 및 필요한 정보를 송신하기 위해서는 시스템 목적에 맞는 통신방식과 주파수를 사용해야 한다. 위성기반 보정시스템(SBAS)의 경우, 위성을 통해 보정정보를 전송하기 때문에 위성항법시스템(GNSS)과 동일한 주파수 대역을 사용한다.

4. 위성기반 보정시스템(SBAS)

위성기반 보정시스템(SBAS)은 국제민간항공기구(ICAO: International Civilian Aviation Organization)에서 전 세계를 대상으로 GPS 위성이 제공하는 신호와 항법메시지 정보를 활용해 측정하는 사용자의 위치 및 시각정보에 대해 지상 기준국에서 측정한 오차와 무결성 정보를 정지궤도위성을 통해 제공함으로써 항공기가 안전하게 활용할 수 있도록 국제표준으로 정한 시스템이다[18].

위성기반 보정시스템(SBAS)은 1991년 ICAO의 위성기반 차세대 항행시스템 도입 계획 및 권고와 2007년 ICAO 체약국에 대한 성능기반 항행체계인 PBN(Performance Based Navigation) 이행 촉구를 위해 도입이 권고된 시스템으로, 2025년부터는 모든 항공기의 SBAS 사용을 권고한 상태이다[19].

위성기반 보정시스템(SBAS)에서 제공하는 기능은 다음과 같다.

① 정확도 향상 기능 : 지상 기준국에서 모든 위성으로부터 신호를 받아 의사거리 보정치(위성시계 오차, 전리층지연 오차, 대류권지연 오차 등)를 측정하여 정지궤도위성을 통해 전송하면 서비스 지역 내 모든 사용자가 위성신호와 오차 보정치 신호를 수신하여 자신의 위치 정확도를 향상시킨다.

② 무결성 기능 : 지상 기준국에서 모든 위성의 상태를 감시하여 이상이 있을 경우 사용가능 여부를 경고 방송함으로써 사용자의 안전을 향상시킨다.

③ 레인징(Ranging) 기능 : DGNSS 서비스 위성인 정지궤도위성에서 GPS 위성과 동일한 레인징 신호를 서비스함으로써 별도의 항법신호가 추가되어 가용성(Availability) 및 연속성(Continuty)을 향상시킨다.

위성기반 보정시스템(SBAS)은 우주공간의 정지궤도위성을 이용하여 오차 보정치를 송신해주며, <그림 6-40>과 같이 세계적으로 미국의 WAAS(Wide Area Augmentation System), 유럽의 EGNOS(European Geostationary Navigation Overlay Service), 일본의 MSAS(Multifunctional

18 ICAO, "ICAO SARPS", vol. 1, 2006.

19 신천식, 김재훈, 안재영, "위성기반 포지셔닝 보정시스템(SBAS) 기술개발 동향", 전자통신동향분석, 제29권, 제3호, 2014년 6월.

Sallite Augmentation System), 인도의 GAGAN(GPS Aided GEO Augmented Navigation) 등이 있다. 위성기반 보정시스템은 항공용으로 개발되었으나 수신기만 있으면 육·해·공 어느 곳에서나 사용이 가능하다.

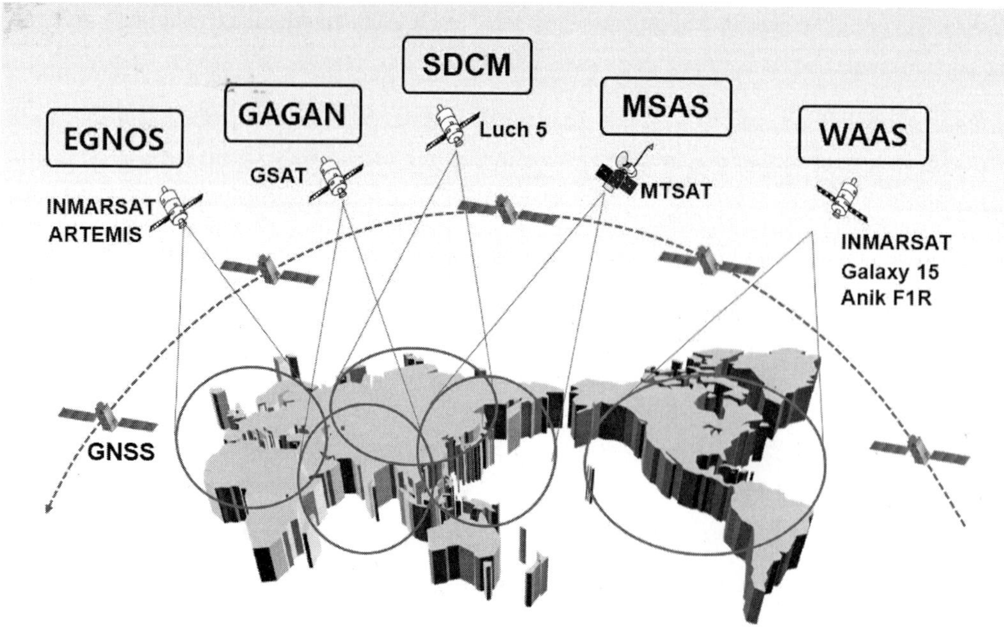

〈그림 6-40〉 전세계 위성기반 보정시스템(SBAS) 현황

<그림 6-41>은 위성기반 보정시스템(SBAS)의 위치결정 절차를 도시한 그림이다. 지상 기준국부터 DGNSS 사용자까지 위치결정 절차는 아래와 같다.

① 1단계(지상기준국) : 기준점과 관측 가능한 GNSS 위성 사이의 기하학적 거리 계산 및 의사거리 측정

② 2단계(지상기준국) : 관측 가능한 위성에 포한된 의사거리 공통오차 계산, 중앙통제국으로 전송

③ 3단계(중앙통제국) : 중앙통제국에서 DGNSS 위성(정지궤도위성)으로 DGNSS 의사거리 보정치 전송

④ 4단계(DGNSS 위성) : DGNSS 위성에서 사용자에게 DGNSS 의사거리 보정치 전송

⑤ 5단계(사용자 수신기) : 관측 가능한 GNSS 위성의 의사거리 측정 및 DGNSS 위성으로부터 전송된 의사거리 보정치 수신

⑥ 6단계(사용자 수신기) : 의사거리 보정치로 관측된 위성 각각의 의사거리 개선 및 최종 개선위치 계산

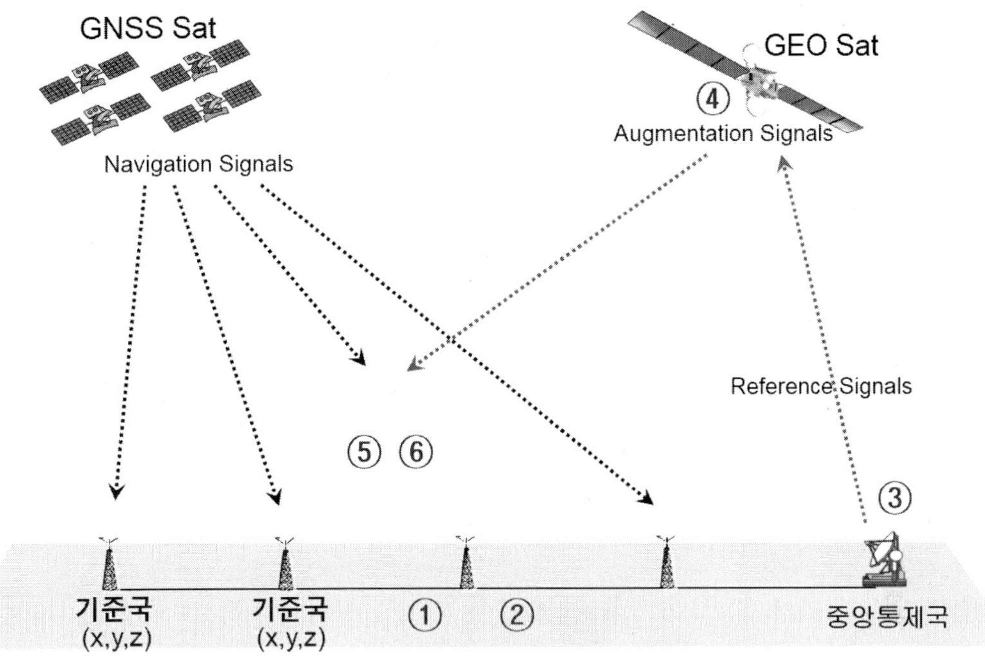

〈그림 6-41〉 위성기반 보정시스템(SBAS)의 위치결정 절차

위성기반 보정시스템(SBAS)의 보정 정보 표준은 RTCA(Radio Technical Commission for Aeronautics)에 따른다. RTCA는 통신, 항법, 관제 등에 대한 표준을 다루는 민간 비영리 기구로서 미국의 연방자문위원회 역할을 수행한다. RTCA는 전문가로 구성된 특별 위원회를 두며, 위성항법 특별위원회는 SC-109이다. 위성기반 보정시스템(SBAS) 메시지는 마스크 신호, 정지궤도위성 항법 데이터, 위성의 시계 및 궤도 오차, 전리층 지연 보정 신호, 무결성 신호 등을 포함하고 있다. 안전과 관련된 무결성 신호와 경고 신호는 국제민간항공기구(ICAO)의 요구조건인 6초 이내를 만족하도록 하고 있다.

해설 **국제민간항공기구(ICAO)?**

국제민간항공기구는 영어로 ICAO, International Civil Aviation Organization의 약자입니다. 국제 항공 운송에 필요한 원칙과 기술, 안전에 관해 연구하고 국제 항공의 운항 원칙과 기술을 체계화하는 역할을 합니다.
국제민간항공기구의 모태는 국제항공운항위원회(ICAN: International Commission for Air Navigation)로서 1903년부터 운영되었으나 1947년 현 기구로 대체되어 UN 기관이 되었습니다. 본사는 캐나다 몬트리올에 있습니다.
주요업무는 국제민간항공의 안전과 발전을 위한 정보교환 및 협력, 평화적 목적을 위한 항공기의 설계 및 운송기술 장려이며, 회원국은 2019년 현재 193개국입니다.

5. 지상기반 보정시스템(GBAS)

GNSS 위성이 제공하는 신호와 항법메시지 정보를 활용해 측정하는 사용자의 위치 정보를 자신의 정확한 위치를 알고 있는 지상 기준국에서 측정한 오차와 무결성 정보를 육상 전송매체를 통해 전달하여 사용자의 정확한 위치 측정 및 무결성, 지속성 향상에 도움을 주도록 하는 시스템을 지상기반 보정시스템(GBAS)이라고 한다.

지상기반 보정시스템(GBAS) 구성요소는 <그림 6-42>와 같이 GNSS 구성요소인 우주부문, 지상국부문, 사용자부문에 추가하여 DGNSS 부문으로 통제국과 기준국이 구성된다.

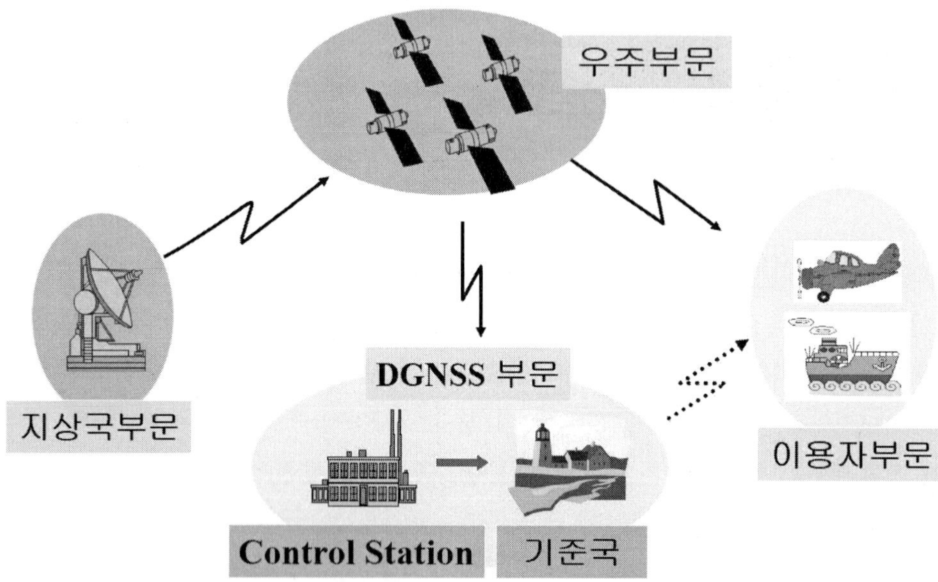

〈그림 6-42〉 지상기반 보정시스템(GBAS) 구성 요소

지상기반 보정시스템(GBAS)은 공항이나 항만 또는 특정 지역에 시스템을 구축하여 지상국에서 오차 보정치를 송신해 주며, 위성기반 보정시스템(SBAS) 대비 유효 서비스 범위가 좁다. 대표적인 지상기반 보정시스템은 해상용 RBN/DGPS, Eurofix, LAAS(Local Area Augmentation System) 등이 있다.

해상용 RBN/DGPS(Radoibeacon/Differential Global Positioning System)는 선박 출입이 잦은 주요 항구 해안가에서 283.5~325kHz의 중파 비콘을 사용하여 방송하며, Eurofix는 로란 주파수인 100kHz를 사용하여 방송하고 LAAS는 공항 같은 특정 지역에 설치하여 운용하며 108~110MHz 주파수를 사용하여 방송한다. 지상기반 보정시스템(GBAS)의 보정 정보 표준은 RTCM(Radio Technical Commission for Maritime Services)에 따른다. RTCM은 해양의 전파통신과 항법관련 제반 기술을 다루는 국제 비영리 기구로써 정부기관 및 협회 등 약 130여개의 기관들이 참여하고 있다. RTCM 표준안은 국제해사기구(IMO: International Maritime Organization), 국제항로표지협회(IALA: International Association of Aides to Navigation and Lighthouse Authorities) 등 국제기구에서 준수하고 있어 강제성을 띄고 있다. RTCM 특별위원회는 SC-104이며, 보정 정보 표준 버전이 발전하여 가고 있다.

지상기반 보정시스템(GBAS)의 서비스 유효범위는 보정 오차가 지상 기준국에서 멀리 떨러질수록 위성-기준국간과 위성-사용자간 대기상태의 변화에 따른 보정 오차 차이, 다른 위성이 선택될 수 있는 가능성 등으로 인하여 일반적으로 100해리로 설정하고 있다. 또한 지상기반 보정신호는 해상과 지상의 서비스 범위 차이가 매우 크다. 예를 들어 300W로 해상에서 100해리를 서비스 할 지라도 지상에서 전파 전파 특성 상 서비스 범위가 50% 이하로 줄어들 수 있다. 이러한 특성을 감안하여 시스템을 구성하여야 한다.

해설 국제항로표지협회(IALA)란?

국제항로표지협회는 영어로 IALA, International Association of Marine Aids to Navigation and Light house Authorites의 약자입니다. 전세계 항로표지 조화와 통일을 통한 선박 안전과 항해지원, 해양환경 보호를 목적으로 1957년 비정부간 기구로써 설립되었습니다. 국제항로표지협회 소재지는 프랑스 파리이며, 조직은 총회, 이사회, 기술위원회 등으로 구성되어있습니다. 주요임무는 선박 안전항해에 필요한 항로표지의 통일된 설치와 관리에 필요한 국제협약, 권고, 지침 등 제정과 개정입니다. 대한민국은 1962년 가입하여 정회원 자격을 가지고 있으며, 한국항로표지기술협회가 준회원, 4개사가 산업회원으로 가입되어 있습니다.

* 국제항로표지협회(IALA)의 해상부표식
  - 선박과 소형 배를 안내하기 위해 연안과 수로를 따라 위치해 있는 부표와 표지 및 등광
  - A 방식과 B 방식이 있으며, 대한민국은 B 방식이다.

6. DGPS Plotter 사용법

DGPS Plotter는 GPS Plotter의 구성요소 중 안테나만 GPS 안테나에서 DGPS 안테나로 바뀐 것으로 GPS Plotter 사용법과 동일하다. 사용법은 4절 4을 참고하기 바란다.

이것만은 알아둡시다!

1 **위치 결정 방법**

① 동시관측법 : 동시에 측정한 위치선(LOP)으로 선박의 위치 결정
 * 교차방위법, 수평협각법, 위성항법 등

② 격시관측법 : 시간을 가지고 측정한 위치선(LOP)으로 선박의 위치 결정
 * 요즘은 잘 사용하지 않음

2 **항해레이더 이용 시**

① 상대위치 측정, 해도 기점 시 절대위치 식별 가능

② 충돌예방
 * 방위끌림, CPA, TCPA 등 이용

③ 항상 오차가 있음을 주의해야 함

3 **위성항법시스템 이용 시**

① 절대위치 측정으로 편리함

② 침로, 속력 등 측정 가능

③ 오차가 매우 작아 안전하지만 전파 간섭(Jamming)에 취약

| 참고문헌 |

[1] M. I. Skolnik, 『Introduction to RADAR Systems』, McGraw-Hill, 2001.

[2] D. R. Frieden, 『Principles of Naval Weapons Systems』, Naval Institute, 1985.

[3] D. F. Burch, 『Radar for mariners』, McGraw-Hill, 2005.

[4] Ahmed El-Rabbany, 『Introduction to GPS』, 2nd ed., Artech House, 2006.

[5] E. D. Kaplan, 『Understanding GPS Principles and Applications』, 2nd-ed., Artech House, 2006.

[6] B. Hofmann-Wellenhof, H. Lichtenegger, and E. Wasle, 『GNSS-Global Navigation Satellite Systems GPS, GLONASS, Galileo, and more』, Springer-Verlag Wien, 2008.

[7] 고재우, 임봉택, 최창묵, 『재미있는 항해학개론』, 세종출판사, 2016.

[8] 최창묵, 『재미있는 전파항해학』, 세종출판사, 2017.

[9] 박양기, 박성기, 『지문항해학』, 연경문화사, 2012.
[10] 정세모, 『전파항법 및 전파수로 측량』, 이노칼라, 2001.
[11] 이일근 외 6명, 『레이더 공학과 전자전 응용』, 대영사, 2006.
[12] 정재순, 『레이더 이론 및 원리』, 광명출판사, 2001.
[13] 김우숙, 『세상을 바꾼 항해술의 발달』, 지성사, 2008
[14] 해군 교육사령부, 『항해초군반 교육교재』, 2012.
[15] US DOT, DOD, DHS, 『2014 Fedral Radionavigation Plan』, National Technical Information Service, 2014.
[16] 최창묵, "미래 항법 기술동향 및 발전방향 연구, 해양연구논총, 제45집, pp.333-357. 2014년 6월.
[17] 최창묵, 한국 내륙에서의 해양용 DGPS 유효범위 및 전계강도 분석, 군사과학대학원 석사학위 논문, 2001.
[18] 신천식, 김재훈, 안재영, "위성기반 포지셔닝 보정시스템(SBAS) 기술개발 동향", 전자통신동향분석, 제29권, 제3호, 2014년 6월.
[19] 삼영이엔씨, 『NAVIS-5100 운용법』
[20] GPS Website : htt://www.gps.gov.
[21] GLONASS Website : http://www.glonass-center.ru
[22] GALILEO Website : http://www.ec.europa.eu/galileo
[23] Beidou Navigation Satellite System Website : http://www.beidou.gov.cn
[24] European GSA Website : http://www.gsa.europa.eu/
[25] 국립해양측위정보원 Website : http://www.ndgps.go.kr
[26] Navipeadia : http://www.navipeadia.net
[27] Wikipeadia : http://en.wikipedia.org

7장
전자항해계기

제1절 무선통신기기
제2절 전자해도표시시스템
제3절 선박자동식별시스템
제4절 전세계 해상조난안전시스템
제5절 해상교통관제시스템
제6절 항해자료기록장치
제7절 통합항법시스템 및 통합선교시스템

제7장
전자항해계기

제1절 무선통신기기

1. 개 요

무선통신은 공간을 전송매체로 하는 통신이다. 기초적인 무선통신은 음파를 매개체로 하는 사람의 대화이며, 원거리 전송을 위해서는 전파를 매개체로 하여 원하는 정보신호를 전달해 준다. 전파는 전기자기파의 준말로 전자파라고도 한다. 전파를 정의할 때 국제전기통신연합(ITU: International Telecommunication Union)에서는 "인공적인 유도 없이 공간에 퍼져가는 3,000GHz 이하 주파수의 전자파"로 정의하고 있다. 전파는 한정된 자원이기 때문에 국가에서 법으로 규정하여 관리하고 있으며, 우리나라의 경우는 "전파법"에 의해 관리하고 있다.

전파에 정보신호를 싣는 것을 변조(modulation)라고 하며, 변조된 전파로부터 정보신호를 끄집어내는 것을 복조(demodulation)라고 한다. 또한, 사용하는 특정 주파수에 정보신호를 실어서 운반한다는 의미로 사용되는 전파를 영어로 'Carrier' 우리나라 말로 '반송파'라고 한다.

무선통신은 독일의 물리학자 헤르츠가 최초의 전파실험에 성공한 이래로 이탈리아의 전기기술자 마르코니에 의해 무선통신기기가 고안되어 현재에 이르고 있다.

우리나라의 무선통신은 1910년 대한제국의 군함 광제호와 인천 월미도 사이에서 최초로 교신이 이루어졌다.[20]

한편 1957년 최초의 인공위성 구 소련의 스푸트니크 1호가 발사된 이래로 1960년 통신위성 에코 1호가 발사되면서 위성을 이용한 무선통신 시대가 개막되었다. 우리나라의 경우는 1992년 최초의 인공위성인 우리별 1호 발사를 시작으로 1995년에 한국통신(KT) 소유의 무궁화 1호,

20 ETRI 전파기술연구부, 『훤히 보이는 전파기술』, 전자신문사, 2009.

1996년 무궁화 2호, 1999년 무궁화 3호, 2006년 무궁화 5호, 2010년 무궁화 6호 순으로 통신위성들이 발사되어 현재에 이르고 있다. 특히, 무궁화 3호 위성부터 군 위성통신 모스코스가 가능하였으며, 무궁화 5호 위성은 상업 및 군사겸용위성으로 군 위성통신에 많은 발전을 가져왔다.

또한 무선통신은 RF 부품 기술과 디지털 신호처리 기술의 발달로 높은 주파수를 이용하는 새로운 기술이 상용화됨에 따라 급속히 발전해 오고 있다.

해상통신은 해상에서의 선박과 육지의 해안국사이의 통신, 선박 상호간의 통신을 통해 항해에 필요한 정보공유 및 정보전달 업무를 수행하며 선박의 안전 및 긴급조난 시 신속한 인명안전 구조 업무에 목적을 두는 통신이다. 여기에는 해상용 중파/단파(MF/HF) 통신, 초단파(VHF) 통신, 네비텍스(NAVTEX) 수신기 등이 있으며 이에 대하여 뒤에서 상세히 설명하겠다.

해설 국제전기통신연합(ITU)이란?

국제전기통신연합은 영어로 ITU, International Telecommunication Union의 약자입니다. 전기통신, 전파통신, 위성통신, 방송 등의 국제정보통신 분야를 총괄하는 UN 산하 국제기구입니다.
국제전기통신연합의 모태는 1865년 설립된 국제전신연합(International Telegraph Union)이며, 이후 국제전파전신연합과 통합하여 1932년 현재의 명칭으로 바뀌었습니다.
설립 목적은 전기 통신의 개선과 효율적 사용을 위한 국제 협력 증진, 전기 통신 인프라, 기술, 서비스 등의 보급 및 이용 촉진과 회원국 간 조화로운 전기 통신 수단 사용 보장이며, 조직은 전파통신부문(ITU-R), 전기통신표준화부문(ITU-T), 전기통신개발부문(ITU-D)로 구성되어 있습니다.

2. 무선통신 주파수

우리가 무선통신에 사용하는 전파는 주파수에 따라서 구분한다. 주파수는 초당 진동하는 횟수를 말하며, 흘림체의 f 로 표기하고, 단위는 헤르츠(Hz) 또는 c/s(cycle per second)로 표기한다. 만약, 주파수가 1초당 10회(사이클) 진동하면 10Hz, 1,000회 진동하면 1,000Hz라고 한다. 음파의 주파수는 16~20,000Hz까지 사용되지만, 전파의 주파수는 수백만, 수억 Hz까지도 사용되기 때문에 kHz, MHz, GHz 등을 이용하여 표현한다. 1kHz는 1,000Hz, 1MHz는 10^6Hz, 1GHz는 10^9Hz이다. 예를 들어, 300,000Hz는 300kHz로 표기하고 1,000,000,000Hz는 1GHz로 표기한다. kHz는 수가 너무 커지면 MHz, GHz 숫자를 간단하게 대치하여 사용한다. 따라서 15,000kHz는 15MHz로 표기한다.

전파는 자유공간속에서 빛과 같은 속도로 진행한다. 이는 초당 30만km, 3×10^8m/s이다.

전파의 파장(λ)은 파동이 1회 진동하는 동안 나아간 거리로써 전파의 속도(c)를 주파수(f)로 나눈 값이다. 예를 들어, 자유공간속에서 1GHz의 파장(λ)은 $c/f = 3\times10^8 \text{m}/1\times10^9 = 30\text{cm}$이다.

<그림 7-1>에는 전파의 주파수 스펙트럼을 구분하여 나타내었다. 주파수는 해상, 육상, 항공 등 이동체의 사용 용도에 따라 구분하여 사용한다.

3kHz 3,000GHz

가청음파	전파	적외선	가시광선	자외선	X선	Y선

3kHz 30kHz 300kHz 3MHz 30MHz 300MHz 3GHz 30GHz 300GHz 3THz

약칭	VLF	LF	MF	HF	VHF	UHF	SHF	EHF	
명칭	초장파	장파	중파	단파	초단파	극초단파	초극초단파	밀리미터파	서브 밀리미터파
							마이크로파		
활용	전파항법 선박통신	전파항법	중파방송 선박통신 항공통신	단파방송 국제통신 장거리통신	TV방송 FM방송 이동통신	TV방송 이동통신	마이크로파통신 위성통신 각종 레이더		

* V : Very, L : Low, M : Medium, H : High, U : Ultra, S : Super, E : Extremely, F : Frequency

〈그림 7-1〉 전파의 주파수 스펙트럼

궁금해요

▎전자파는 인체에 유해한가요?

강한 전자파는 인체에 유해한 영향을 줄 수 있습니다. 따라서 전자파 인체보호 기준으로 전자파흡수율(SAR: Specific Absorption Rate) 양이 마련되어 있으며 이를 만족하는 경우에는 안전하다고 할 수 있습니다. 또한, 일상생활에서 발생하는 미약한 전자파도 오랜 시간 노출된다면 인체에 영향을 줄 수 있습니다. 따라서 세계보건기구(WHO) 산하 국제암연구소(IARC)에서 휴대전화 전자파의 암 발생 등급을 2B(1~4등급까지 있음)로 분류하였습니다.

전자파가 인체에 노출되면 열작용과 자극작용이 나타납니다. 열작용은 주파수가 높은 강한 전자파가 인체에 도달할 때 강하게 나타나며, 전신 또는 부분적으로 체온이 상승하여 불거지고 건강에 영향을 줄 수 있습니다. 자극작용은 주파수가 낮은 경우에 많이 나타나며 인체 내에 유도된 전류가 신경이나 근육을 자극하게 됩니다. 따라서 전자파에 많이 노출되면 체온변화와 생체리듬이 깨져 두통이나, 어지러움, 심장질환 등 인체에 악영향을 미출 수 있어 각별히 유의해야 합니다.

3. 주파수에 따른 전파 특성

일반적으로 안테나에 의해 방사된 전파는 <그림 7-2>와 같이 전달되는 경로에 따라 구분하기도 하며 이는 대지에 영향을 받는 지상파(Ground Wave)와 상공을 통과하는 공간파(Sky Wave)로 구분이 되고 사용하는 주파수에 따라 다르게 영향을 받게 된다.

지상파는 직접파와 지표파, 대지반사파로 구분되며, 도전율과 유전율, 대기의 상태에 따라 전계강도에 영향을 받으며 전파된다. 지상파는 낮은 주파수대에서는 지표파의 영향을 받아 중거리 통신에 좋으며, 높은 주파수대에서는 직접파에 의해 가시거리 영역의 통신에 사용된다.

공간파는 대류권반사파와 전리층반사파로 구분되며, 장거리 통신에 용이하고 주간과 야간, 계절변화에도 영향을 받아 전파된다.

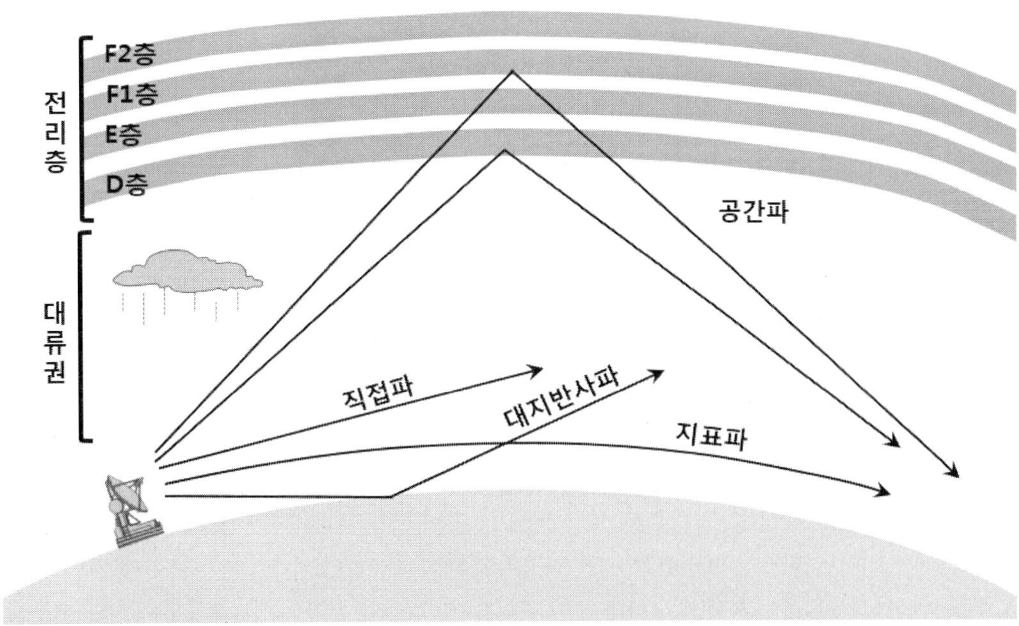

〈그림 7-2〉 전달경로에 따른 전파

전파가 전파(Propagation)되는 특성은 주파수에 따라 다르게 나타나기 때문에 잘 알아둘 필요가 있다. 따라서 초장파, 장파, 중파, 단파, 초단파, 극초단파 등에 대하여 전파특성을 설명하고자 한다.

① 초장파(VLF: Very Low Frequency)

초장파는 주파수 3~30kHz 대역으로 전파 파장이 10~100km로 매우 크다. 주로 지표를 따라서 전파되는 지표파의 영향을 받으며, 전리층반사파가 일부 발생된다. 일반적으로 전파는 바다 속을 통과하지 못하지만 이 주파수 대역은 파장이 매우 커서 바다 속 수십 미터까지 들어간다. 해상용 전파항법 초기에 사용되었던 오메가 항법시스템(10kHz)은 초장파를 사용하였다. 초장파 시스템들은 대역폭은 좁고 주파수 파장이 너무 크기 때문에 안테나 등 설비가 매우 커서 고가이면서도 실용성은 떨어진다.

② 장파(LF: Low Frequency)

장파는 주파수 30~300kHz 대역으로 전파 파장이 1~10km로 초장파 다음으로 크다. 장파도 주로 지표파에 영향을 받으며, 전리층반사파가 일부 나타난다. 전리층에 의한 감쇄도 작고 대지에 잘 반사되기 때문에 수천km까지 잘 전달된다. 해상용 전파항법 시스템인 로란(100kHz), 데카(70~130kHz)가 장파를 이용한 시스템이다.

③ 중파(MF: Medium Frequency)

중파는 주파수 300kHz~3MHz 대역으로 전파 파장이 100~1,000m이다. 중파도 지표파가 우세하게 나타나고 전리층반사파는 매우 미약하게 나타나며 원거리까지 전파가 가능하다. 따라서 예전부터 라디오 방송(중파방송)에 사용되고 있으며, 선박이나 항공기 통신용 등에도 사용되고 있다.

④ 단파(HF: High Frequency)

단파는 주파수 3~30MHz 대역으로 전파 파장이 10~100m이다. 전리층 E층과 F층에 영향을 받아 반사가 일어나 원거리까지 전달된다. 장거리통신이 가능하여 국제방송 · 통신에 많이 사용되며, 일반인이 손쉽게 사용하는 아마추어 무선에도 잘 사용되고 있다. 그러나 전리층에 영향을 많이 받기 때문에 태양 폭발에 의한 델린저현상이 생길 수 있다.

⑤ 초단파(VHF: Very High Frequency)

초단파는 주파수 30~300MHz 대역으로 전파 파장이 1~10m이다. 전리층에는 약하게 영향을 받으며, 직접파가 우세하게 나타난다. 산이나 도심의 건물에서도 회절이 어느 정도 되기 때문에 매우 용이하게 사용된다. 초단파는 단파 대비 많은 정보를 전달할 수 있어서 텔레비전 방송이나

FM 방송에 사용된다. 또한 근거리 이동통신에 적합하여 육상, 해상, 항공 모든 분야에 많이 사용된다.

⑥ 극초단파(UHF: Ultra High Frequency) 이상

극초단파는 주파수 300MHz~3GHz 대역으로 전파 파장이 10~100cm이다. 극초단파 이상의 주파수에서는 모두 직접파와 대지반사파에 영향을 받는다. 극초단파 이상은 초단파 대비 파장이 짧기 때문에 직진성이 매우 우세하다. 또한 대역폭이 넓어 많은 정보 전송이 가능하기 때문에 이동통신 등에 용이하다.

이상에서 설명한 주파수 대역에 따른 전파특성을 요약하면 <표 7-1>과 같다.

〈표 7-1〉 주파수 대역에 따른 전파특성

구분	분 류	VLF	LF	MF	HF	VHF	UHF 이상
지상파	직 접 파				△	◉	◉
	대지반사파					△	○
	지 표 파	◉	◉	◉	△	△	
공간파	전리층반사파	△	△		◉	△	
	대류권산란파					○	○

◉ 우수, ○ 양호, △ 보통

궁금해요

▎원거리까지 사용 가능한 낮은 주파수를 사용하면 통신기 사용이 편리한 것 아닌가요?

통신기의 사용주파수에 낮은 주파수(VHF 대비 HF)를 사용하면 근거리 및 원거리까지 모두 가능하므로 겉으로는 편리해 보입니다. 그러나 낮은 주파수(VHF 대비 HF)를 사용하면 통신기 통달 거리는 증가하지만, 통신잡음이 증가하고 대역폭이 축소되어 많은 정보 전달이 어렵습니다. 그리고 높은 주파수(HF 대비 VHF)를 사용하면 통신잡음이 줄고 대역폭이 넓어 유리하지만, 통달 거리가 제안되어 서비스를 위해서는 많은 기지국이 필요합니다. 또한, 통신기를 군사적으로 운용할 경우는 필요 이상의 원거리 사용은 보안에 취약하게 됩니다. 따라서 통신기를 사용할 때에는 원거리 또는 근거리용으로 구분하여 주파수를 달리 사용하는 것입니다.

온 국민이 사용하는 스마트폰, 이동통신을 예를 들면, 초기에는 900MHz 대역을 사용하였지만, 지금은 1.8GHz, 2.3GHz, 2.6GHz, 28GHz까지 확대되고 있습니다. 이는 통화 음질이나 데이터 전송면에서 매우 효과적입니다. 그러나 5G인 28GHz를 사용하면 더욱 많은 기지국이 필요하여 전국토에 5G 적용은 시간이 오래 걸리는 것입니다.

4. 무선통신방식

무선통신방식에는 정보 흐름의 방향성에 따라 크게 단방향 통신방식, 단신 통신방식, 복신 통신방식, 반복신 통신방식, 동보 통신방식, 총 5개로 구분한다.

① **단방향 통신방식**(One way operation system)

단방향 통신방식은 송·수신 간에 정보의 흐름이 한 쪽 방향으로만 진행되는 경우로 수신 측에서 송신 측으로 응답을 할 수 없다. 송신국은 송신만 하고, 수신국은 수신만 하는 것으로 TV 방송이 이에 해당된다.

② **단신 통신방식**(Simplex operation system)

단신 통신방식은 송신할 때와 수신할 때를 구분하여 송신 중에는 수신이 안 되고 수신 중에는 송신이 안 되어 송·수신 상태를 교대로 통신하는 방식이다. 이 방식은 동일한 주파수를 이용하는 1주파 방식과 송신과 수신에 서로 다른 주파수를 사용하는 2주파 방식이 있다. 1주파 방식은 기지국이 분산하여 있는 경우에 유리하며, 2주파 방식은 기지국이 하나의 안테나로 복수의 통신 시스템을 구성할 때 유리하다.

③ **복신 통신방식**(Full duplex operation system)

복신 통신방식은 동시에 송·수신이 쌍방향으로 이루어지는 방식으로 서로 통신이 두절되면 곤란한 경우에 이용된다. 이 방식은 2주파를 이용하며, 전화통신방식이 이에 해당된다.

④ **반복신 통신방식**(Semi-duplex operation system)

반복신 통신방식은 통신하는 한쪽에서는 단신 통신방식으로, 다른 한쪽에서는 복신 통신방식으로 통신하여 이루어지는 방식이다. 택시에서 사용하는 무선통신이 이에 해당된다.

⑤ **동보 통신방식**(Broadcast communication operating system)

동보 통신방식은 한 장소에서 복수의 장소로 동일한 정보나 메시지를 동시에 보내는 것으로 긴급 문자 전송이 이에 해당된다.

5. 해상통신

해상통신은 해상에서의 선박과 육지의 해안국사이의 통신, 선박 상호간의 통신을 통해 항해에 필요한 정보공유 및 정보전달 업무를 수행하며 선박의 안전항해 및 긴급조난 시 신속한 인명안전구조 업무에 목적을 두는 통신이다. 해상통신 개념은 <그림 7-3>과 같으며, 중파/단파(MF/HF) 통신, 초단파(VHF) 통신, 네비텍스(NAVTEX), 위성통신, 비상위치발신기(EPIRB: Emergency Position Indication Radio Beacon) 등 다양한 통신기기가 있다.

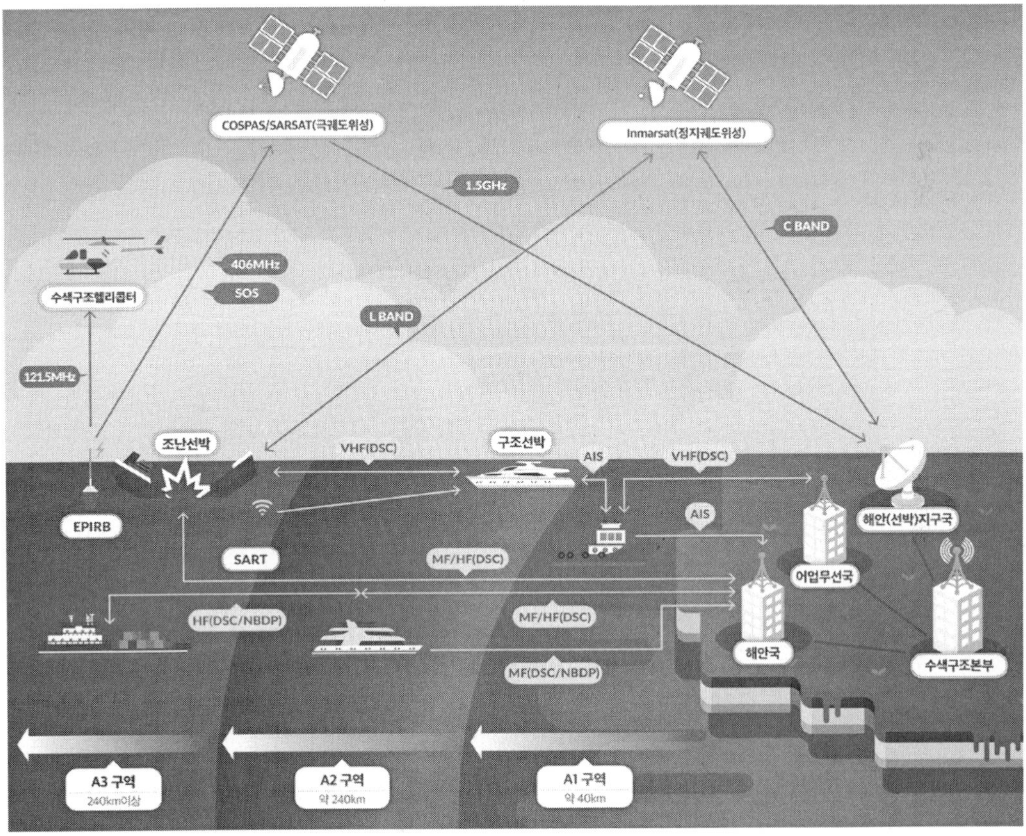

〈그림 7-3〉 해상통신 [출처: 한국방송통신전파진흥원]

① 디지털선택호출장치(DSC)

디지털선택호출장치(DSC: Digital Selective Call)는 중파대, 단파대, 중단파대 또는 초단파대의 무선전화설비 등에 부가하여 선박국과 해안국 또는 선박국 상호간 일반호출, 조난호출, 그룹

호출, 개별호출 등 각종 호출을 자동으로 수행하는 기능을 가진 장치를 말한다.[21]

디지털선택호출장치는 다수의 국이 동일 주파수로 공동 운용하고 있을 때 다수의 국에서 특정의 상대국을 어느 특정의 부호에 의해서 선택하여 자동적으로 통신하는 방법이며, 전 선박 일괄호출도 가능하다. 디지털선택호출장치를 사용 가능한 무선설비는 중파/단파(MF/HF) 통신기와 초단파(VHF) 통신기이며, 전세계 해상조난안전시스템(GMDSS)의 필수 장치이다.

② 중파/단파(MF/HF) 통신

중파/단파 통신기는 해상에서 중·장거리용으로 사용하는 통신장비로 무선전화 및 부가설비로 디지털선택호출장치와 협대역직접인쇄전신장치(NBDP: Narrow Band Direct Print)[22]와 함께 구성되어 설치되며, 조난, 긴급, 안전통신 및 업무용 통신설비로 운용된다. 일반적인 형태는 <그림 7-4>와 같으며, 중파 주파수는 1,605 ~ 3,800kHz, 단파 주파수는 4,000 ~ 27,500kHz로 사용된다. 해상 조난 및 안전 목적으로 사용하는 밴드와 주파수 현황은 <표 7-2>와 같다.

〈그림 7-4〉 중파/단파대 통신기 형태 [출처: 삼영이엔씨]

21 국립전파연구원 고시 제2016-4호, 『해상업무용 무선설비의 기술기준』

22 MF/HF 무선텔렉스 송신 장치로 과거 모르스 전신 장치를 대신하여 키보드 조작으로 손쉽게 송신할 수 있도록 되어 있다.

〈표 7-2〉 해상 조난 및 안전 목적으로 사용하는 중파/단파 주파수 현황

구 분	밴드(채널)	주파수(DSC)	주파수(RT)
MF	2 MHz	2,187.5 kHz	2,182 kHz
HF	4 MHz	4,207.5 kHz	4,125 kHz
	6 MHz	6,312 kHz	6,215 kHz
	8 MHz	8,414.5 kHz	8,291 kHz
	12 MHz	12,577 kHz	12,290 kHz
	16 MHz	16,804.5 kHz	16,420 kHz

③ 초단파(VHF) 통신

초단파(VHF) 통신은 해상에서 20 ~ 30마일을 통달거리로 하는 근거리 통신장비로 선박 상호 간 또는 해/육상 기지국과 송・수신하는 통신 설비이다. 초단파 통신은 선박이 출입항을 할 경우 항무, VTS 기지국과 가장 많이 사용하는 장비이며, 이 통신이 디지털선택호출장치와 연계되어 선박이 조난 등 위급한 상황에서 모든 선박에 자동 송출하거나 개별호출을 통해 조난통신을 수행하는 목적으로 사용된다. 해상에서 사용하는 초단파 통신기 형태는 <그림 7-5>와 같다. 사용 주파수는 156 ~ 157MHz 이며, 채널별 주파수는 <표 7-3>과 같다.

〈그림 7-5〉 초단파 통신기 형태 [출처: ICOM사]

〈표 7-3〉 초단파 통신기 채널별 주파수 현황

채널	송신주파수 MHz(선박)	송신주파수 MHz(해안국)	비 고	채널	송신주파수 MHz(선박)	송신주파수 MHz(해안국)	비 고
1	156.050	160.650		60	156.025	160.625	
2	156.100	160.700		61	156.075	160.675	
3	156.150	160.750		62	156.125	160.725	
4	156.200	160.800		63	156.175	160.775	
5	156.250	160.850		64	156.225	160.825	
6	156.300	156.300		65	156.275	160.875	
7	156.350	160.950		66	156.325	160.925	
8	156.400	156.400		67	156.375	156.375	
9	156.450	156.450		68	156.425	156.425	
10	156.500	156.500		69	156.475	156.475	
11	156.550	156.550		70	156.525	156.525	
12	156.600	156.600		71	156.575	156.575	
13	156.650	156.650		72	156.625	156.625	
14	156.700	156.700		73	156.675	156.675	
15	156.750	156.750		74	156.725	156.725	
16	156.800	156.800	모든 선박 수신	75	156.775	156.775	
17	156.850	156.850		76	156.825	156.825	
18	156.900	161.500		77	156.875	156.875	
19	156.950	161.550		78	156.925	161.525	
20	157.000	161.600		79	156.975	161.575	
21	157.050	161.650		80	157.025	161.625	
22	157.100	161.700		81	157.075	161.675	
23	157.150	161.750		82	157.125	161.725	
24	157.200	161.800		83	157.175	161.775	
25	157.250	161.850		84	157.225	161.825	
26	157.300	161.900		85	157.275	161.875	
27	157.350	161.950		86	157.325	161.925	
28	157.400	162.000		87	157.375	157.375	
31	157.550	162.150		88	157.425	157.425	
				87B	161.975	161.975	AIS 1
				88B	162.025	162.025	AIS 2

해상에서 초단파 통신기를 사용할 때에는 기본적으로 채널 16번을 수신하고 있어야 한다. 항해 중 통신하고자하는 타선박이나 기지국을 호출할 때에는 채널 16번으로 호출하고 통신 시간이 오래 걸릴 경우는 채널을 변경하여 사용하여야 한다. 또한 주요 항구에 출입항 할 때에는 별도로 설정된 채널을 이용하여 통신하여야 한다.

초단파 통신기 사용방법은 다음과 같다.

㉮ 전원 스위치 on/off를 이용하여 기기를 켠다.

㉯ 볼륨을 잡음이 제거되는 적당한 위치에 둔다. 오른쪽으로 돌리면 볼륨이 커지고 왼쪽으로 돌리면 볼륨이 작아진다.

㉰ 채널을 설정한다. 채널 16번은 조난 및 안전을 위한 채널이므로 항상 수신하고 있어야 한다.

㉱ 채널을 변경할 때에는 채널 모드 ITU, USA 등 채널 방식을 선택한 후 채널을 변경한다.

㉲ 송신할 때에는 마이크의 스위치를 누른 후 송신하고 스위치를 놓은 후 수신한다.

㉳ 조난신호를 송신할 때에는 DISTRESS 버튼을 3초 이상 누르면 자동으로 조난 메시지가 송신된다.

㉴ 조난신호 수신할 때에는 경보등이 점등되고 경보음이 발한다.

④ 네비텍스(NAVTEX)

네비텍스는 영어로 NAVTEX이며, Navigational TELEX의 약자로 전 세계의 연안 TELEX 방송 시스템이다. 네비텍스 수신기는 협대역직접인쇄전신(NBDP: Narrow Band Direct Printing Telegraph)의 수신전용 장치로써, 연안 항행 선박에 대하여 해사안전정보(MSI: Maritime Safety Information) 수신에 사용된다.

해사안전정보란 선박에 송신되는 항해 및 기상경보, 기상예보 및 기타 긴급안전관련 정보를 말한다. 사용 주파수는 518kHz와 490kHz이다. 네비텍스는 전세계 해상조난안전시스템(GMDSS: Global Maritime Distress and Safety System)에 따른 의무적 탑재 무선설비이며 형태는 <그림 7-6>과 같다.

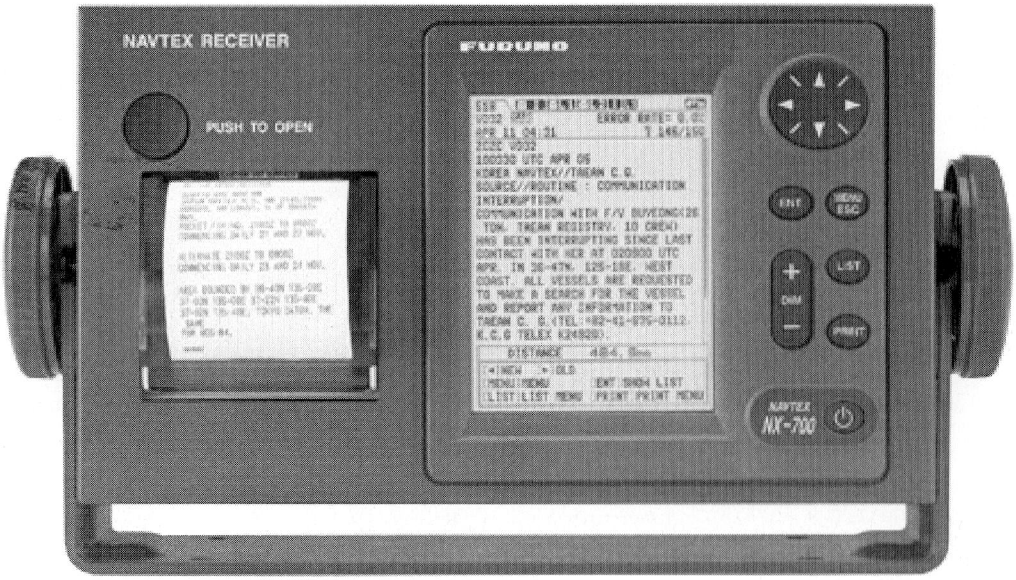

〈그림 7-6〉 네비텍스의 형태 [출처: Furuno사]

⑤ 해상위성통신

해상 이동 위성통신을 위해 국제해사위성기구(INMARSAT: International Maritime Satellite Organization)가 1979년 설립되어 해상에서 항해 중인 선박과 육상, 선박과 선박사이의 통신업무가 시작되었으며, 1994년 육상과 항공 서비스가 확대되어 국제이동통신위성기구(IMSO: International Mobile Satellite Organization)로 재탄생되었다.

인마세트 통신위성은 약 36,000km 상공의 정지궤도(GEO: Geostationary Orbit) 인공위성을 이용한 이동통신 서비스로 핵심 업무가 전세계 해상조난안전시스템(GMDSS) 서비스 업무이다.

한국은 1987년 한국통신(KT)이 서명 당사자로 기구에 가입하였으며, 무궁화 위성을 이용하여 위성통신 서비스를 실시하고 있다. 특히, 군 위성통신은 1999년 발사된 무궁화 3호 위성부터 모스코스를 이용한 통신이 가능하였으며, 2006년 발사된 무궁화 5호 위성은 상업 및 군사겸용위성으로 만들어져 군 위성통신에 많은 발전을 가져왔다. 해상위성통신은 <그림 7-7>과 같은 형태로 선박에서 전화, 팩스, 데이터 통신이 가능하며 사용 주파수는 L 밴드 1.535GHz ~ 1.6445GHz 이다.

〈그림 7-7〉 해상위성통신기 형태 [출처: Furuno사]

제2절 전자해도표시시스템

1. 개 요

전자해도표시시스템(ECDIS: Electronic Chart Display & Information System)은 전자해도를 보여주는 장비로써 선박을 안전하고 효율적으로 항해하기 위해서 의사결정에 요구되는 각종 항해 정보(위치, 속도, 방위, 수심 등)를 동시에 컴퓨터 화면에 표현하며, 국제해사기구(IMO)와 국제수로기구(IHO)의 표준규격(S-52)에 따라 제작된 것을 말한다.

전자해도표시시스템은 기존 종이해도기반으로 수립하던 항해계획, 항로감시, 자함 위치표시,

항정기록 등을 디지털로 편리하고 정확하게 그리고 효율적으로 수행이 가능하며, 선박의 항해장비인 AIS, Radar 등 정보와 연동되어 항해와 관련된 정보를 손쉽게 얻을 수 있다.

전자해도표시시스템의 개념은 <그림 7-8>과 같다.

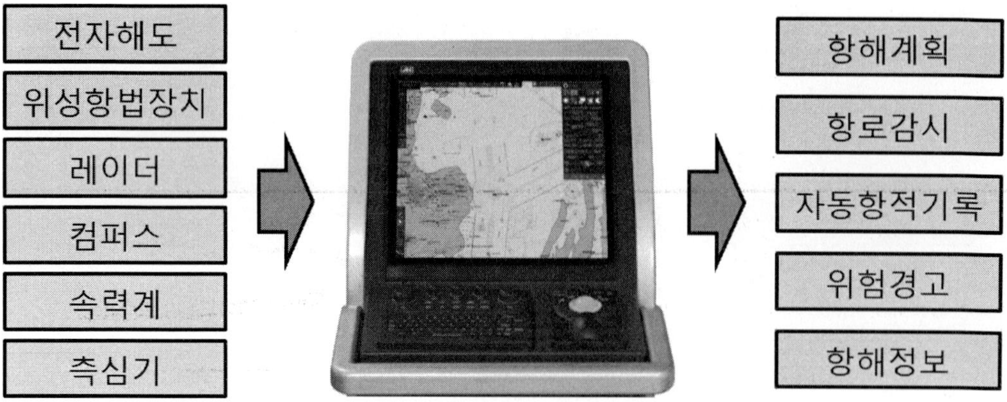

〈그림 7-8〉 전자해도표시시스템의 개념

전자해도표시시스템의 주요 기능은 다음과 같다.

① 항해계획(Route Planning) : 항해계획은 항로, 변침점, 대체 항로 계획을 손쉽게 입력하여 선박 운항이 가능하며, 계획된 항로상의 위험 구간과 안전 등을 운용자에게 제공한다.

② 항로감시(Route Monitoring) : 항로감시는 지속적인 자함위치 감시와 갱신을 수행하고 위험 상황 발생 시 경보를 한다. 또한 방위선(North-Up 등) 표시, 스케일에 따른 거리환산, 기타 항해 도구를 모니터상 제공한다.

③ 자동항적기록(Logbook & Route Recording) : 자동항적기록은 1분간의 간격으로 과거 12시간 동안 시간, 위치, 방위, 속력, 해도 데이터 등 각종 사항이 자동으로 기록되어 선박의 해양사고 발생 시 블랙박스 기능이 가능하다.

④ 위험경고(Alarm & Indication) : 경보 알람의 종류는 변침, 도착, 항로 이탈, 위험지역 진입 등 약 10여 가지가 있으며, 항해 시 운용자가 다양하게 설정하여 경고 메시지를 제공받을 수 있다.

⑤ 항해정보(Navigation Information) : 항해정보는 해도상에 나타나는 해안선, 등심선, 수심, 항로표지, 위험물 등을 포함하여 자함의 항해장비(Radar, AIS, 측심기, 컴퍼스 등)의 정보를 종합적으로 항해자에게 제공한다.

전자해도표시시스템은 국제협약(SOLAS 제5장 19규칙) 요건에 따라 선박에 비치하는 해도 대신 사용가능하나 별도의 백업장치를 보유하도록 하고 있다.

2.1.4 선박이 예정된 항해에 필요한 항로를 계획하고 표시하며, 그 항해기간 동안 선박의 위치를 표시하고 감시하는데 필요한 해도 및 수로서지를 비치하여야 한다. 전자해도표시시스템은 요구조건 만족 시 해도로써 받아드려진다. 2.10에서 적용되는 선박은 톤수에 따른 탑재요구조건을 따라야 한다.

2.1.5 전자적인 수단에 의해 일부분 또는 전부가 수행된다면 2.1.4항을 만족하는 백업 장치를 보유하여야 한다. 단, 종이해도는 전자해도표시시스템의 백업장치로 사용될 수 있다. 기타 백업 장치도 인정될 수 있다.

2.1.4 nautical charts and nautical publications to plan and display the ship's route for the intended voyage and to plot and monitor positions throughout the voyage. An electronic chart display and information system (ECDIS) is also accepted as meeting the chart carriage requirements of this subparagraph. Ships to which paragraph 2.10 applies shall comply with the carriage requirements for ECDIS detailed there in:

2.1.5 back-up arrangements to meet the functional requirements of subparagraph .4, if this function is partly or fully fulfilled by electronic means:*

* An appropriate folio of paper nautical charts may be used as a back-up arrangement for ECDIS. Other back-up arrangements for ECDIS are acceptable.

또한 전자해도표시시스템 탑재요건은 국제항해에 종사하는 3,000톤 이상 모든 선박, 국제항해에 종사하는 500톤 이상 탱커, 모든 해역의 500톤 이상 여객선으로 정하고 있다. 전자해도표시시스템이 탑재된 선박의 모든 선장 및 항해 당직자는 관련 교육과정을 이수하여야 한다.

미해군은 1998년 독자적인 전자해도표시시스템(ECDIS-N) 개발에 착수하여 상업적인 전자해도표시시스템(ECDIS)에 기초하여 개발하였으며, 벡터방식과 래스터방식이 모두 가능하여 DNC, ENC, CMAP이 사용가능하며 2009년부터 운용 중이다.

해설 국제해사기구(IMO)란?

국제해사기구는 영어로 IMO, International Maritime Organization의 약자이며, UN 산하 국제기구입니다. 설립 목적은 국제교역에 종사하는 해운업에 영향을 미치는 모든 형태의 기술적인 문제에 관하여 정부가 수행하는 규정이나 지침에 있어서 정부 간 상호협력 촉진을 위한 장치를 제공하는 것이며, 해상안전, 항해, 오염방지 등 실질적 기준을 제공하고 촉진하기 위한 것입니다. 1948년 최초 설립 당시는 정부간 해사자문기구(IMCO : Intergovernmental Maritime Consultative Organization)였으나 이후 1982년 현재의 국제해사기구로 새롭게 탄생되었습니다.

국제해사기구는 각종 협약과 권고안 등을 통해 안전과 보안의 확보, 해양오염방지, 인명구조, 책임과 보상 업무를 수행하고 있습니다. 대한민국은 국제해사기구에 1959년 정식으로 신청하여 1961년 가입요건이 충족되어 1962년 가입효력이 발생하였습니다. 2019년 현재, 회원국은 174개국, 준회원국은 3개국입니다.

해설 **국제수로기구란(IHO)?**

국제수로기구는 영어로 IHO, International Hydrographic Organization이라고 하며, 해상의 교통로인 수로를 안전하게 사용하기 위한 국제기구입니다.

18세기 부정확한 해도로 인해 많은 선박이 좌초되고, 1900년대 선박을 이용한 교육이 증가하자 항해 안전을 위한 정확한 해도 제작의 필요성이 대두되면서, 1919년 국제수로회의 결의로 1921년 국제수로국을 신설하였습니다. 이후 1970년 국제수로기구로 확대되었습니다.

국제수로기구는 기구 설립 이후 해양 명칭 표준화와 국제수로업무 협력 증진 등을 관장하고 있습니다. 대한민국은 국제수로기구에 1957년 국립해양조사원이 대표기관으로 가입하여 정식 회원국이 되었으며, 2019년 현재 가입하고 있는 회원국은 미국, 영국, 프랑스를 비롯한 93개국입니다.

---

2. 함정용 전자해도표시시스템

함정용 전자해도표시시스템은 함교 및 전투정보상황실에 설치되며 함장실과 사관실에서 원격 전시하고 있다. 전체 시스템 구성도는 <그림 7-9>와 같다.

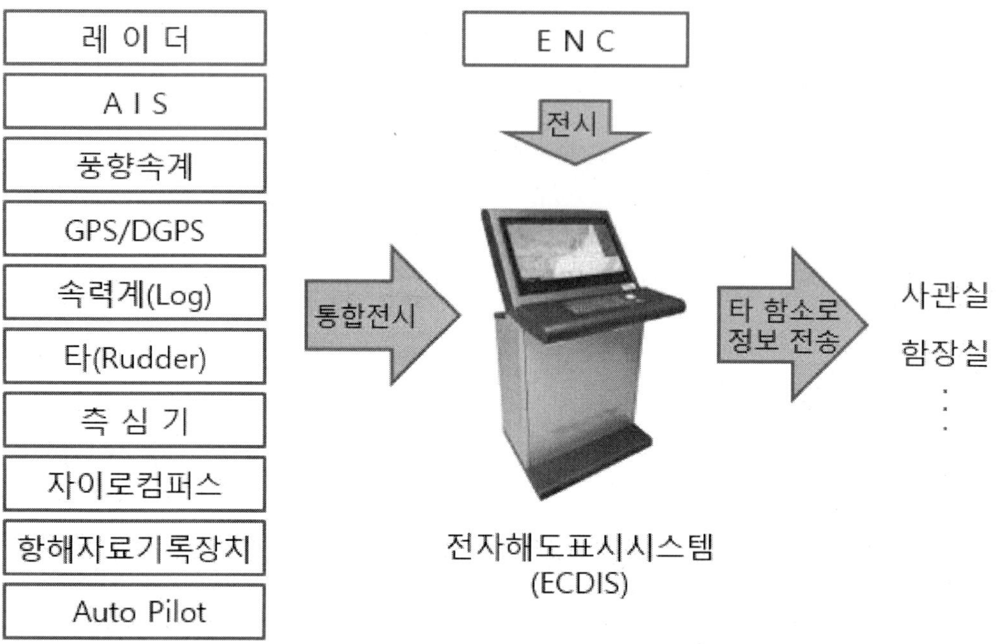

〈그림 7-9〉 시스템 구성도

전자해도표시시스템은 전시기, 주장비, NMEA 버퍼, 키보드와 마우스, 무정전전원공급장치(UPS), 함교용 전자해도 및 노트북 PC로 구성된다. 전시기는 전자해도 전시기단의 주 전시장비로서 해도 및 항해정보를 전시한다. 주장비는 전자해도 전시기단의 주처리장치로서 전자해도 전시체계를 구동한다. NMEA 버퍼는 전자해도 전시기단과 연동된 각종 센서 정보를 수신하여 주장비에 전달하는 역할을 한다. 키보드와 마우스는 전자해도 전시기단을 조작하는데 사용된다. 무정전전원공급장치는 보조 전원으로서 함정에서 정전 시 전원을 공급한다. 함교용 전자해도 및 노트북 PC는 함교에 설치되어 주장비로부터 수신한 정보를 전시한다.

전자해도표시시스템은 센서로부터 정보를 받아 전자해도 위에 모든 정보를 전시하고 함정 랜을 이용하여 각종 센서와 시스템 내 다른 장치로 전송하는 역할을 한다. 전자해도표시시스템의 주요기능은 전자해도를 전시하고 항해계획, 항해기록, 경보기능, 기타 특수기능 등이 있으며 세부 기능은 <표 7-4>와 같다.

〈표 7-4〉 전자해도 표시시스템의 기능

주요 기능	세부 기능
전자해도 전시	– 벡터방식 전자해도와 라스터방식 전자해도 전시 – 전자해도 위에 자선의 항적과 항로 전시 – 해도의 안전선과 위험물 표지를 자동 점검 및 경보 – AIS 및 레이더 표적 전시 – North up, Head up, Angle up으로 전시 – 자선의 속력, 침로, 시간 등 전시 – 주간, 야간, 황혼, 여명 등 화면 전시 모드
항해계획	– 전자해도 위에 변침점 추가/삭제/편집 – 변침점간 침로/속력과 변침시점 자동 계산 – 항해감시 기능 제공
항해기록	– 자선의 항적 저장 및 재생 – 표적의 항적 저장 및 재생 – 센서장비의 정보 저장
경보기능	– 해도상의 위험지역 근접 시 경보 – 항로 이탈 경보 – 연동장비 이상 시 경보 – 투묘 시 자선 이탈 경보
특수기능	– 벡터방식과 라스터방식 전자해도 동시 전시 – 해도 3차원 전시 – 자선 항해 시 신속한 축척변경과 실시간 해도 업데이트 – 마우스 커서 변환을 통한 신속 조작 – 항로계획을 그래픽 또는 표로 편집 가능 – 항적을 항로로 자동 변환 – 귀환항로 자동 변환

3. 전자해도표시시스템 기초 운용법

전자해도표시시스템은 전자해도를 전시하고 항해계획, 항해기록, 경보기능 등 다양한 기능을 수행한다. 이러한 기능을 수행하기 위해서는 화면 명칭과 기능, 트랙볼마우스 사용법, 커서 사용법을 이해하고 각 기능을 실행하여야 한다.

따라서 다음과 같이 세부분에 대해 사용법을 설명한다.

① 화면 명칭과 기능

전자해도표시시스템 전시화면은 크게 메뉴, 전자해도, 항해정보 창, 방위판, 축척정보 창으로 구분이 된다. 제품 회사에 따라 좌/우, 상/하단 표현이 일부 상의하지만 표현하는 내용은 거의 유사하다.

<그림 7-10>은 마린전자의 전자해도표시시스템을 기준으로 도시되는 화면이다.

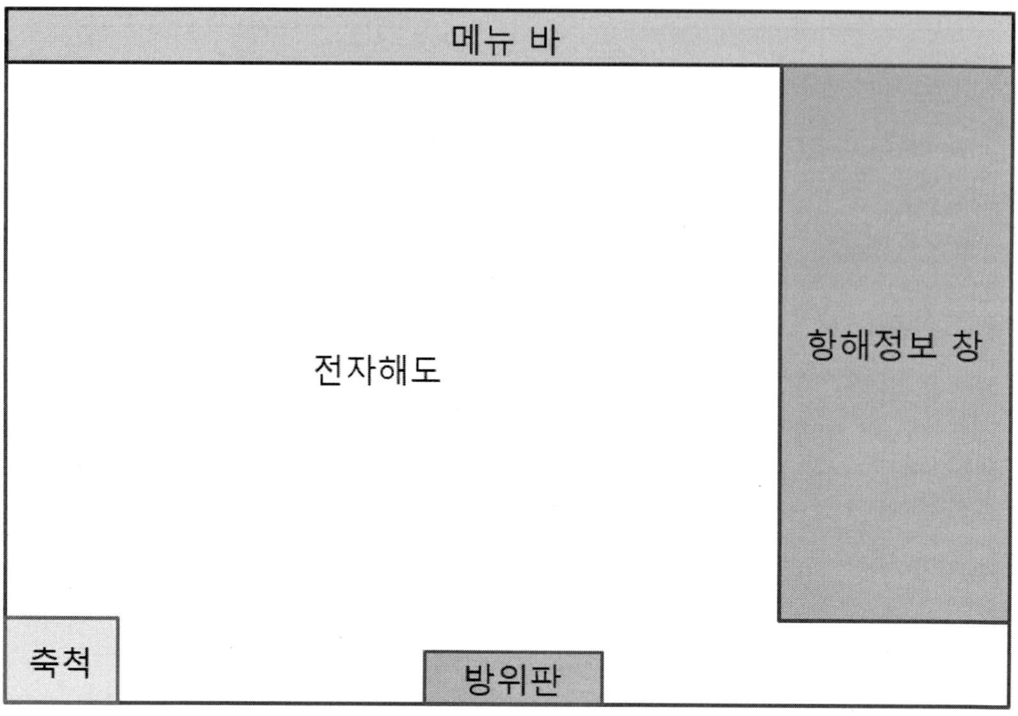

〈그림 7-10〉 전자해도표시시스템 도시 화면

㉮ 메뉴 : 메뉴 바를 두어 각종 변경해야할 기능을 사용자가 쉽게 변경하고 불필요할 때는 숨김 기능을 지원한다. 주메뉴는 구성, 작전정보, 항로, 항로감시, 투묘 등 다양한 기능들이 있다.

㉯ 전자해도 : 벡터방식의 ENC, 라스터 방식의 AECS 등 전자해도를 화면에 전시한다.

㉰ 항해정보 창 : 경보창, 시간창, 자선정보창, 항적창, 주선/종선창, 풍향/속 창, 조석창 등 정보를 전시한다.

㉱ 방위판 : 자이로리피터와 같이 함정의 선수방위를 나타낸다.

㉲ 축척정보 창 : 전시하는 해도의 축척을 선택할 수 있다.

② 트랙볼마우스 사용법

트랙볼마우스 각부 명칭과 기능은 <그림 7-11>과 같다. 장비를 쉽게 사용하기에 꼭 필요한 기능이다.

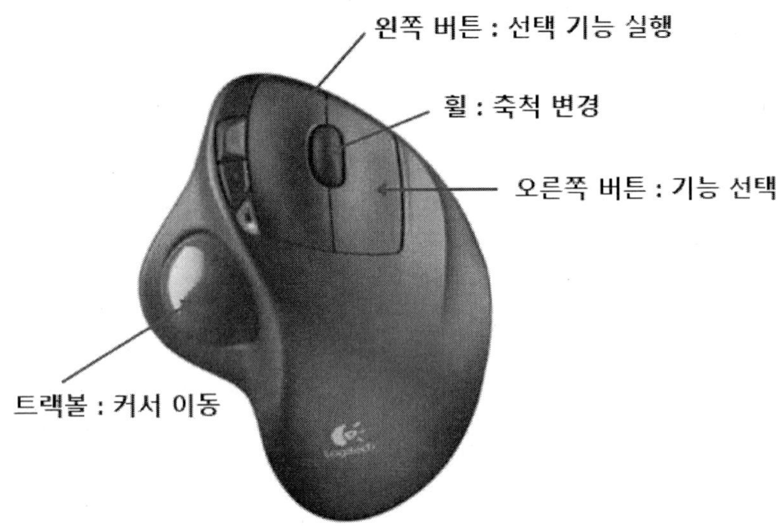

〈그림 7-11〉 트랙볼마우스 각부 명칭 및 기능

③ 커서 사용법

마우스의 커서 사용은 이동(View), 확대(Zoom), 거리방위측정(ERBL), 정보(info), 표적정보(TGT) 전시 기능을 실행할 수 있다. 먼저, 마우스의 오른쪽 버튼을 누르면 커서 종류를 변환한다. 변환 후 커서의 각 기능을 사용하기 위해서는 마우스의 왼쪽 버튼을 눌러 커서의 기능을 활성화해야 한다. 커서의 활성화 모양은 <그림 7-12>와 같다.

구 분	평상 시	활성화 시
이동(View)		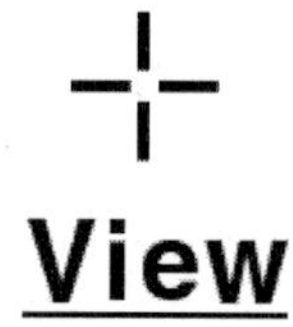
확대(Zoom)		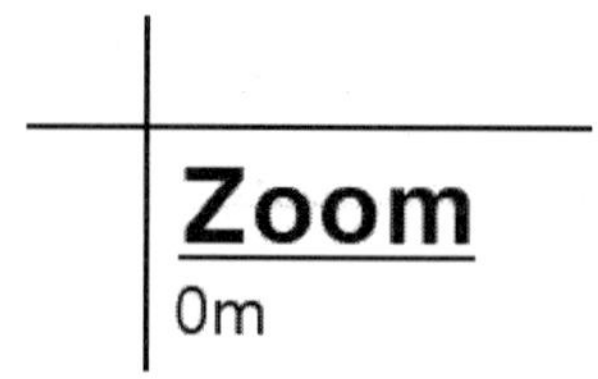
거리방위측정 (ERBL)		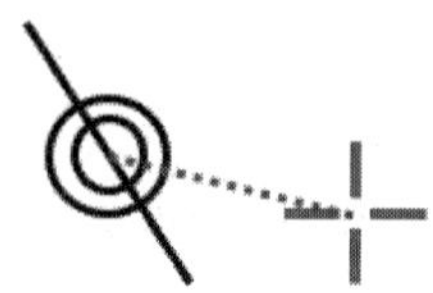
정보(info)		
표적정보(TGT)		

〈그림 7–12〉 커서의 활성화 모양

㉮ 이동(View)

원하는 곳으로 화면을 이동시킬 때 사용, 마우스 오른쪽 버튼을 눌러 View 커서를 선택하고 마우스 왼쪽 버튼을 누르면 십자모양으로 활성화된다. 활성화 된 후에는 커서를 이동하면 화면이 이동한다. 또한 마우스 왼쪽 버튼을 누른 상태에서 커서를 이동하면 손바닥으로 화면을 밀어내듯 화면이 이동한다.

㉯ 확대(Zoom)

화면을 확대한다. 확대할 영역의 좌측 상단 지점에 커서를 대고 왼쪽 버튼을 누르면 커서가 활성화된다. 커서를 확대할 영역의 우측 하단까지 드래그하면 해당 영역이 확대된다. 화면의 확대와 축소는 스크롤 휠을 통해서도 가능하다. 스크롤 휠을 아래(↓)로 움직이면 자선 중심으로 화면이 축소되고, 위로(↑) 움직이면 자선 중심으로 화면이 확대된다. 사용자가 편리한 방법으로 사용하면 된다.

㉰ 거리방위측정(ERBL)

임의의 지점까지 방위와 거리를 측정하는 기능이다. 마우스 오른쪽 버튼으로 커서를 선택한 뒤 왼쪽 버튼을 누르면 활성화된다. 자선으로부터 거리와 방위를 구하려면 마우스 왼쪽 버튼을 한번 누른 뒤 커서를 측정하고자 하는 지역으로 이동하면 화면 좌측하면에 ERBL 창이 뜨면서 커서의 경위도 위치와 자선으로부터의 방위/거리, 도착예정시간이 전시된다. 임의의 지점에서의 방위와 거리를 구하려면 커서를 임의의 지점으로 옮기고 다시 한 번 마우스 왼쪽 버튼을 누른다. 커서 모양이 변하면서 임의 지점을 중심으로 한 ERBL이 전시된다.

㉱ 정보(info)

해도 상의 상세정보를 확인하는 기능이다. 마우스 오른쪽 버튼을 클릭하여 커서를 선택하고 마우스 왼쪽 버튼을 클릭하면 커서가 활성화된다. 상세정보를 얻고자하는 지점을 클릭하면 해도 정보에 대한 상세정보가 전시된다.

㉲ 표적정보(TGT)

AIS, 레이더 표적에 대한 정보를 확인할 때 사용하는 기능이다. 마우스 오른쪽 버튼으로 TGT 커서를 선택한 뒤 마우스 왼쪽 버튼으르 누르면 커서가 활성화된다. 상세정보를 원하는 표적 위에 커서를 대고 마우스 왼쪽 버튼을 누르면 표적의 AIS 정보 및 위치, 침로, 속력 등 상세정보가 창으로 전시된다.

제3절 선박자동식별시스템

1. 개 요

선박자동식별시스템(AIS: Automatic Identification System)은 선박 상호간의 충돌사고 예방에 이용되는 레이더의 한계점[23]을 극복하고 레이더 범위를 벗어난 해역에서도 선박 식별(선명, 침로, 속력 등), 충돌예방, 해양오염 방지, 선박 보고, 탐색 및 구조 등을 통해 선박의 안전항해를 향상시킬 목적으로 만들어진 시스템이다.

국제해사기구(IMO: International Maritime Organization)는 AIS를 표준화하여 4S(Ship to Shore, Ship to Ship) Broadcasting 트랜스폰더를 Universal Shipborne AIS로 채택하였고, 전용주파수로 VHF 채널 87(161.975 MHz)과 채널 88(162.025 MHz)를 할당하였다.

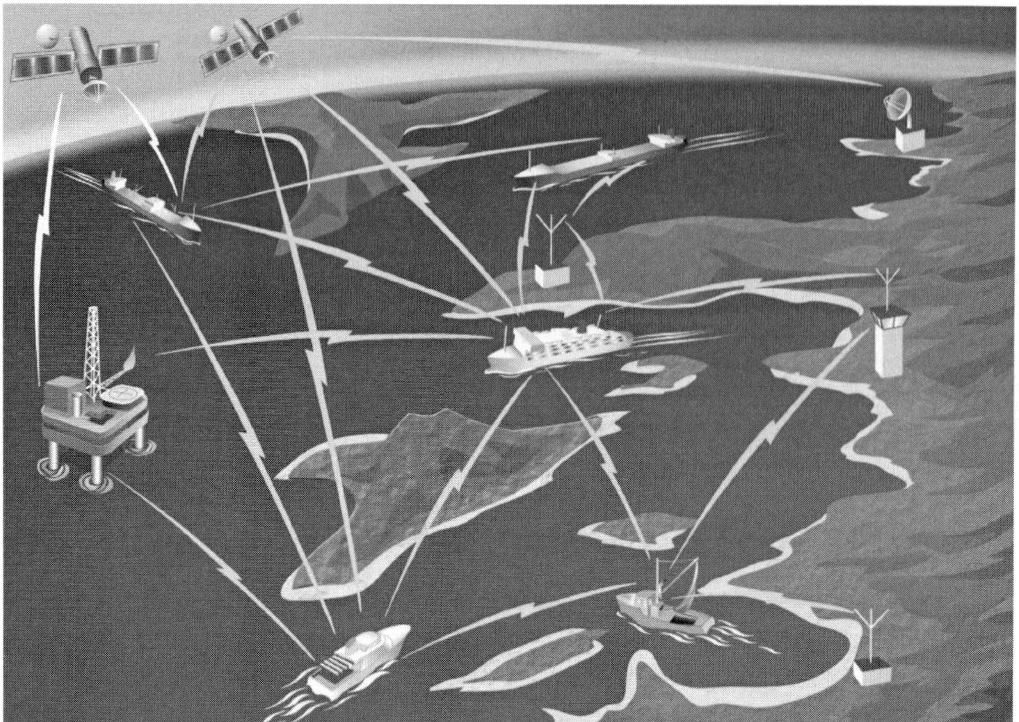

〈그림 7-13〉 AIS 시스템 개념도

23 레이더는 기상상태에 따라 감도 변화가 생길뿐 아니라 전파 특성 상 레이더 그늘이 나타나고, 접촉이 되었다 할지라도 별도의 정보 확인은 불가한 한계점이 있음.

4S 방식은 육상과 선박뿐만 아니라 선박과 선박 상호 간 정보교환의 중요성을 감안하여 결정되었으며, 이는 선박의 항행정보, 육상 기지국의 교통정보 등과 같은 데이터를 전용주파수를 통하여 짧은 주기(2~12초)로 자동 데이터통신에 의해 4S 간에 실시간으로 전송하여 이를 컴퓨터 화면에 구현할 수 있다. <그림 7-13>은 AIS 시스템의 개념도이다. 4S 개념으로 선박과 육상, 선박과 선박 상호간의 정보를 서로 교환하여 안전관리가 더욱 효율적이다.

2. 운영체계

AIS 운영체계는 육상에 설치된 기지국과 개별 선박에 탑재된 항행시스템으로 구성되며, 중앙과 지방 기지국간의 통신은 데이터 통신을 통하여 각 지방의 해역 관리 내용을 송신하여 컴퓨터(전자해도)상에 실시간 정보를 제공한다. 그러나 서비스구역이 넓을 경우에는 해역별로 지방기지국 단위로 관리를 행하고, 중앙기지국은 생략 또는 모니터 기능만 부여하는 것도 가능하다. 육상기지국은 주위 여건에 따라 무인중계 기지국으로 활용할 수 있다.

지방기지국에서는 각 선박으로부터의 무선 데이터 통신으로 보고되는 선박정보를 수신하여 저장하고, 필요시 개별 선박 심벌을 선택하여 해당 선박에 대한 정보를 열람하는 것도 가능하다. 선박에서는 GPS(DGPS)를 이용한 선박 위치, 기타 선박의 항행 정보를, 무선데이터 송신 방식으로 주위선박과 육상기지국에 보고하고, 타 선박 및 육상기지국으로부터의 정보를 수신하여 컴퓨터의 전자해도 위에 <그림 7-14>와 같이 실시간으로 제공할 수 있다.

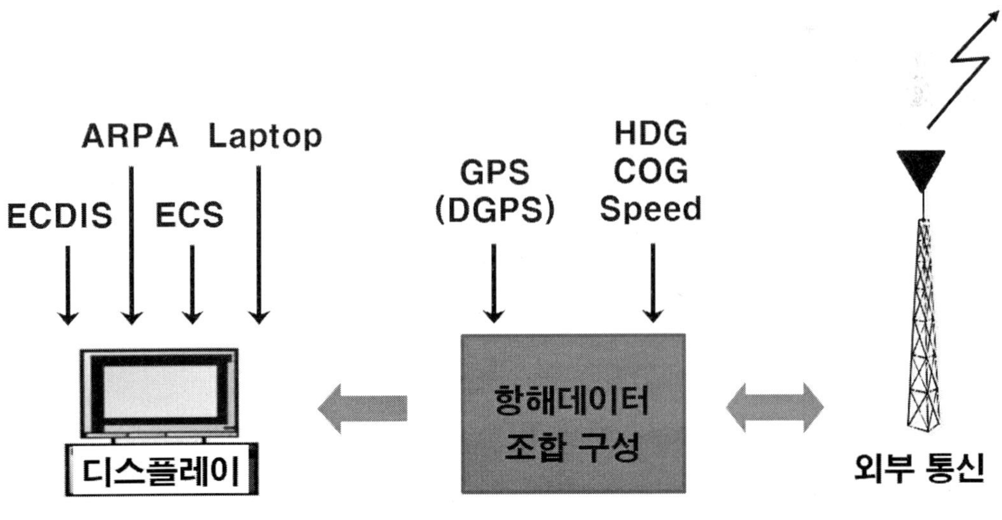

〈그림 7-14〉 선박 AIS 구성요소

3. AIS 정보

AIS 정보는 컴퓨터 내에서 데이터의 효율적인 처리를 위하여 정적정보, 가변정보, 동적정보로 구분하며 <표 7-5>와 같다. 이 외에 기상 또는 안전항해에 관한 정보도 포함된다.

〈표 7-5〉 AIS 정보

구 분	내 용	
정적정보	– IMO 번호(IMO number) – 선박길이와 폭(Length/Beam) – 안테나 위치(Antenna location)	– 호출부호와 선명(Callsign/Name) – 선종(Type of ship)
가변정보	– 흘수(Draft) – 도착시간, 목적지(ETA/Destination)	– 유독성화물(HAZ cargo type) – 항로(Route)
동적정보	– 위치(Position) – 대지침로(Course) – 항해상황(Navigation status) – 선회율(Rate of turn)	– 시간(UTC) – 대지속력(Speed) – 선수방위(Heading) – 경사각,종요,횡요(Heel/Pitch/Roll)

AIS 정보 보고간격 및 갱신주기는 정보의 유형별 정적정보, 동적정보, 항해와 관련된 정보, 안전과 관련된 정보가 다른 시간간격의 갱신주기를 가지며 <표 7-6>과 같다. 일반적으로 선박 속력이 빠른 경우는 주기도 짧게, 느린 경우는 주기도 천천히 갱신되도록 한다.

〈표 7-6〉 AIS 정보 보고간격(갱신주기)

구 분		보고간격(갱신주기)
정 적 정 보		6분, 수정 및 요구 시
동적정보	At anchor	3 분
	0–14 knots	12 초
	0–14 knots, Changing course	4 초
	14–23 knots	6 초
	14–23 knots, Changing course	2 초
	〉 23 knots	3 초
	〉 23 knots, Changing course	2 초
항해와 관련된 정보		6분, 수정 및 요구 시
안전과 관련된 정보		요구 시

4. 국제 탑재 규정

선박의 AIS 장착 의무화는 국제해사기구(IMO) NAV 소위원회의 제44차 회의(1998년 9월)에서 초안이 마련하였고, 2000년 6월 MSC 72차 회의에서 승인되었다. 이 규정에 따르면 2002년 7월부터 모든 여객선과 총톤수 300톤 이상의 국제 항해선박, 총톤수 500톤 이상의 국내 항해선박은 AIS 장착이 의무화되며, 현존선에 대해서는 2008년까지 단계별 탑재계획이 마련되었다. 지금은 기간이 지나 현존선 포함 모두 적용된다.

5. 국내선박 설치 규정(선박 설비 기준)

① 다음 각 호의 선박에는 자동식별장치(AIS)를 설치하여야 한다.

㉮ 「해운법」에 따른 여객선

㉯ 총톤수 150톤 이상 여객선. 다만, 호소・하천을 운항하는 선박과 「유선 및 도선사업법」에 따른 도선은 제외한다.

㉰ 여객선 이외의 선박으로서 다음 각 목의 선박

(1) 국제항해에 종사하는 총톤수 300톤 이상의 선박

(2) 국제항해에 종사하지 아니하는 총톤수 500톤 이상의 선박

(3) 연해구역 이상을 항해하는 총톤수 50톤 이상의 선박. 단, 부선은 제외

② 제1항에 따라 선박에 자동식별장치를 설치할 경우에는 다음 각요건에 따라야 한다.

㉮ 적절한 장비를 갖춘 육상기지국, 타선박, 항공기에 선박의 제원, 종류, 위치, 침로 및 다른 안전관련 정보를 포함한 정보를 자동으로 제공할 수 있을 것

㉯ 유사설비를 갖춘 선박으로부터 제1호의 규정에 의한 정보를 자동으로 수신할 수 있을 것

㉰ 선박을 감시 및 추적할 수 있을 것

㉱ 육상기지국과 정보를 교환할 수 있을 것

㉲ 다른 선박의 접근을 경계하기 위하여 미리 접근 경계권을 설정할 수 있으며 접근 경계권 내에 선박이 진입한 경우 가시가청경보를 이용하여 사용자에게 경고할 수 있을 것

㉳ 「해상업무용 무선설비의 기술기준」(국립전파연구원 고시) 제22조에 따른 자동식별장치의 성능요건에 적합한 것일 것. 다만, 설치 대상 선박 중 국제항해에 종사하는 선박은 종별(class) A 자동식별장치를 설치하여야 하며, 국제항해에 종사하지 아니하는 선박은 종별(class) A 또는 B 자동식별장치를 설치하여야 한다.

제4절 전세계 해상조난안전시스템

1. 개요

전세계 해상조난안전시스템(GMDSS: Global Maritime Distress Safety System)은 해상에서의 인명안전을 위하여 최신의 디지털 통신 기술, 위성 통신 기술을 이용해 전세계의 어느 해역에서 선박이 조난당해도 그 선박으로부터 육상의 구조기관이나 부근을 항해하는 선박에게 신속하고 정확하게 원조 요청이 가능하며 육상으로부터 항해안전에 관한 정보 등을 적절히 수신할 수 있는 시스템이다[24].

해상에서 인명안전에 관한 규정이 논의 된 것은 1912년 타이타닉호 빙산 충돌사고로 거슬러 올라간다. 이 사고는 타이타닉호가 첫 항해에서 북대서양의 뉴펀들랜드로부터 남서쪽 640km 떨어진 해역에서 빙산에 충돌하여 1,513명의 희생자가 발생되었다. 이 사고를 계기로 국제적으로 해상에서의 인명안전에 대한 관심이 증대되어 1914년에 영국 런던에서 해상인명안전조약(SOLAS: International Convention for the Safety of Life at Sea)이 체결되어 탄생되었다.

이후 1979년 해상 수색 및 구조에 관한 국제 조약(SAR: International Convention on Maritime Search and Rescue)이 채택되었다. SAR 조약은 해상 조난자를 신속히 효과적으로 구조하기 위하여 연안국이 자국 주변의 일정 해역에 대해서 수색 구조의 책임을 분담하고, 적절한 수색구조 업무를 수행하기 위하여 국내 제도를 확립함과 동시에 관계국간에 해난구조 활동의 조정 등의 협력을 행할 것을 결정하여 세계적인 수색 구조 체제를 구축하는 것이다.

1979년 SAR 조약 채택 시 조난 및 안전을 위한 통신망의 확립과 정비가 필요하다고 인식되어 국제해사기구(IMO)에 미래의 전세계 해상조난안전시스템(FGMDSS: Future Global Maritime Distress and Safety System) 개발을 요청하여 FGMDSS가 등장하게 되었다. FGMDSS는 1986년 후반부터 F자를 제외한 GMDSS라 부르게 되었으며, 1991년부터 단계적 시행되어 현재에 이르고 있다.

이 제도의 기본 개념은 해사위성 통신 및 텔렉스, 디지털 선택호출 등 최신 통신기술을 해상조난 및 안전분야에 도입하여 선박 조난 시 조난신호의 자동 송 · 수신으로 선박의 위치에 관계없이 가장 짧은 시간 내에 수색 및 구조 활동이 가능하고 항해 및 기상정보 등을 포함한 해상안전 정보를 제공하여 선박 안전운항을 도모하는 것으로 <그림 7-15>와 같다.

---

24 김순갑 등 5, 선박항해용어사전, 다솜출판사, 2012.

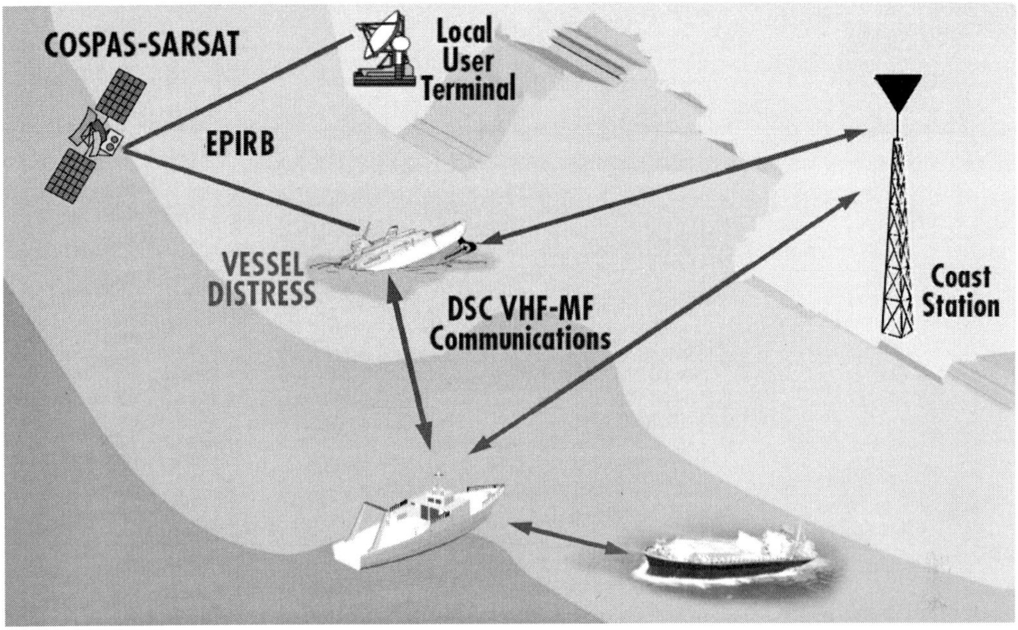

〈그림 7-15〉 전세계 해상조난안전시스템(GMDSS) 개념

해설 **국제해상인명안전협약(SOLAS)이란?**

국제해상인명안전협약은 영어로 SOLAS, International Convention for the Safety of Life at Sea의 약자이며, 해상에서의 인명안전 증진과 선박의 안전을 위한 선박의 구조, 설비 및 운항에 관한 최저기준을 규정한 협약입니다.
최초의 SOLAS 협약은 1912년 영국의 호화여객선『타이타닉호』사고를 계기로 1914년 영국 런던에서 국제회의가 개최되어 채택되었습니다. 이후 수정 · 보완되어 1974년 채택된 SOLAS 협약이 현재에 이르고 있습니다.
1974년 SOLAS 협약은 협약 본문 13개조와 8개의 부속서로 이루어져 있습니다. 이후 항해설비 탑재요건 강화, 구명설비에 대한 개정, GMDSS 도입 등을 거치면서 현재는 본문 13개조, 14개의 부속서로 확대되었습니다.

2. 선박 적용

전세계 해상조난안전시스템(GMDSS)을 적용하는 대상선박은 국제항해에 종사하는 여객선, 총톤수 300톤 이상의 선박과 원양어선이며, 연해구역이상 운항선박 및 길이 24미터 이상 어선은 비상위치발신기(EPIRB: Emergency Position Indication Radio Beacon)를 반드시 탑재하여야 한다.

전세계 해상조난안전시스템(GMDSS) 구성은 <그림 7-16>과 같다.

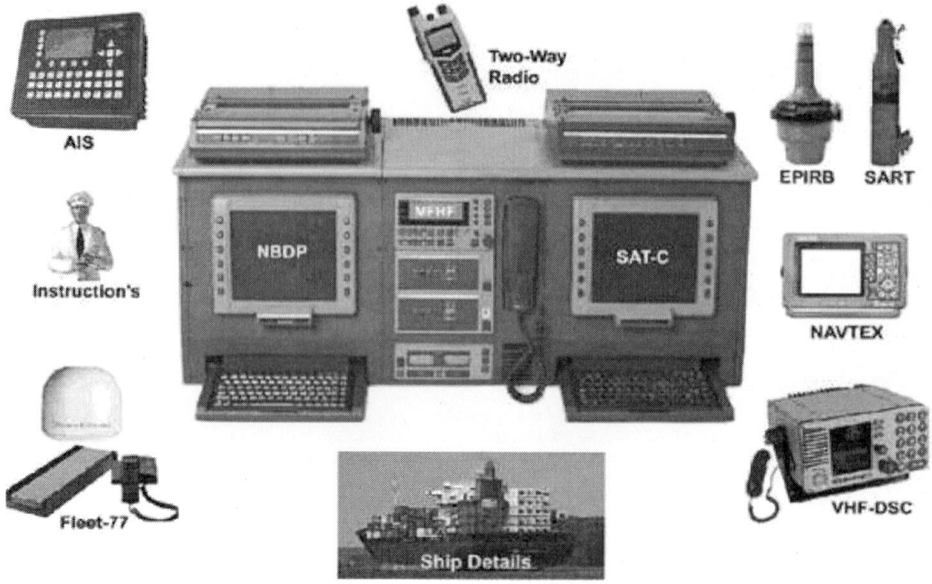

〈그림 7-16〉 전세계 해상조난안전시스템(GMDSS) 구성 [출처: 한국방송통신전파진흥원 연구보고서]

전세계 해상조난안전시스템(GMDSS)에 도입된 각종 무선장치는 지리적인 유효범위와 사용 목적에 따라 한계가 있다는 점을 고려하여, 각 선박에 설치하여야 하는 무선설비를 선박의 운항 구역에 따라 구분하였으며 <표 7-7>과 같다. 여기서 운항구역은 A1, A2, A3 및 A4 해역으로 구분된다.

〈표 7-7〉 전세계 해상조난안전시스템(GMDSS) 운항구역별 탑재 무선장치

구분	1	2	3	4	5	6	7	8
	VHF설비	MF설비	MF/HF설비	NAVTEX	INMARSAT	EPIRB (406MHz /1.6GHz)	레이더 트랜스폰더	휴대용 VHF 무선전화
A1	○			○		○	○	○
A2	○	○		○		○	○	○
A3	○		○ 5항 대안	○	○ 3항 대안	○	○	○
A4	○		○	○		○	○	○

- A1 해역 : 해안국의 초단파대 무선전화 통신권의 해역(30마일 이내)
- A2 해역 : 해안국의 중단파대 무선전화 통신권의 해역(150마일 이내)
- A3 해역 : A1, A2 해역을 제외한 북위 70도와 남위70도 사이 해역
- A4 해역 : A1, A2, A3 해역을 제외한 해역(남극, 북극)

3. 함정용 EPIRB 운용

함정에서 탑재하고 있는 비상위치발신기(EPIRB)는 삼영이엔씨의 SEP-500 GPS EPIRB이다. 이 장비는 주장비가 보관함에 보관되며 수압이탈기로 고정되어 비상상황 시 수심 2~4m에서 자동으로 분리되어 작동하도록 되어 있다. 비상위치발신기(EPIRB)의 실제 형상은 <그림 7-17>과 같다. 장비의 실제 크기는 653×141×141mm이며 중량은 1.5kg이다. 장비는 GPS 모듈이 내장되어 정확한 위치의 조난신호를 전송할 수 있고 자동 또는 수동으로 송신이 가능하다. 송신은 121.5MHz와 406.037MHz 무지향성 안테나를 이용한다.

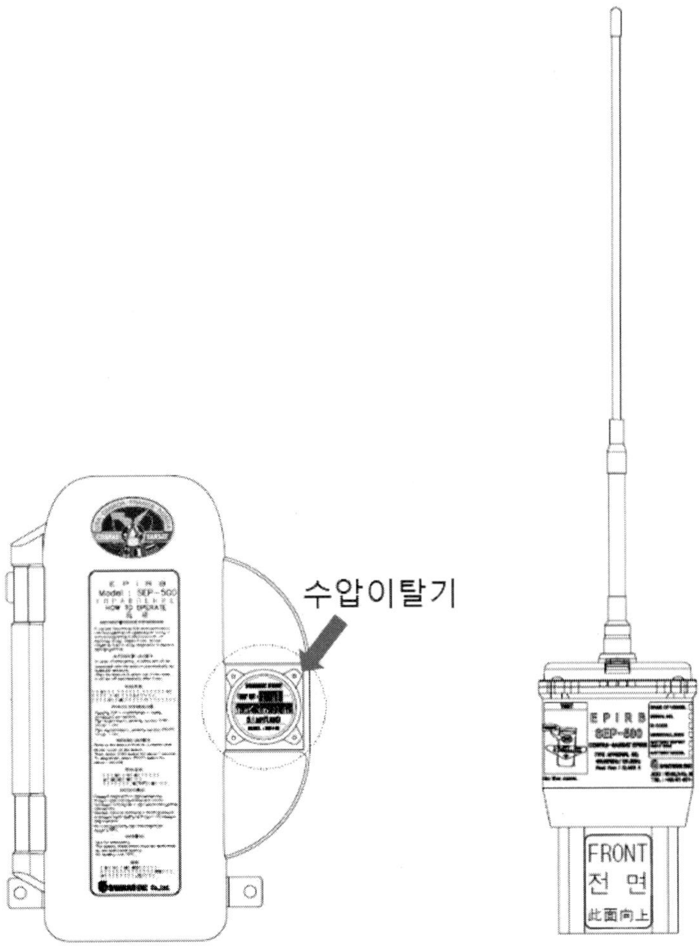

(a) 보관함 (b) 주장비

〈그림 7-17〉 비상위치발신기(EPIRB)의 실제 형상

장비는 수심 10m까지 방수이며 온도 -20°C ~ 50°C까지 작동 가능하며 48시간 이상 작동한다. 작동 배터리 수명은 5년이다.

비상위치발신기(EPIRB)의 작동원리는 <그림 7-18>과 같다. 먼저 비상상황이 발생되면 장비가 수심 2~4m에서 수압이탈기가 작동하여 안전핀이 분리된다. 이후 이탈스프링에 의해 주장비가 자동으로 보관함에서 나와 수면으로 떠오르게 되고 조난신호를 송신한다.

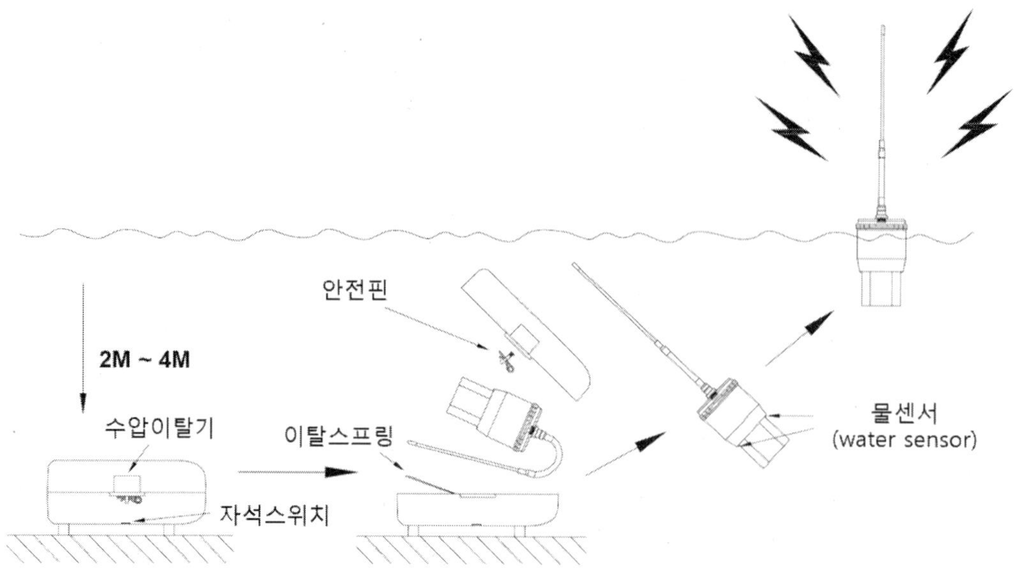

〈그림 7-18〉 비상위치발신기(EPIRB)의 작동원리 [출처: 삼영이엔씨 SEP-500 설명서]

4. 승조원 안전용 RFID

선박에서 생활을 할 때, 작업을 하거나 황천 등에 의한 선박 요동으로 승조원이 바다에 빠지는 경우가 종종 발생한다. 이러한 경우 신속히 수색 및 구조를 할 수 있도록 개인별 RFID 단말기를 이용하고 있다.

RFID 단말기는 <그림 7-19>와 같은 형태이며, 승조원 개인별 구명조끼에 부착하여 사용하기도 하고 평상시 목에 걸어서 사용한다.

승조원이 바다에 빠지면 RFID 단말기가 수동 또는 자동으로 작동하여 자체 내장 GPS에 의한 위치 및 개인 ID까지 포함된 긴급구조신호를 송출하게 된다. 송출된 긴급구조신호는 선박에 구축된 PC의 운용프로그램에 모니터링이 되어 신속히 안전하게 구조가 가능하다. 단말기는 400MHz 또는 900MHz 주파수를 사용하며, 송출 거리는 대략 10~20km 정도, 최소 12시간 이상 연속 사용 가능하다.

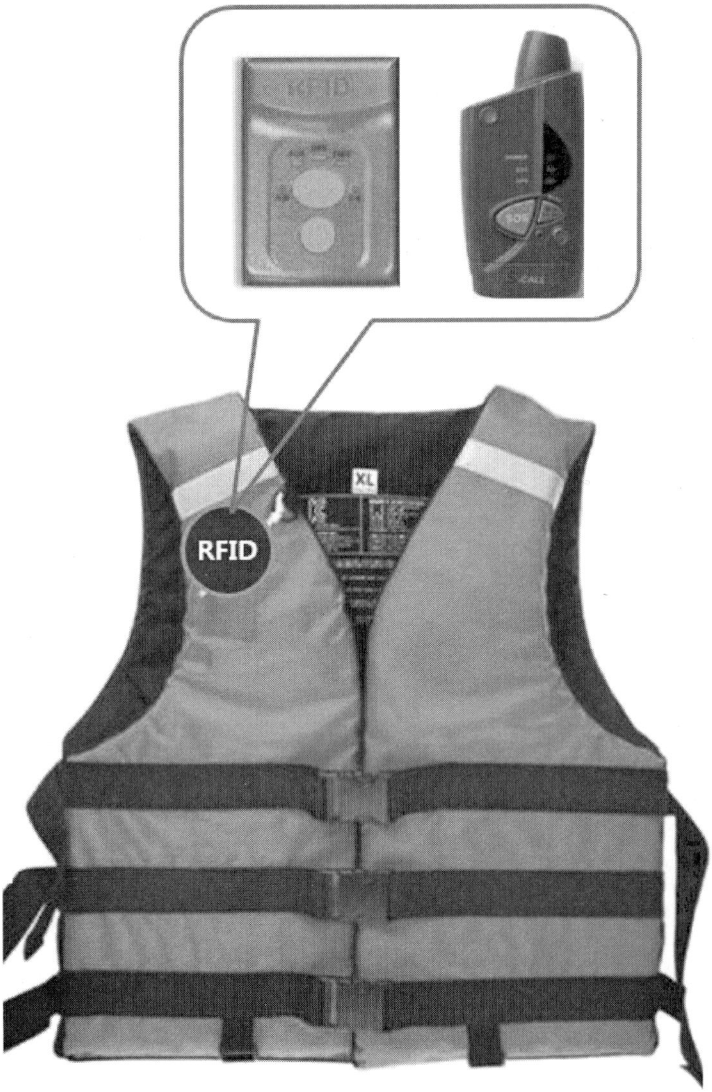

〈그림 7-19〉 선박에서 운용 중인 승조원 RFID 단말기

제5절 해상교통관제시스템

해상교통관제시스템(VTS: Vessel Traffic Service System)은 레이더, VHF, AIS 등을 이용하여 항만 또는 연안해역의 선박교통안전과 효율성을 확보하고 해양환경을 보호하기 위하여 관제구역 내 통항선박의 동정을 관찰하고 이에 필요한 정보를 제공하는 정보교환체제를 말한다[25].

해상교통관제시스템은 해상에서의 교통량의 폭주, 위험화물의 증가와 잠재적인 환경오염의 위험 등으로부터 항만의 안전 또는 항만운영 효율성 제고측면에서 서비스가 실시되었다. 주요 임무는 다음과 같다.

- 입출항 선박 및 운항 선박에 대한 동정 파악
- 선박통항에 대한 항행안전 정보제공 및 필요시 권고, 조언
- 해상기상 및 항만운영과 관련된 사항 정보 제공
- 항만이용자 및 관련기관간 정보제공 및 교환(전파)
- 도선, 정박선, 선석지정에 관한 정보제공
- 항계내 해상교통질서 유지에 따른 안전사고 예방
- 선박의 해양안전사고 및 긴급상황 발생시 신속한 초동조치 및 전파

해상교통관제시스템에서는 선박자동식별시스템(AIS), 레이더, 영상정보처리기(CCTV), 육안 등을 이용해 각 선박의 침로, 속력 등의 정보를 이용하여 각 선박간의 위험 및 충돌 여부를 확인, VHF 통신장비를 이용해 관제를 실시한다. 또한 입항 및 출항 보고, 기상 악화 시 통제, 사고발생 시 통항관제의 업무도 수행하고 있다. 해상교통관제시스템은 각 국에 설정된 VHF 통신 채널을 이용하거나, 국제공용채널인 16번 채널(156.8 Mhz)에서 호출하여 주변 채널로 이동하는 방식으로 교신, 관제를 실시한다.

한국의 해상교통관제시스템은 1993년 포항항에 최초 도입이후 부산 등 15개 항만 및 진도, 여수연안, 통영연안에 3개가 구축되어 <그림 7-20>과 같이 총 18개소가 운영 중이다. 향후 2021년까지 경인, 목포, 제주 등 해역연안에 8개가 추가 구축될 예정이다.[26]

---

25 국민안전처훈령 제40호, 『해상교통관제시스템 시설관리규정』, 2015.4.15.

26 국민안전처 보도자료(2016.1.27.) "전국 해상교통관제센터장 한자리에 모여 체계적인 해상교통관제센서 운영을 위한 발전방안 모색"

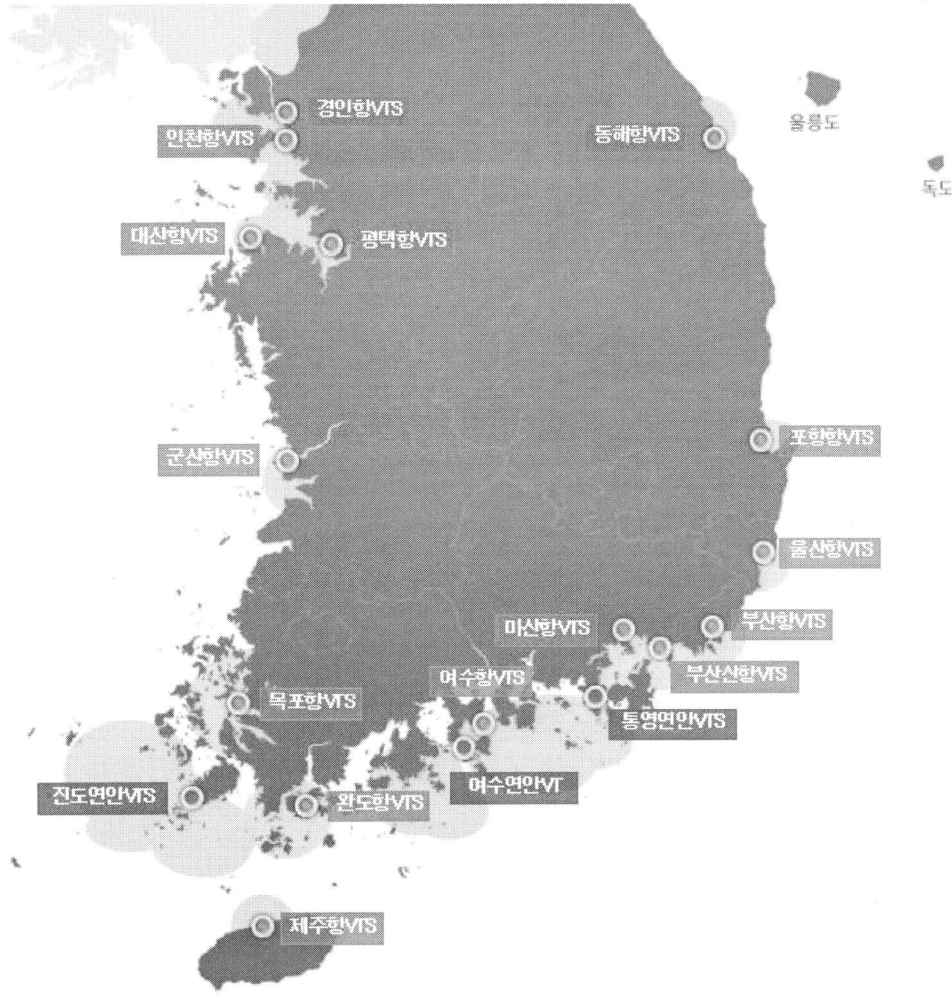

〈그림 7-20〉 한국의 해상교통관제시스템 구축 현황 [출처: 해상교통관제센터]

각각의 해상교통관제시스템은 <그림 7-21>처럼 선박자동식별장치(AIS), 레이더(X 밴드), VHF 통신기, VHF 방향탐지기(VHF-DF), 영상정보처리기(CCTV), 기상장비, 중계기 등으로 구성되며, 해상교통관제센터에서 운영하고 있다. 각 해상교통관제시스템별로 관제채널이 할당되어 있고 관제대상 선박은 관제해역에 진입 시 관제채널에서 호출하여 진입 보고를 해야 하며, 관제 대상선박이 아니더라도 관제해역에서는 관제채널을 항상 청취하고 있어야 한다.

해상교통관제 통신절차는 <표 7-8>과 같으며 관제 대상선박은 다음과 같다.

- 국제항해에 종사하는 선박
- 총톤수 300톤 이상인 선박(내항 어선은 제외)
- 『해사안전법』 제2조 제6호에 따른 위험화물운반선
- 그 밖에 국민안전처장관이 정하여 고시하는 선박

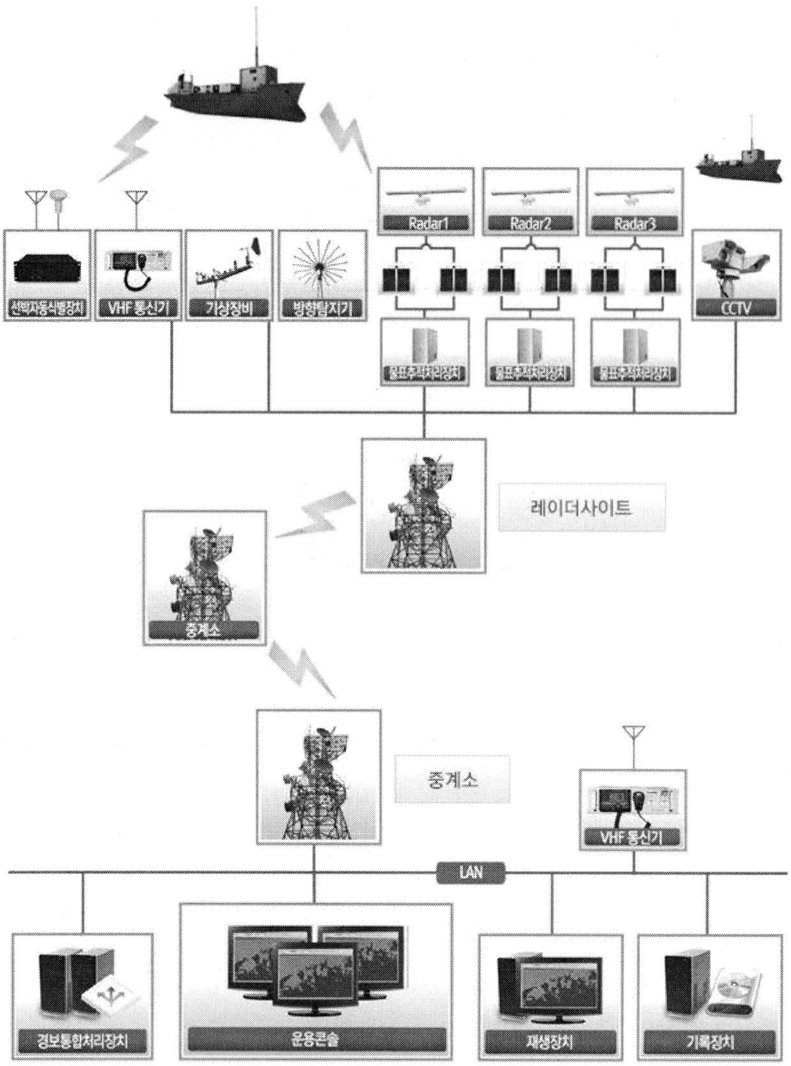

〈그림 7-21〉 해상교통관제시스템 구성요소 [출처: 해상교통관제센터]

〈표 7-8〉 해상교통관제 통신 절차

구 분	내 용
입항예정보고	- 보고시점 : 항계선 도착 1 - 2시간전 - 통보내용 : 선명, 호출부호, 도착예정시간
통과(진입)보고	- 보고시점 : 해상교통관제위치선(VTS Reporting Line) 진입 시 - 통보내용 : 선명, 호출부호, 현재위치, 침로 및 속력
입항보고	- 보고시점 : 선석 접안 및 정박지 투묘 시 - 통보내용 : 선명, 호출부호, 입항장소 및 시간
출항보고	- 보고시점 : 선석이안 및 정박지 양묘 시 - 통보내용 : 선명, 호출부호, 출항장소 및 시간, 목적지
이동보고	- 보고시점 : 접안, 이안, 투묘, 양묘 시 - 통보내용 : 선명, 호출부호, 현재위치, 이동장소, 이동시간

제6절 항해자료기록장치

1. 개요

항해자료기록장치(VDR: Voyage Data Recorder)는 선박에 피해를 가져오는 해양사고에 이르는 기간 동안 날짜, 시간, 위치, 속력, 선수방향, 통신내용, 풍향 · 속 및 기관사용 상태 등 각종 정보가 자동으로 기록되는 장치로 선박용 블랙박스라고 할 수 있다. 또한 선박이 침수나 침몰되더라도 정보가 손상되지 않도록 캡슐 속에 저장되며 신속한 회수를 위해 위치표시 기능이 장착되어 있다.

과거 선박의 해양사고에서는 일반적으로 사고의 특수성으로 인해 원인 규명이 현실적으로 어려우며, 당사자나 생존자의 진술, 사고 발생 시의 기상과 주변 상황에 기초하여 추측에 의한 사고 원인을 밝힐 수밖에 없는 실정이었다. 이에 따라 해양사고의 명확한 원인규명을 위해 항공기 블랙박스와 같이 항해관련 모든 선박 정보를 실시간 기록할 수 있도록 도입된 장비가 항해자료기록장치(VDR)이다.

항해자료기록장치(VDR)를 탑재해야하는 대상선박은 국제협약(SOLAR 협약)에 따라 국제항해 여객선과 3,000톤 이상 화물선이다. 연안여객선은 적용되지 않는다. 그러나 2014년 세월호 침몰사고 이후 연안여객선 도입이 추진되었다.

항해자료기록장치(VDR)는 <그림 7-22>와 같이 구성되어 있다.

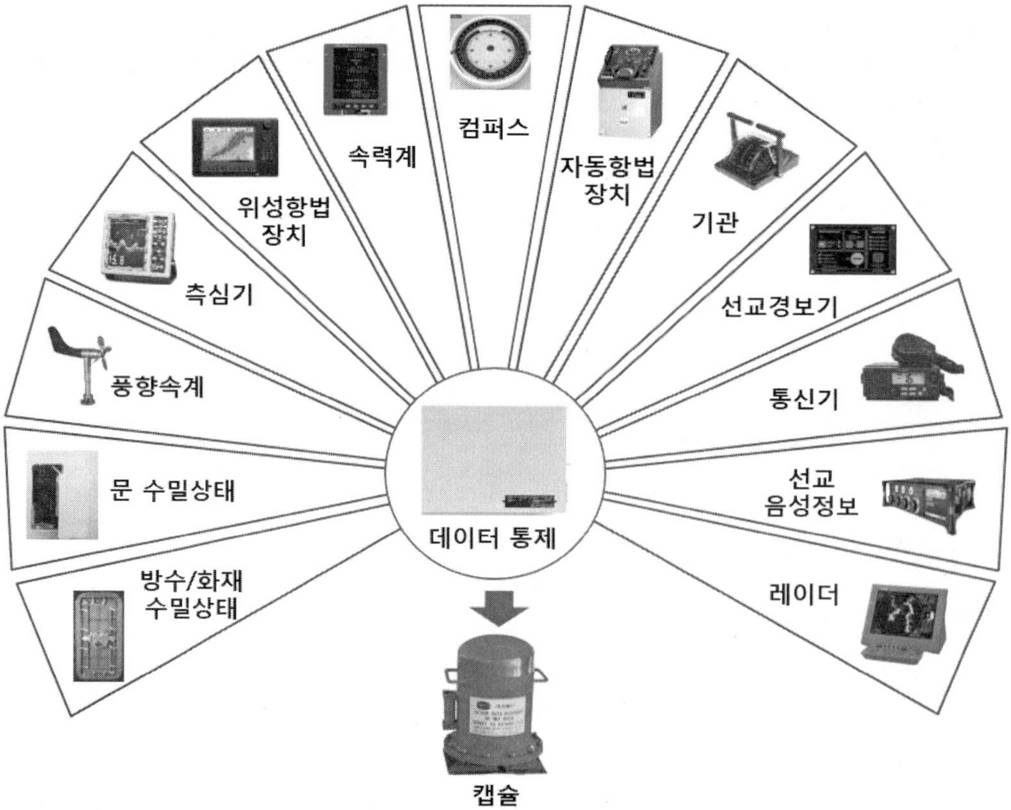

〈그림 7-22〉 항해자료기록장치(VDR) 구성

해양사고 발생 시 원인규명을 위해 항해자료기록장치(VDR)는 다음과 같은 주요 작동요건을 가지고 있다.

- 선박 장비의 상태, 명령, 제어관련 자료가 순차적 기록 및 유지
- 추후 분석가능토록 각종 자료들이 적절한 장비로 재생하는 동안 날짜와 시간에 확실하게 상호연관이 될 수 있도록 기록
- 최종기록매체는 다음의 요건에 만족하는 보호 캡슐에 설치
  · 사고 후에 접속이 가능하여야 하며 조작할 수 없는 구조이어야 함
  · 사고 후 생존능력 및 최종 기록자료의 복구능력을 최대화하여야 함
  · 잘 보이는 색깔이어야 하며 역반사 물질로 표시되어야 함
  · 위치추적을 도와주는 적절한 장치가 부착되어야 함

– 기록된 자료자체를 부당하게 조작할 수 없도록 설계
– 기록방법은 기록 자료의 각 항목에 대한 무결성을 확인할 수 있고 수정 불가능한 오류가 탐지될 경우 경고 알람
– 연속적으로 기록을 위해 비상전원으로 작동할 수 있어야 하며 전용 예비전원으로 2시간 동안 기록 가능하고 2시간 이후는 모든 기록 활동이 자동으로 정지되어야 함
– 모든 기록 자료가 유지되는 시간은 최소 12시간 이상이어야 하며 이 시간보다 오래된 자료는 새로운 자료로 기재될 수 있음
– 기록되어야하는 자료 : 날짜, 시간, 위치, 속력, 측심, 선수방위, 선교 음향, 통신내용, 레이더 정보, 기관명령, 풍향속 등

궁금해요

▍세월호, 블랙박스인 항해자료기록장치가 없었나요?

세월호는 1994년 일본 나가사키현에서 처음 건조된 여객선으로 한국의 청해진해운이 이 배를 중고로 도입하여 수리를 거쳐 국내 여객선으로 투입하였습니다.

2014년 4월 15일, 인천의 연안여객터미널을 출발하여 제주로 향하던 세월호가 4월 16일 전남 진도군 병풍도 앞 인근 해상에서 침몰해 304명의 사망 · 실종자가 발생한 대형 참사가 발생했습니다. 세월호는 선박용 항해자료기록장치(VDR: Voyage Data Recoder)가 없었습니다. 세월호 사고 때까지만 해도 선박용 VDR 설치 규정은 국제항해 여객선과 총톤수 3,000 톤 이상의 선박만 설치 대상이었습니다.

이 사건 이후 해양사고 발생 시 신속하고 정확한 원인 규명을 위하여 국내 항해에 종사하는 여객선에도 간이항해자료기록장치(S-VDR: Simplified Voyage Data Recorder) 설치가 규정화되었습니다.

따라서 지금은 세월호와 같은 국내여객선도 선박용 블랙박스인 간이항해자료기록장치를 설치해야 됩니다.

2. 설치 규정(선박 설비 기준)

① 국제항해에 종사하는 선박으로서 다음의 어느 하나에 해당하는 선박에는 운항중의 각종 자료를 실시간으로 기록하기 위한 항해자료기록장치를 설치하여야 한다.

㉮ 여객선

㉯ 여객선 이외의 선박으로서 총톤수 3,000톤 이상의 선박

② 제1항의 규정에 의한 항해자료기록장치는 다음의 요건에 적합한 것이어야 한다.

㉮ 항해자료기록장치는 선박 내에 설치된 각종 장비의 상태, 출력, 선박의 지휘통제를 위하여 사전 선택한 자료들을 순차적으로 계속 기록 유지할 수 있어야 하며, 재생 및 분석을 위하여 다음 각 목의 항목들이 날짜와 시간에 확실하게 상호연관이 될 수 있는 방법으로

기록될 것

(1) 날짜 및 시간

(2) 선박의 위치

(3) 선박의 대수속력 및 대지속력

(4) 선박의 침로

(5) 선교에서 발생하는 대화내용

(6) 선박운항과 관련하여 초단파대를 사용한 통신내용

(7) 설치가 요구되는 모든 레이더에 표시되는 자료 <개정 2014. 05. 28>

(8) 음향측심자료

(9) 선교에 표시되는 경보사항

(10) 타의 상태 및 선수방위 또는 침로 컨트롤러(Heading or track controller)가 설치된 경우 그 장치의 상태

(11) 주기관의 상태 및 바우스러스터(Bow thruster)가 설치된 경우 그 상태

(12) 선교에서 표시가 의무화된 모든 상태 정보를 포함한 선체의 개구 상태

(13) 선교에서 표시가 의무화된 모든 상태 정보를 포함한 수밀문 및 방화문의 상태

(14) 선체응력 및 응답 감시 장치가 설치된 선박의 경우 사전에 선택된 모든 자료

(15) 풍속 및 풍향(풍속 및 풍향을 측정할 수 있는 센서가 설치된 선박)

(16) 전자해도(ECDIS)가 설치된 선박의 경우 전자해도가 사용되는 동안에 표시되는 자료

(17) 자동식별장치(AIS)가 설치된 선박은 자동식별장치에 표시되는 모든 자료

(18) 전자식 경사계(Electronic inclinometer)가 설치된 선박의 경우 횡운동 자료(전자해도가 설치된 선박의 경우 전자식 경사계는 전자해도에 연결)

(19) 항해자료기록장치 및 이에 연결된 감지장치의 형상(Configuration)상태를 정의하는 최신화된 데이터 블록(Data block) 자료

(20) 전자항해일지가 설치된 선박의 경우 기록되는 자료

㈏ 최종 기록장치는 다음의 요건에 적합한 고정식(Fixed) 기록장치, 자유부양식(Float-free) 기록장치, 장기저장(Long-term) 기록장치로 구성될 것

(1) 고정식 기록장치는 다음 요건에 적합한 고정된 보호용기 내에 설치될 것

(가) 사고 후에 접속할 수 있어야 하며, 물리적 또는 전자적으로 조작된 변화와 기록된 자료의 삭제로부터 안전할 것

(나) 기록이 최종 종료된 날부터 최소 2년 동안 기록된 자료를 보존할 수 있을 것

(다) 화재, 충격, 침투 및 심해 수압의 영향에서 최대한 보호되어야 하며, 사고 후에도 최종 저장된 자료를 최대한 복구 가능할 것

(라) 눈에 잘 띄는 색상이어야 하며, 역반사 재질일 것

(마) 수중에서 위치를 추적할 수 있는 적절한 장치가 부착되어 있을 것

(2) 자유부양식 기록장치는 다음의 요건에 적합한 자유부양식 보호용기 내에 설치될 것

(가) 장치를 운반하거나 회수하는 것을 용이하도록 하는 수단을 갖출 것

(나) 기록이 최종 종료된 날부터 최소 6개월 동안 기록된 자료를 보존할 수 있을 것

(다) 국제해상인명안전협약에서 정한 자유부양식 위성 비상위치지시용무선표지(EPIRB)에 대한 성능표준에 적합하여야 하고, 회수하는 동안 손상의 위험을 최소화 할 수 있는 구조일 것

(라) 초기위치신호를 발신하여야 하며, 7일(168시간) 이상의 기간 동안에 추가위치수신신호(Homing signal)를 최소 48시간 동안 발신할 수 있을 것

(마) ㉯의 (1) (가) 요건

(3) 장기저장 기록장치는 선박 내의 쉽게 접근할 수 있는 장소로부터 접속할 수 있어야 하고, 저장하고 있는 자료에 접속이 가능하여야 하며, 물리적 또는 전자적으로 조작된 변화와 기록된 자료의 삭제로부터 보호될 것

㉰ 기록되는 자료의 상태를 점검할 수 있어야 하며, 수정할 수 없는 오류가 발생하였을 경우 경보를 발하는 것일 것

㉱ 선박의 비상전원으로 작동될 수 있어야 하며, 비상전원이 손실된 경우에도 예비전원으로 선교의 음성을 2시간 동안 계속 기록할 수 있을 것

㉲ 기록이 중단된 후에도 장기저장 기록장치는 최소 30일(720시간) 동안, 고정식 및 자유부양식 기록장치는 최소 48시간 동안 저장된 모든 자료를 유지할 수 있어야 하며, 이 기간이 지나면 기존 자료는 새로운 자료로 대체될(Overwrite) 수 있을 것

㉳ 정상적인 상태에서 자동으로 작동되어야 하며, 사고 후에 기록된 자료가 적절히 저장되고 기록의 중단이 최소화 될 수 있을 것

㉴ 필요한 센서와 적절히 연결될 수 있어야 하며, 항해정보기록장치의 오류로 인하여 다른 장비의 기능저하가 없는 것일 것

㉵ 외부 컴퓨터로 사용자가 설정한 기간 동안 기록된 자료를 다운로드 및 재생 할 수 있는 인터페이스 수단이 있는 것이어야 하며, 인터페이스 수단은 이더넷(Ethernet), USB,

파이어와이어(Firewire) 등 국제적으로 승인된 형식일 것

㉶ 외부컴퓨터에서 자료를 재생하기 위하여 자료 재생 소프트웨어의 복사본이 다음 각 목과 같이 제공될 것

(1) 이동식 저장장치(CD-ROM, DVD, USB 등)에 제공되어야 하고 상업용 컴퓨터에서 구동될 것

(2) 가목의 이동식저장장치는 VDR주장치 내부에 저장될 것. 외부 상업용 컴퓨터와 연결하기 위한 지침서와 필수부속품을 갖출 것

(3) VDR에서 표준이 아닌 형식의 자료가 저장된다면, 자료 형식 변환 소프트웨어가 VDR 내의 데이터 또는 이동식저장장치로 제공될 것

㉷ 언제든지 성능을 시험할 수 있는 기능이 포함될 것. 이러한 시험은 재생장치를 사용하여 시행되어야 하며, 필요한 모든 자료들이 올바르게 저장되는지 확인할 수 있을 것

㉸ 장기기록장치 인터페이스에 대한 위치정보 및 제9호에 따른 장비들의 인터페이스 수단에 대한 지침은 최소한 영어로 제공되어야 하며, 장비문서는 정보 및 설명서를 장기기록장치 인터페이스에 가능한 가깝고 눈에 뛰기 쉬운 위치에 배치하도록 이에 대한 지침을 포함할 것

㉹ 그 밖의 해양수산부장관이 필요하다고 인정하는 요건

③ 제2항의 규정에 불구하고 제1항 ㉯의 규정에 의한 선박으로서 2002년 7월 1일 전에 건조된 총톤수 3,000톤 이상의 선박은 다음 각 호의 규정에 적합한 간이항해자료기록장치를 설치할 수 있다.

㉮ 제2항 ㉮ (1)부터 (7)까지, 제2항 ㉳부터 ㉴까지의 요건

㉯ 제2항 ㉮ (8)부터 (15)까지의 정보는 사용되는 포맷과 일치하는 유효한 정보일 경우에만 기록할 수 있는 것일 것

㉰ 제2항 ㉮ (7)에 따른 자료의 기록이 불가능하다면 자동식별장치의 정보를 기록할 수 있을 것

㉱ 최종기록장치는 다음 각 목의 요건에 적합한 것으로서 고정되어 있거나 자유부양식 보호용기 내에 설치될 것

(1) 사고 후 자료를 입수할 수 있어야 하며, 자료를 변조할 수 없을 것

(2) 기록된 자료는 기록이 종료된 시점에서 적어도 2년 이상 보존할 수 있는 것일 것

(3) 눈에 잘 띄는 색상이어야 하며, 역반사재가 부착되어 있을 것

(4) 위치추적을 도와주는 적절한 장치가 부착되어 있을 것

㉮ 자유부양식 보호용기일 경우, 다음 각 목의 요건에 적합할 것

(1) 회수를 용이하게 하기 위한 설비를 갖출 것

(2) 회수 작업 동안 손상을 최소화 할 수 있을 것

(3) 초기위치신호를 발신하여야 하며, 7일(168시간) 이상의 기간 동안에 추가위치 수신신호를 최소 48시간 동안 발신할 수 있을 것

④ 「해운법」에 따른 해상여객운송사업면허를 받은 선박으로서 국내항해에 종사하는 총톤수 300톤 이상의 여객선에는 제3항에 따른 간이항해자료기록장치를 설치하여야 한다.

3. 함정용 VDR

2002년 7월 이후 건조되는 모든 함정에 대하여 VDR 설치를 의무화하였다. 함정용 VDR은 레이더, 마이크로폰, VHF 통신장비, 기타 많은 센서들의 데이터를 자동으로 기록하고 저장하여 최종기록매체인 캡슐에 데이터를 저장한다. VDR과 여러 센서 간의 데이터를 저장하기 위해서는 시간관계가 매우 중요하다. 따라서 시간은 위성항법장치로부터 받아들인 UTC(Universal Time Coordinate) 시간을 이용한다. VDR은 장비 내에 무정전 전원공급장치(UPS: Uninterruptible Power Supply)가 있어서 전원이 꺼진 상태에서도 2시간 동안 정상적으로 작동하여 함정 내의 음성기록을 저장하며 2시간이 지나면 자동으로 전원이 차단된다. 단, 2시간 이전에 전원이 복구되면 자동 정상적으로 작동한다.

사고 상황에서 재 저장되거나 12시간이 지났을 때 저장된 데이터의 내용이 지워지는 것을 방지하기 위해 사고 당시의 시간을 보상할 수 있는 기능으로 데이터 백업기능이 포함되어있다. 이를 ODB(On Demand Backup)라고 하며 중대한 사건 사고가 발생할 때에 ODB된 데이터는 영구적인 VDR 데이터로 하드디스크에 기록되어져 이를 추후 복사 및 재생하여 사용할 수 있다.

함정에서 사용하는 VDR의 제원은 <표 7-9>와 같다.

〈표 7-9〉 VDR의 제원

구 분	제 원
작동 주파수	37.5KHz(±1KHz)
작동 수심	약 6000m
작동 시간	30일
작동 온도	−51°C ～ 70°C
배터리 수명	42개월

제7절 통합항법시스템 및 통합선교시스템

통합항법시스템(INS: Integrated Navigation System)이란 선박의 전자해도표시시스템(ECDIS), 레이더, 자동항법장치(Auto Pilot), 기관 및 GPS, 자이로컴퍼스, 속력계, 측심기 등 각종 항해계기를 선교에서 종합적으로 통합하여 항해를 계획하고 항로를 감시하며, 항해계기를 통제하여 항해안전을 도모하기 위한 시스템이다.

통합선교시스템(IBS: Integrated Bridge System)은 통합항법시스템(INS)에 추가하여 선박통신 및 선박에 적재된 Cargo System 등을 연계하여 발전시킨 것으로 선박의 항해안전을 도모함은 물론, 선박관리의 효율성을 증대시키기 위한 것이다.

통합항법시스템(INS)과 통합선교시스템(IBS)은 국제해사기구(IMO)에 의해 별도의 성능사양 및 국제 표준이 제정되어 있으나 강제적 탑재 요건은 아니다. 또한 일반적으로 많은 항해자들이 통합항법시스템(INS)과 통합선교시스템(IBS)을 혼용하여 사용하고 있다. 향후 이 시스템들은 e-Navigation과 연계하여 항해안전을 위해 더욱 발전할 것으로 판단된다.

<그림 7-23>은 통합선교시스템(IBS)의 구성도이다.

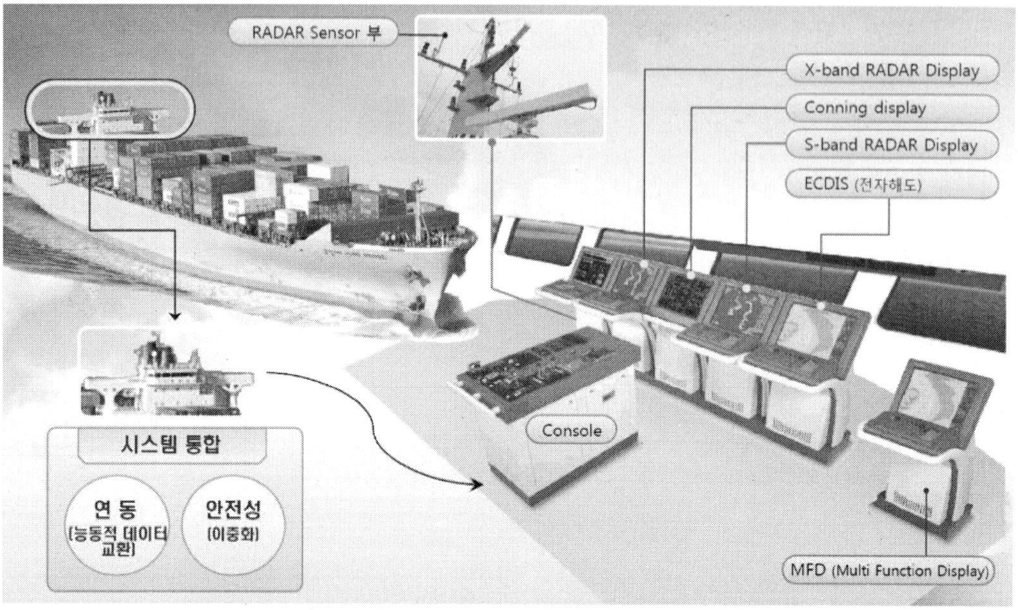

〈그림 7-23〉 통합선교시스템(IBS) 구성도[출처: 현대비에스앤씨]

이것만은 알아둡시다!

1 전자해도표시시스템이란?

전자해도표시시스템(ECDIS: Electronic Chart Display & Information System)은 전자해도를 보여주는 장비로써 선박을 안전하고 효율적으로 항해하기 위해서 의사결정에 요구되는 각종 항해 정보(위치, 속도, 방위, 수심 등)를 동시에 컴퓨터 화면에 표현하며, 국제해사기구(IMO)와 국제수로기구(IHO)의 표준규격(S-52)에 따라 제작된 것

2 선박자동식별시스템이란?

선박자동식별시스템(AIS: Automatic Identification System)은 선박 상호간의 충돌 사고 예방에 이용되는 레이더의 한계점을 극복하고 레이더 범위를 벗어난 해역에서도 선박 식별(선명, 침로, 속력 등), 충돌예방, 해양오염 방지, 선박 보고, 탐색 및 구조 등을 통해 선박의 안전항해를 향상시킬 목적으로 만들어진 시스템

3 전세계 해상조난안전시스템이란?

전세계 해상조난안전시스템(GMDSS: Global Maritime Distress Safety System)은 해상에서의 인명안전을 위하여 최신의 디지털통신 기술, 위성통신 기술을 이용해 전세계의 어느 해역에서 선박이 조난당해도 그 선박으로부터 육상 구조기관이나 부근을 항해하는 선박에게 신속 · 정확하게 원조 요청이 가능하며 육상으로부터 항해안전에 관한 정보 등을 적절히 수신할 수 있는 시스템

4 해상교통관제시스템이란?

해상교통관제시스템(VTS: Vessel Traffic Service System)은 레이더, VHF, AIS 등을 이용하여 항만 또는 연안 해역의 선박교통안전과 효율성을 확보하고 해양환경을 보호하기 위하여 관제구역 내 통항선박의 동정을 관찰하고 이에 필요한 정보를 제공하는 정보교환체제

5 항해자료기록장치란?

항해자료기록장치(VDR: Voyage Data Recorder)는 선박에 피해를 가져오는 해양 사고에 이르는 기간 동안 날짜, 시간, 위치, 속력, 선수방향, 통신내용, 풍향 · 속 및 기관사용 상태 등 각종 정보가 자동으로 기록되는 장치로 선박용 블랙박스

6 통합항법시스템이란?

통합항법시스템(INS: Integrated Navigation System)은 선박의 전자해도표시시스템(ECDIS), 레이더, 자동항법장치(Auto Pilot), 기관 및 GPS, 자이로컴퍼스, 속력계, 측심기 등 각종 항해계기를 선교에서 종합적으로 통합하여 항해를 계획하고 항로를 감시하며, 항해계기를 통제하여 항해안전을 도모하기 위한 시스템

7 통합선교시스템이란?

통합선교시스템(IBS: Integrated Bridge System)은 통합항법시스템(INS)에 추가하여 선박통신 및 선박에 적재된 Cargo System 등을 연계하여 발전시킨 것으로 선박의 항해안전을 도모함은 물론, 선박관리의 효율성을 증대시키기 위한 시스템

| 참고문헌 |

[1] SOLAS Chaptor Ⅴ Reg.19 "Carriage requirements for shipborne navigational systems and equipment"

[2] 이상집 등 3, 『최신 항해기기론』, 다솜출판사, 2006.

[3] 최창묵, 『재미있는 전파항해학』, 세종출판사, 2017.

[4] ETRI 전파기술연구부, 『훤히 보이는 전파기술』, 전자신문사, 2009.

[5] 조기량, 『무선공학』, 전남대학교출판부, 2014.

[6] 국립전파연구원 고시 제2016-4호, 『해상업무용 무선설비의 기술 기준』, 2016.

[7] 국립안전처 훈령 제40호, 『해상교통관제시스템 시설 관리규정』, 2015.

[6] 해군본부 기술교범, 『전자해도 항해 시스템』, 2010.

[8] 해군 교육사령부, 『전자초급반』, 2019.

[9] 해군 교육사령부, 『초타초급반』, 2019.

[10] 해양수산부 자료(2014. 4.26.) "연안여객선에도 항해기록장치(VDR) 탑재 추진"

[11] 한국방송통신전파진흥원, 국내외 인명안전 관련 무선국 전파관리실무 조사 · 비교분석 연구보고서, 2015.

[12] 김선근, GMDSS 도입에 따른 해안국 통신망 구성 및 운용개선에 관한 연구, 한국해양대학교 석사학위논문, 2002.

[13] 김순갑 등 5, 『선박항해용어사전』, 다솜출판사, 2012.

[14] 국립해양조사원 홈페이지 : http://www.khoa.go.kr

[15] 한국방송통신진흥원 홈페이지 : https://www.kca.kr/

[16] 마린전자 홈페이지 : http://www.mecys.com.

[17] FURUNO 홈페이지 : https://www.furuno.com.

[18] 삼영이엔씨 홈페이지 : http://www.samyungenc.com.

[19] Wikipeadia : http://en.wikipedia.org.

8장
기타 항해계기

제1절 쌍안경
제2절 조타장치
제3절 풍향 · 풍속계
제4절 항해등

제8장
기타 항해계기

제1절 쌍안경

1. 개요

망원경은 렌즈 또는 반사경을 여러 개 조립하여 멀리 있는 물체를 확대하여 확실하게 보는 광학기기를 말한다[27]. 쌍안경은 망원경 두 개를 나란히 붙여 두 눈으로 동시에 물체를 확대하여 쉽게 볼 수 있도록 한 광학기기로써 상이 입체적이고 원근을 구별하기 좋다는 장점이 있어 활동적이거나 넓은 시야가 필요한 경우에 많이 사용된다.

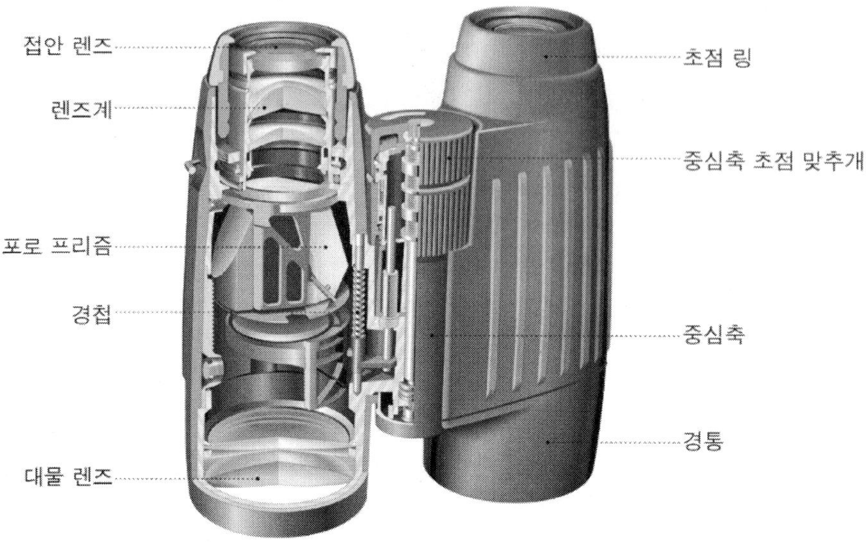

〈그림 8-1〉 일반적인 쌍안경 구조 [출처: Britannica Visual Dictionary]

27 두산백과사전

최근에는 군사적 목적뿐만이 아니라 천체 관측, 사냥, 어업, 스포츠 관람, 레저 등 많은 분야에서 사용된다.

쌍안경은 물체에서 나오는 빛을 포착하여 상을 확대시켜 주는 대물렌즈와 대물렌즈에서 맺힌 반전된 상을 보정하기 위해 광선의 방향을 접안렌즈 방향으로 바꾸어주는 프리즘, 렌즈에 만들어진 상을 보게 하는 접안렌즈로 이루어지며 대략적인 쌍안경의 구조는 <그림 8-1>과 같다.

2. 배율과 구경

쌍안경의 성능은 배율과 구경으로 나타낸다. 흔히 볼 수 있는 표기가 4×20, 6×30, 7×50, 10×50 등 ○○×□□ 형태이다. 첫 번째 ○○은 배율을 나타내고, 두 번째 □□는 렌즈의 지름을 나타내며 단위는 밀리미터(mm)이다.

배율은 물체를 눈으로 봤을 때와 쌍안경으로 봤을 때를 비교하여 몇 배나 가깝게 보이느냐를 나타낸다. 배율이 크면 클수록 멀리 있는 물체가 가깝고 크게 보이기 때문에 식별이 용이하지만 눈으로 볼 수 있는 범위가 줄어들기 때문에 장단점을 가지고 있다. 비교적 가까이 있는 물표를 관측할 때에는 쓸데없이 배율이 높은 쌍안경을 쓰면 물표의 주변 상황과 움직임을 모두 식별하기 어렵다. 또한 쌍안경은 손에 들고 사용하기 때문에 지나친 고배율은 손 떨림에 영향을 주게 되어 용도에 따라 적절한 배율을 택하는 것도 매우 중요하다. 일반적으로 사용하기에는 7배율 또는 8배율 정도의 쌍안경이 가장 무난하다.

구경은 대물렌즈의 지름을 나타내며 밀리미터(mm) 단위로 표시한다. 구경이 클수록 빛을 많이 모아 밝게 보여주기 때문에 클수록 물체 식별에 용이하다. 하지만 구경이 커지면 그만큼 쌍안경의 크기도 커지고, 무게도 무거워져서 활동성에 제약이 된다. 일반적으로 사용하기에는 구경 50mm 정도가 무난하며, 컴팩트한 경우는 그보다 작은 구경으로 30mm 정도를 사용한다.

과거에는 7×50mm가 많이 사용되었지만 최근은 컴팩트 형태의 8×30mm가 많이 사용된다.

3. 시야각과 사출 동공

시야각은 쌍안경으로 보이는 범위를 나타내며 실제시야각와 체감시야각로 구분한다.

실제시야각은 시야 폭(m)을 17.78로 나눈 값이다. 1밀(mil)은 1,000m 거리에서 1m, 1,000야드 거리에서 1야드 간격과 같이 일정거리에서 거리의 1,000분의 1의 간격을 측정한 각도이며, 호도법상 1도는 17.78밀이다. 따라서 시야각은 시야 폭을 17.78로 나누어 각도로 표현한 것이다. 예를 들어, 시야 폭이 140m이면 1000m거리에서 쌍안경의 동그란 시야에 들어오는 화면의 지름이 140m란 의미이며, 실제시야각은 140÷17.78≒8로 약 8°가 된다. 이때 체감시야각은 쌍안경을 볼 때, 동그란 시야원의 크기 자체를 말한다. 따라서 실제시야각과 배율을 곱한 값으로 8배율일 경우 8°×8배=64°가 대략적인 체감시야각이다. 체감시야각이 클 경우 넓은 화면을 보는 것과 같은 효과가 있다.

사출 동공은 얼마나 많은 빛을 모아서 렌즈로 가져오느냐를 나타내는 값으로 구경을 배율로 나눈 값이다. 사출 동공 값은 사람의 눈의 동공 크기와 관련이 있으며 젊은 사람의 경우는 7mm 정도, 나이든 사람은 5mm 정도를 사용하는 것이 적절하지만 콤팩트한 형태는 이보다 적은 값을 사용한다. 사출 동공 값이 크면 어두운 곳에서 더욱 밝게 볼 수 있고 눈이 편안하고 시원한 효과가 있다. 그러나 사출 동공 값이 크다는 것은 동일한 배율에서 구경이 크다는 의미로 쌍안경이 크고 무겁게 된다. 최근 군용이나 레저용으로 많이 사용되는 콤팩트한 형태의 8×30mm 쌍안경의 경우, 형태는 <그림 8-2>와 같으며, 세부 제원은 <표 8-1>과 같다.

〈그림 8-2〉 8×30mm 쌍안경(제조사: 산주광학) 형태 [출처: 산주광학]

〈표 8-1〉 8×30mm 쌍안경(제조사: 산주광학) 세부 제원([출처: 산주광학]

구 분	제 원	구 분	제 원
제품명	SM30	배 율	8배
구 경	30mm	사출동공	3.75mm
최소초점거리	5m	관측거리	5m ~ ∞
시야폭	140m	시야각	8도
크 기	170×110×61mm	중 량	700g

4. 거리 및 크기 측정

쌍안경 안에는 물체의 거리나 크기 측정이 가능한 눈금을 표현할 수 있으며 이 단위는 밀(Mil)을 사용한다. 앞에서 언급하였듯이 밀은 거리의 1,000분의 1의 간격을 측정한 각도이다.

쌍안경의 측정눈금으로 물표의 거리를 측정하려면 물표의 크기를 알고 있어야 하며, 물표의 크기를 측정하려면 물표의 거리를 알고 있어야 한다. 물표의 크기와 거리를 모른다면 측정눈금은 의미가 없다. <그림 8-3>은 쌍안경 안의 측정눈금을 예시로 보여주고 있다.

함수 전방에 보이는 함정이 거리 5,000m에서 쌍안경 안쪽에 <그림 8-3>과 같이 보인다면 측정눈금 상 세로로 10밀, 가로로 20밀로 보인다. 즉, 세로 또는 가로 눈금 숫자×거리(m)/1,000(m)은 함정의 높이나 길이가 된다.

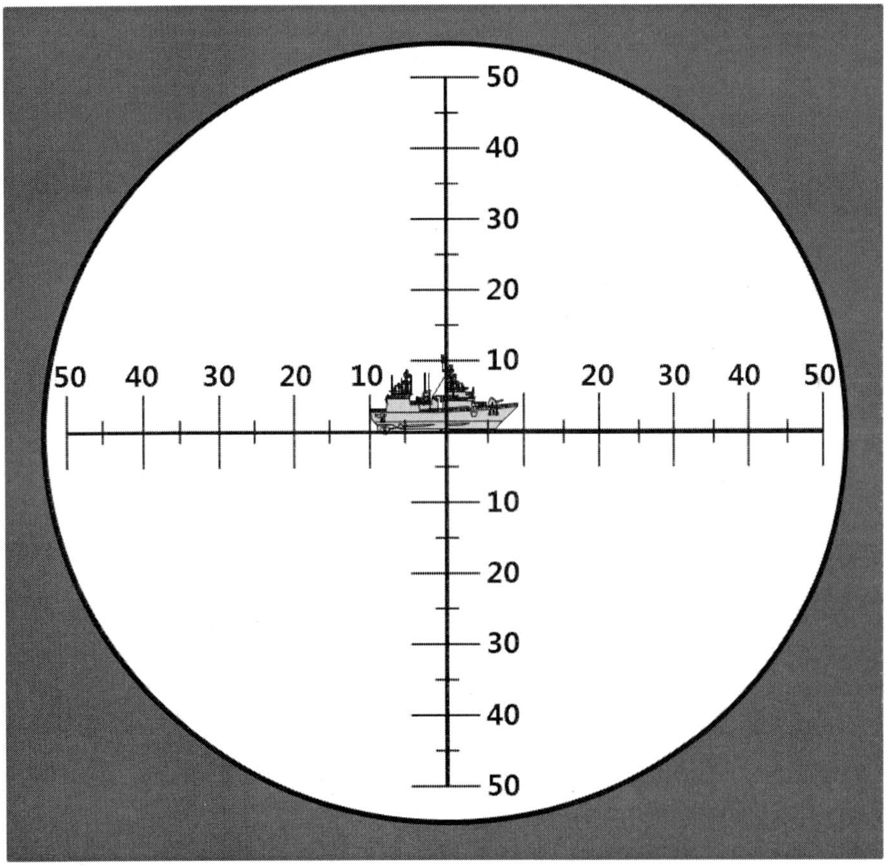

〈그림 8-3〉 쌍안경 안의 측정눈금 예시

따라서 함정의 높이는 10×5,000/1,000=50m, 길이는 20×5,000/1,000=100m가 된다.

반면에 함수 전방에 보이는 함정의 길이가 200m일 때, 쌍안경 안쪽에 <그림 8-3>과 같이 보인다면 측정눈금 상 가로로 20밀이다. 따라서 함정까지의 거리는 1,000(m)×길이(m)/눈금 숫자로 표현할 수 있으며, 1,000×200/20=10,000m, 즉 10km가 된다.

만약, 물표의 크기와 거리를 모를 때, 쌍안경으로 수평선에 물표가 있다면 기하학적인 수평선을 이용하여 개략적인 거리를 예측할 수 있다. 수온이나 기온의 차이에 따라 수평선 거리는 다르게 나타나지만 일반적으로 수평선 거리 D(km)는 식 (8-1)과 같다. 여기서 $h(m)$는 관측자의 눈높이 이다.

$$D = 3.57(\sqrt{h}) \tag{8-1}$$

관측자의 눈높이를 고려한 수평선 거리를 표로 나타내면 <표 8-2>와 같다. 그러나 이 수평선 거리 측정은 물표의 높이를 고려하지 않았기 때문에 실제로는 예측한 것보다 더 멀리 있을 것이다. 견시나 당직사관으로서 항해 시 참고하기 바란다.

〈표 8-2〉 관측자의 눈높이를 고려한 수평선 거리

눈높이(m)	5	10	15	20	25	30
수평선 거리(km)	8.0	11.3	13.8	16.0	17.9	19.6

궁금해요

▎쌍안경은 배율을 높여 잘 보는 것이 좋지 않나요?

쌍안경의 배율은 물체를 눈으로 봤을 때와 쌍안경으로 봤을 때를 비교하여 몇 배나 가깝게 보이느냐를 나타냅니다. 따라서 배율이 높으면 물체를 확대하여 보기 때문에 물체 식별이 쉬워 편리합니다. 그러나 비교적 가까이 있는 물표를 관측할 때에는 쓸데없이 배율이 높은 쌍안경을 쓰면 볼 수 있는 범위가 줄어들어 물표의 주변 상황과 움직임을 모두 식별하기 어렵습니다. 또한, 지나친 고배율은 손 떨림에 영향을 주기 때문에 움직이지 않는 지지대가 필요합니다. 따라서 쌍안경의 용도에 따라 적절한 배율을 선택하는 것이 매우 중요합니다. 일반적으로 사용하기에는 7배율 또는 8배율 정도의 쌍안경이 가장 무난합니다.

* 쌍안경의 성능 : 배율과 구경으로 표현, 표기는 6×30, 7×50, 10×50 등 형태

제2절 조타장치

1. 개요

선박이 목적지로 가는 일정한 침로를 유지하거나 특정 방향으로 선회를 시키고자 할 때 사용하는 것이 타(Rudder)이다. 이러한 타를 움직이는 장치를 조타장치(Steering Gear)라고 한다. <그림 8-4>는 선박의 수중에 있는 타를 보여주고 있다.

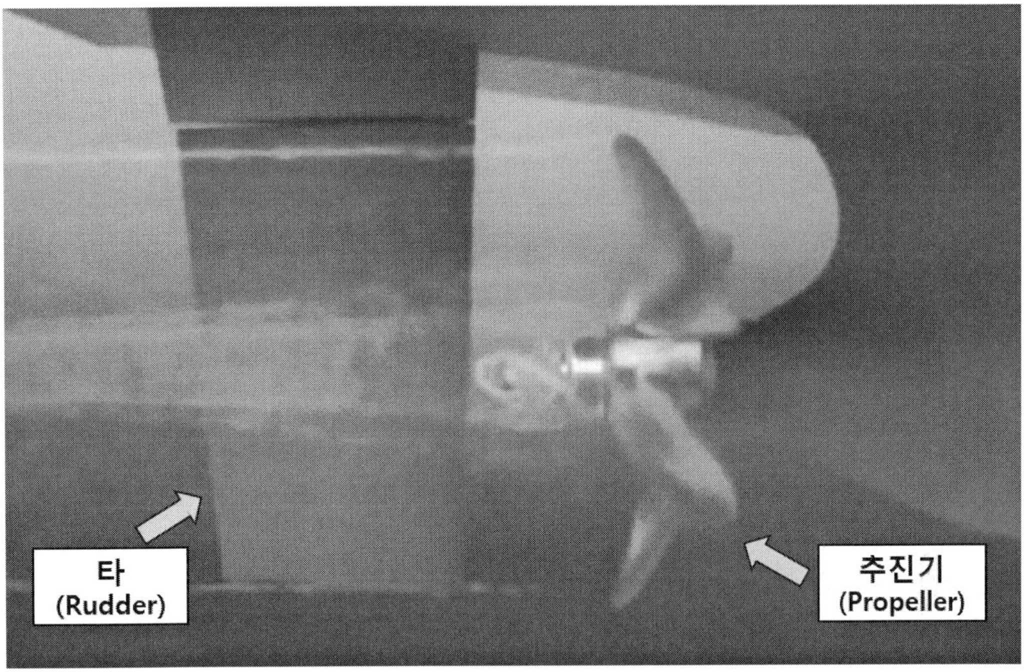

〈그림 8-4〉 선박의 타

조타장치는 크게 인력조타장치(수동조타장치)와 동력조타장치로 구분된다. 인력조타장치는 사람의 힘으로 타를 움직이는 방식으로 보트나 소형 선박에 이용되며, 동력조타장치는 증기나 유압, 전력을 이용하여 타를 움직이는 방식으로 대형 선박에 이용된다. 최근에는 사람이 인력이나 동력으로 타를 움직이는 방식이 아니라 침로를 설정하면 자동으로 침로에 대하여 복원타나 제동타를 사용하여 침로를 유지하는 자동조타장치(Autopilot)가 등장하여 운용되고 있다.

타의 세부 특성과 운용에 대한 사항은 선박조종분야 서적을 참고하기 바란다.

2. 조타장치 구성

선박의 조타장치는 함교 조종장치인 조타기, 펌프, 파워유닛, 추종장치로 구성된다. 조타기는 함교에서 타륜(바퀴모양으로 생긴 키)의 작동을 타에 전달하며, 파워유닛은 유체펌프에 의해 작동되어 직접 타에 회전력을 주는 장치이다. 이때 추종장치는 파워유닛의 작동을 타에 전달하는 장치이다. 함정의 조타장치 구성은 <그림 8-5>와 같다.

자동화된 많은 선박에서 사용되는 자동조타장치(Autopilot)는 자동조절부가 있어 설정침로를 유지하도록 타를 조절하여 조타를 계속하게 도와준다.

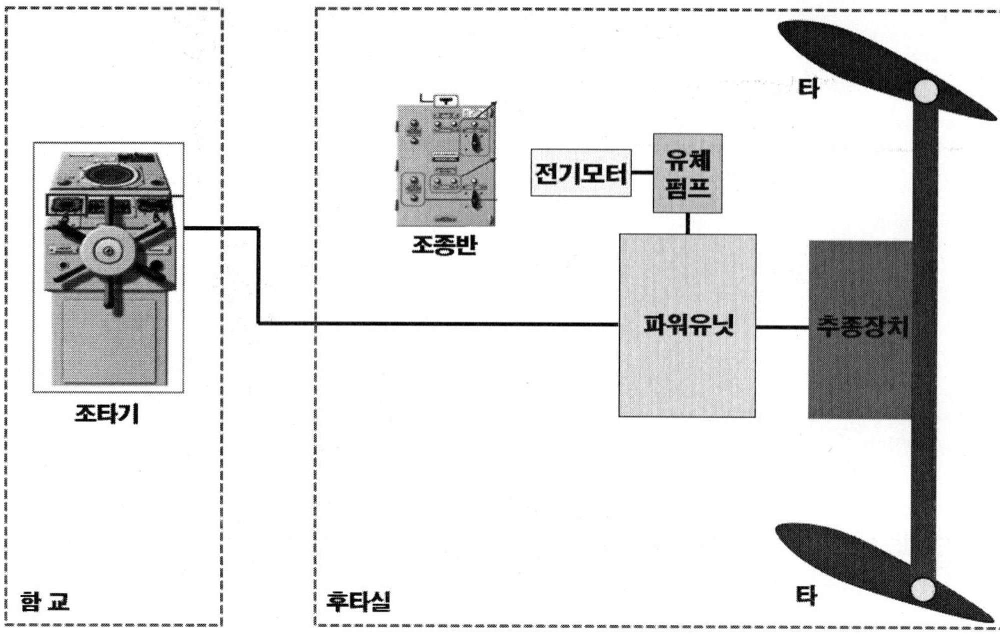

〈그림 8-5〉 조타장치 구성도

3. 조타장치 종류

조타장치는 선박을 운용하는 데에 가장 중요한 장치이므로 고장에 대비하여 매일 작동 상태 검사를 실시하여야 한다. 또한 모든 선박에는 고장이 났을 때에 대처할 수 있도록 보조 조타장치가 설치되어 있다. 보조 조타장치를 이용하여 조타하는 것을 비상조타라 하며 2타에서 5타까지 있다.

조타장치의 작동 동력원이 고장 나지 않고 단순 제어계통 고장 시는 2타로 전환하여 1타와 동일한 구조의 조타장치를 사용할 수 있다. 그러나 동력을 완전히 상실하였을 때에는 사람의 일력으로만 조타를 해야 하기 때문에 조타방법에 대해서는 상세히 이해하고 있어야 된다. 세부 조타장치의 종류는 <표 8-3>에 나타내었다.

〈표 8-3〉 조타장치의 종류

구분	조종위치	조종방식	동력원	비 고
1타	함교 타기	휠	전기-유압	정상상태
2타	함교 타기	레버	전기-유압	피드백 제어계통 고장 시
3타	후타실 국부조종반	레버	전기-유압	함교-후타실간 원격제어 고장 시
4타	후타실 인력 유체펌프	인력에 의한 수동펌프 회전	인력-유압	동력 상실 시
5타	후타실 인력타	인력에 의한 타 직접 조종	인력	유압계통 고장 시 철손잡이 이용

4. 조타명령

선박에서 선장 또는 함장, 당직사관이 조타수에게 내리는 명령은 간결하고 명료하여야 한다. 또한 조타 명령을 받았을 때에는 이상 없이 파악하였는지를 확인하기 위해 복명복창을 한 후에 명령을 실행한다. 현재 해군 함정에서 사용되는 조타명령을 <표 8-4>에 나타내었다.

〈표 8-4〉 조타명령

조타명령	의 미
000도 잡아	선박의 침로를 000도로 잡아라.
현침로 잡아	현침로로 선박의 침로를 유지해라.
키 오른편(왼편) 5도	타의 각도를 오른편(왼편) 5도로 잡아라.
키 오른편(왼편) 10도	타의 각도를 오른편(왼편) 10도로 잡아라.
키 오른편(왼편) 15도	타의 각도를 오른편(왼편) 15도로 잡아라.
키 오른편(왼편) 전타	타의 각도를 오른편(왼편) 전타로 잡아라. * 전타는 선박의 실속현상을 고려하여 사용
키 반대	현재의 타각을 반대편으로 사용하라.
키 바로	타각을 0도로 유지하라.
키 오른편(왼편) 가지마	침로 오른편(왼편)에 위험물이나 상황이 있을 때, 타를 그 방향으로 사용하지 말도록 지시함.
타수 타 잘 잡아	지정침로에서 선수가 오른편(왼편)으로 변하는 경향을 보일 때 주의를 주는 명령

5. 비상조타훈련

비상조타훈련은 조타장치 고장에 대비하여 위기관리 절차 숙달을 위해 실시하는 훈련을 말하며 제반절차는 실제 고장 상황을 가정하여 훈련을 실시한다. 먼저 1타가 고장이 나면 함교에 있는 당직사관은 즉시 원침로 유지 및 항해상 위험물이 없는지를 확인하고 안전속력으로 낮추어야 한다. 이때 침로유지가 불가능하여 함정의 안전에 위험을 초래할 상황에는 쌍추진기 기관을 적이 사용하여 침로를 우선 유지하고 불가시에는 비상투묘를 하는 것이 바람직하다.

동시에 당직사관은 비상조타요원 배치 경보 및 방송을 실시하고 국제해상충돌예방규칙에 의한 신호를 게양한다. 자세한 사항은 다음과 같다.

〈 함내 · 외 경보신호 〉

■ 함내신호
- ○ 경보 : — · — ·
- ○ 방송 : 타기고장, 비상조타요원 배치

■ 함외신호/국제해상충돌예방규칙 신호
- ○ 기류 : CODE D
- ○ 형상물(주간) : 흑구 2개
- ○ 등화(야간) : 홍등 2개

조타장치가 단순히 신호 전달계통에 고장이 났다면 2타로 전환하여 동력을 사용하는 비상조타를 실시하고 함교와 후타실간 원격제어 고장 시는 3타로 전환하여 비상조타를 실시한다. 또한 동력계통이 손상되었다면 인력으로 조종하는 4타와 5타로 전환하여 이용해야 한다.

함교에서 후타실로 조타를 인계할 때에는 침로와 풍향, 풍속, 조류, 컴퍼스 방위, 기관명령 등 함정의 정보사항을 알려주어 후타실에서 비상조타 지휘장교(부장)가 함정의 정보사항을 파악하고 조타할 수 있도록 하여야 한다. 이때 정보교환을 위해 음력전화기나 워키토키 등으로 긴밀한 연락을 유지한다.

6. 조타장치 설치 규정(선박 설비 기준)

■ 조타장치

① 선박에는 주조타장치 및 보조조타장치를 설치하여야 한다. 다만, 다음 각 호의 선박에는

보조조타장치를 설치하지 아니할 수 있다.

㉮ 수동조타장치를 통상 사용하는 총톤수 50톤 미만의 선박 또는 평수구역을 항해구역으로 하는 선박(여객선을 제외한다)

㉯ 동력조타장치를 통상 사용하는 선박(여객선을 제외한다)으로서 평수구역을 항해구역으로 하는 선박 또는 연해구역을 항해구역으로 하는 총톤수 50톤 미만의 선박. 다만, 패킹등 마모하기 쉬운 부품의 예비품을 가지고 있는 경우에 한한다.

㉰ 2개의 타를 가지는 선박으로서 그 각각을 독립하여 조작할 수 있는 조타장치를 가지는 선박

㉱ 체인식의 조타장치(예비의 활차, 쇠사슬 등을 가지는 것에 한한다)등 그 구조가 단순한 조타장치를 가지는 선박

② 제1항의 규정에 의한 주조타장치 및 보조조타장치는 어느 하나가 고장난 경우에도 다른 조타장치의 작동에 방해를 주지 아니하는 것이어야 하며, 이들 장치의 분리에 대하여는 단서 규정 이외에 다음의 기준에 의한다.

㉮ 타조작기 및 이에 접속하는 관은 겸용할 수 있다. 이 경우 타조작기에 접속하고 있는 관의 겸용부분은 가능한 한 짧게 할 것

㉯ 밸브매니폴드, 실린더밸브, 연결밸브 그 밖의 밸브류는 이중으로 설치하지 아니할 수 있다.

㉰ 국제항해에 종사하지 아니하며 연해구역 이하를 항해구역으로 하는 선박에 있어서는 동력장치만 분리할 수 있다.

㉱ 기계식추종기구(플로팅레버 등 링크기구를 포함한다)는 겸용할 수 있다.

■ 주조타장치

① 선박에 설치하는 주조타장치는 다음의 요건에 적합한 것이어야 한다.

㉮ 조타장치의 강도 및 보호방법 등이 별표 9의 기준에 적합할 것

㉯ 계획만재흘수에서 최대항행속력으로 전진하는 경우 타를 한쪽 35도로부터 반대쪽 35도까지 조작할 수 있는 것으로서 한쪽 35도에서 반대쪽 30도까지 28초 이내에 조작할 수 있는 것일 것. 다만, 해양수산부장관이 해당 선박(국제항해에 종사하는 선박 및 근해구역 이상을 항해구역으로 하는 선박을 제외한다)의 구조 및 항로등을 고려하여 지장이 없다고 인정하는 경우에는 그러하지 아니하다.

㉰ 최대후진속력으로 후진하여도 파손되지 아니할 것

㉣ 틸러의 접합부에서의 타두재의 지름이 120밀리미터를 넘는 경우에는 그 조작이 동력에 의한 것일 것

■ **보조조타장치**

① 선박에 설치하는 보조조타장치는 다음의 요건에 적합한 것이어야 한다.

㉮ 조타기실을 가지는 국제항해에 종사하는 선박 및 근해구역 이상을 항해구역으로 하는 선박에 있어서는 조타기실에서 조작 가능한 것일 것

㉯ 계획만재흘수에서 최대항행속력의 2분의 1 또는 7노트중 큰 쪽의 속력(최대항행속력이 7노트 미만인 선박에 대하여는 최대항행속력의 4분의 3)으로 전진하는 경우 타를 한쪽 15도로부터 반대쪽 15도까지 60초이내에 조작할 수 있는 것일 것. 다만, 해양수산부장관이 해당 선박(국제항해에 종사하는 선박 및 근해구역 이상을 항해구역으로 하는 선박을 제외한다)의 구조 및 항로 등을 고려하여 지장이 없다고 인정하는 경우에는 그러하지 아니하다.

㉰ 주조타장치가 고장난 경우 신속히 작동할 수 있는 것일 것

㉣ 틸러의 접합부에서의 타두재의 지름이 230밀리미터를 넘는 경우에는 그 조작이 동력에 의한 것일 것

㉤ 동력에 의한 것은 그 제어계통이 주조타장치의 제어계통과 독립된 것으로서 다음 각 목의 요건에 적합한 것일 것

(1) 주조타장치의 제어계통과 보조조타장치의 제어계통과의 사이에는 공통 회로배선 및 단식절환스위치가 설치되어 있지 아니할 것

(2) 제어계통의 증폭기 또는 릴레이 등은 자동조타장치와 겸용할 수 있다.

(3) 선교와 조타기실간의 제어회로케이블로서 다심케이블을 사용하는 경우에는 주조타장치의 제어계통과 별개의 다심케이블이 사용되어 있을 것

(4) 가변토출용량식의 펌프를 사용하는 동력장치를 비치한 전동유압보조조타장치에 있어서는 당해 펌프의 경전량을 제어하기 위한 유압서보실린더 및 이에 부속하는 유압시스템(펌프구동전동기 및 그 시동기기류를 포함한다) 또는 전기서보모터가 각각 2조 비치되어 있을 것

■ **보조조타장치의 설치면제**

① 선박의 보조조타장치를 설치하지 아니할 수 있다.

㉮ 동등한 성능을 가지는 2대 이상의 동력장치를 가질 것

㉯ 유압조타장치는 1개의 유압구동계통(틸러 및 타조작기를 제외한다)에 고장이 발생된 경우 밸브조작에 의하여 고장부분을 분리하는 조치 또는 이와 동등 이상의 조치로 신속하게 조타능력을 회복할 수 있는 것일 것

㉰ 유압조타장치외의 것에 대하여는 제2호의 요건에 적합한 유압조타장치와 동등 이상의 성능을 가지는 것일 것

㉱ 선교에서 조작할 수 있는 2개의 독립된 제어계통(유압텔레모터에 의하여 구성되는 제어계통의 경우에는 1개)을 설치할 것.

제3절 풍향 · 풍속계

1. 개요

풍향 · 풍속계는 풍향과 풍속을 동시에 관측할 수 있는 장비를 말한다. 풍향은 활깃, 날개 등으로 방향을 관측하고 풍속은 프로펠러, 컵 등의 회전수로 측정하여 부착된 발전기에 의해 전기적 신호로 변환하여 세기를 나타낸다. 초기에는 풍향과 풍속계가 분리되어 있었으나 지금은 통합되어 하나로 되어 있다.

육상에서의 풍향 · 풍속계와 해상에서의 풍향 · 풍속계는 개념이 상이하다. 육상에서의 풍향 · 풍속계는 계기에 나타나는 방향과 세기가 진풍향(실제풍향)과 진풍속(실제풍속)이 된다. 그러나 해상에서는 선박이 특정방향으로 진행하면서 측정되기 때문에 계기에 나타나는 방향과 세기는 상대풍향과 상대풍속이 된다. 따라서 선박의 진행방향과 속력을 고려하여 진풍향(실제풍향)과 진풍속(실제풍속)을 계산하여야한다. 최근에는 자동항법시스템에 의해 선박의 자이로에 의한 방향신호와 로그에 의한 속력신호가 자동 계산되어 진풍향(실제풍향)과 진풍속(실제풍속)을 디스플레이하기도 한다.

2. 장비 구성

풍향 · 풍속계는 <그림 8-6>과 같이 검출기와 지시기로 구분할 수 있다.

일반적으로 검출기는 비행기의 동체와 수직꼬리날개와 같은 형태이다. 풍향의 변화는 수직꼬리날개에서 감지하며 변화에 잘 따르고 안정적이며, 풍속은 프로펠러의 회전수가 바람의

세기에 비례하여 작동하며 기계적 신호를 전기적 신호로 변환하여 즉, 회전축에 설치된 발전기의 기전력을 전압계로 유도하여 지시기에 전달한다. 검출기는 함정의 마스트에 설치하여 운용한다.

(a) 검출기

(b) 지시기

〈그림 8-6〉 풍향 · 풍속기의 검출기와 지시기 형태[출처: TAMAYA사]

지시기는 풍향과 풍속신호를 표시하는 기능을 한다. 전면과 몸체, 전원부로 구성되며 전면부는 풍향표시부, 풍속표시부, 전원스위치 등으로 되어있다. 표시부는 아날로그로 또는 디지털로 표시되며, 왼편은 풍향, 오른편은 풍속을 나타낸다. 풍향은 0~359도까지 표시가 가능하며, 풍속의 단위는 m/s나 노트(kt)로 표시가 가능하고 최대풍속은 제품에 따라 50에서 100m/s까지 측정이 가능하다. 정밀도는 풍향은 ±5도 이내, 풍속은 속력에 따라 다르지만 최대 ±5% 이내이다. 또한 풍향과 풍속은 시간의 변화에 따라 변동이 심하게 나타날 수 있기 때문에 풍속은 10분 동안의 평균값을 표시한다.

3. 진풍향 · 진풍속 계산법

육상에서의 풍향 · 풍속계는 전시되는 방향과 세기가 진풍향(실제풍향)과 진풍속(실제풍속)이 된다. 그러나 해상에서는 선박이 움직이고 있기 때문에 계기에 나타나는 방향과 세기는 상대풍향과 풍속이 된다.

따라서 진풍향(실제풍향)과 진풍속(실제풍속)은 선박의 진행방향과 속력을 고려하여 계산하여야한다. 최근에는 자동항법장치에서 자동으로 계산된 데이터를 디스플레이 하지만 여기서는 실제 계산하는 방법을 설명하고자 한다.

〈 **계산하는 방법** 〉

① 선박의 침로와 속력를 기동판에 표시하여 벡터 $\overrightarrow{C}$를 만든다.
  * 속도는 비율 척도(2:1, 3:1, 4:1, 5:1)를 고려하여 표시

② 상대풍향 및 상대풍속을 함정의 침로와 속력을 고려하여 기동판의 벡터 $\overrightarrow{C}$ 끝단에 벡터 $\overrightarrow{R}$을 만든다.
  * 풍속의 비율 척도는 속도 비율 척도와 동일하게 표시

③ 진풍향과 진풍속은 $\overrightarrow{R}-\overrightarrow{C}$ 로 벡터 $\overrightarrow{T}$가 된다.

④ 벡터 $\overrightarrow{T}$의 방향과 크기를 방위환과 스케일에서 확인한다.

예를 들어, 선박이 090도 20노트로 항해를 하고 있을 때, 풍향·풍속계에 측정된 상대풍향과 상대풍속이 각각 330도 10노트였다. 진풍향과 진풍속을 구하면, <그림 8-7>처럼 계산되어 295도 12노트이다.

① 선박의 침로는 090도, 속도는 20노트를 비율척도 2:1을 고려하여 써클 10에 벡터 $\overrightarrow{C}$를 표시한다.

② 상대풍향(330도)과 상대풍속(10노트)을 선박의 침로(090도)와 속력(20노트)을 고려하여 벡터 $\overrightarrow{C}$ 끝단에 벡터 $\overrightarrow{R}$로 표시한다.

③ 진풍향과 진풍속은 $\overrightarrow{R}-\overrightarrow{C}$로 벡터 $\overrightarrow{T}$가 된다.

④ 벡터 $\overrightarrow{T}$의 방향과 크기를 방위환과 스케일에서 확인하면, 295도 12노트가 된다.

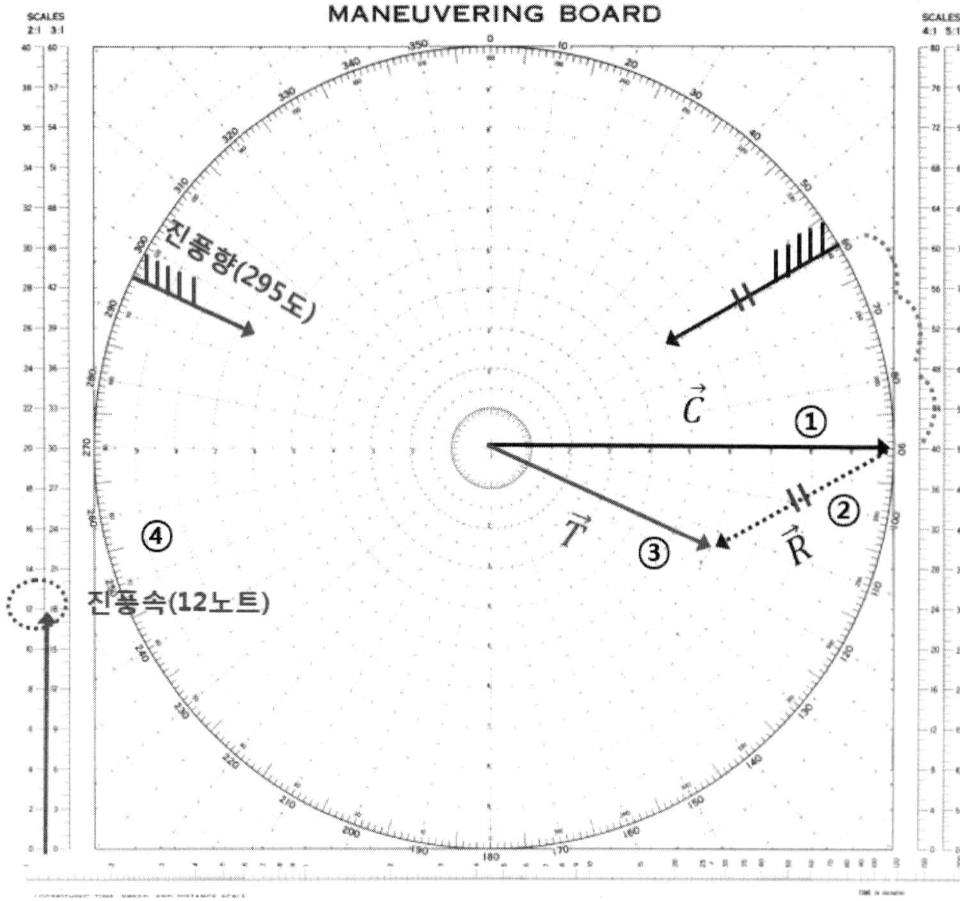

〈그림 8-7〉 진풍향과 진풍속 계산 방법

제4절 항해등

1. 개요

항해하는 동력선은 항해 안전을 위해 필수적으로 설치하고 있어야 하는 등화가 있다. 이를 항해등(Navigation Light)이라고 하며, 마스트등, 현등, 선미등을 말한다. 항해등은 해지는 시각부터 해뜨는 시각까지 표시하여야함이 해사안전법 제78조에 명시되어있다.

야간 항해등이 보일 경우, 대략적인 선박의 크기와 선박의 침로를 파악할 수 있어 사전에 대비할 수 있다. 또한 양현등이 모두 보여 마주치는 상황이 발생할 경우 피항하는 항법에 유의하여 항해하여야 한다. 자세한 사항은 국제해상충돌예방규칙을 숙독하기 바란다.

해설 국제해상충돌예방규칙

과거 선박의 충돌을 피하기 위하여 선원의 습관과 관습을 처음으로 법령화한 것이 1863년 영국이 제정한 해상에서의 충돌 예방을 위한 규칙이다. 이후 호화여객선 타이타닉호의 빙산충돌로 인한 침몰 사건을 계기로 국제해상 인명안전조약이 의정되면서 1972년 국제해상충돌예방규칙이 제정되어 현재에 이르고 있다.
총 38개조문과 부속서로 이루어져 있으며 구성 내용은 다음과 같다.

제1장 : 총칙
제2장 : 항법(모든시계, 상호시계, 제한시계 내에서의 선박의 운항)
제3장 : 등화 및 형상물
제4장 : 음향 및 발광신호
제5장 : 적용 유보 규정
부속서 Ⅰ: 등화 및 형상물의 배치와 기술상의 명세
부속서 Ⅱ: 근접하여 어로작업을 하고 있는 어선의 부가신호
부속서 Ⅲ: 음향신호장치의 기술적인 명세
부속서 Ⅳ: 조난신호

2. 등화의 종류

선박의 등화에는 항해등 이외에도 상황에 따라 달고 있어야 하는 등으로 예인등, 전주등, 섬광등 등이 있다.

① 마스트등 : 선수와 선미의 중심선상에 설치되어 225도에 걸치는 수평의 호를 비추되, 그 불빛이 정선수 방향으로부터 양쪽 현의 정횡으로부터 뒤쪽 22.5도까지 비출 수 있는 흰색 등

② 현 등 : 정선수 방향에서 양쪽 현으로 각각 112.5도에 걸치는 수평의 호를 비추는 등화로서 그 불빛이 정선수 방향에서 좌현 정횡으로부터 뒤쪽 22.5도까지 비출 수 있도록 좌현에 설치된 붉은색 등과 그 불빛이 정선수 방향에서 우현 정횡으로부터 뒤쪽 22.5도까지 비출 수 있도록 우현에 설치된 녹색 등

③ 선미등 : 135도에 걸치는 수평의 호를 비추는 흰색 등으로서 그 불빛이 정선미 방향으로부터 양쪽 현의 67.5도까지 비출 수 있도록 선미부분 가까이에 설치된 등

④ 예인등 : 선미등과 같은 특성을 가진 황색 등

⑤ 전주등 : 360도에 걸치는 수평의 호를 비추는 등화. 다만, 섬광등은 제외함

⑥ 섬광등 : 360도에 걸치는 수평의 호를 비추는 등화로서 일정한 간격으로 1분에 120회 이상 섬광을 발하는 등

⑦ 양색등 : 선수와 선미의 중심선상에 설치된 붉은색과 녹색의 두 부분으로 된 등화로서 그 붉은색과 녹색 부분이 각각 현등의 붉은색 등 및 녹색 등과 같은 특성을 가진 등

⑧ 삼색등 : 선수와 선미의 중심선상에 설치된 붉은색 · 녹색 · 흰색으로 구성된 등으로서 그 붉은색 · 녹색 · 흰색의 부분이 각각 현등의 붉은색 등과 녹색 등 및 선미등과 같은 특성을 가진 등

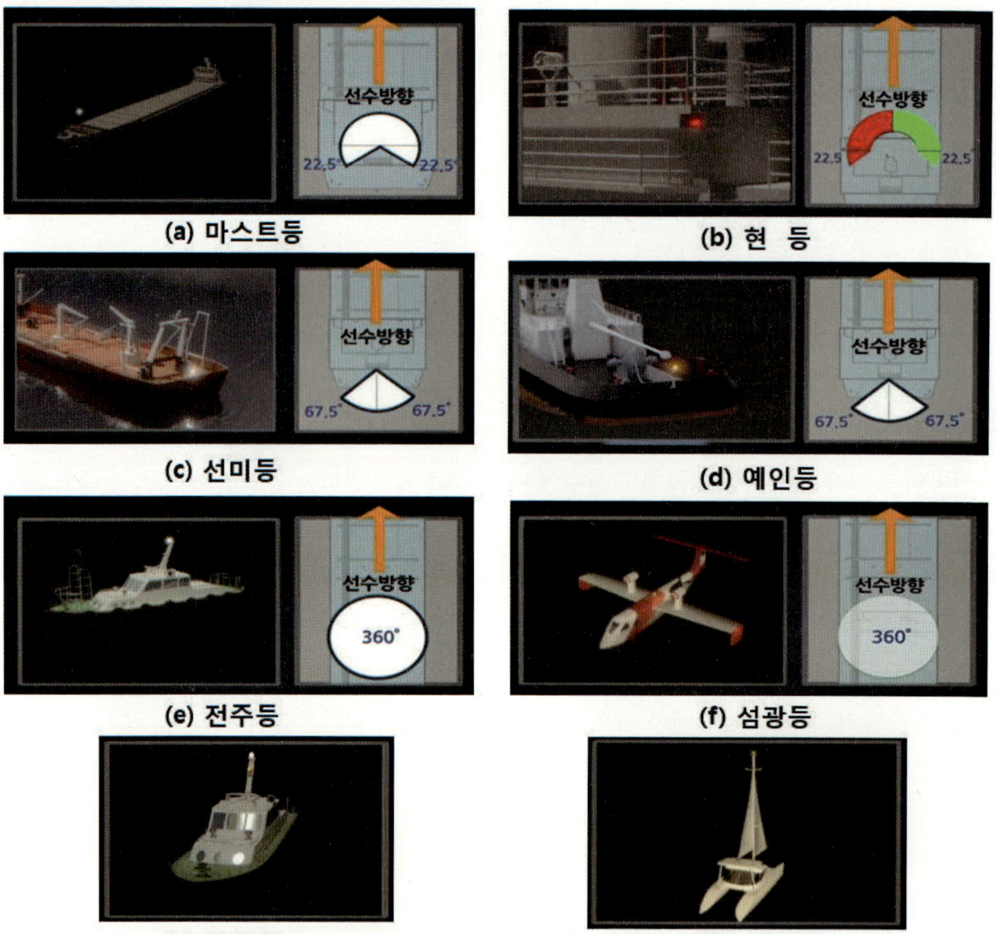

〈그림 8-8〉 선박 등화의 형상

자세한 형상은 <그림 8-8>과 같다.

항해중인 동력선은 마스트등 2개(50미터 미만은 1개)와 현등 1쌍, 선미등 1개를 표시하여야 한다. 선박의 길이가 20미터 이상인 경우, 마스트등은 선체상 6미터 이상의 높이에 표시하여야 하며, 두 번째 마스트등은 첫 번째 마스트등보다 최소 4.5미터 이상 높은 곳에 설치되어 선수 전방 1,000미터의 해면에서 볼 때 첫 번째와 두 번째 마스트등이 분리되어 보여야 한다. 또한 현등은 첫 번째 마스트등보다 앞쪽에 표시되어서는 안된다.

3. 상황에 따른 등화 및 형상물 : 부록 4 참고

궁금해요

▎잠수함도 등화가 있나요?

잠수함도 야간 수상 항해를 하려면 일반 선박과 동일하게 항해등인 마스트등, 현등, 현미등을 켜야 합니다. 또한, 이에 추가해서 노란색 섬광등(매분 120회 이상의 섬광)을 켜야 합니다. 등화는 다음 그림과 같습니다.

[함수]

[우현]

[함미]

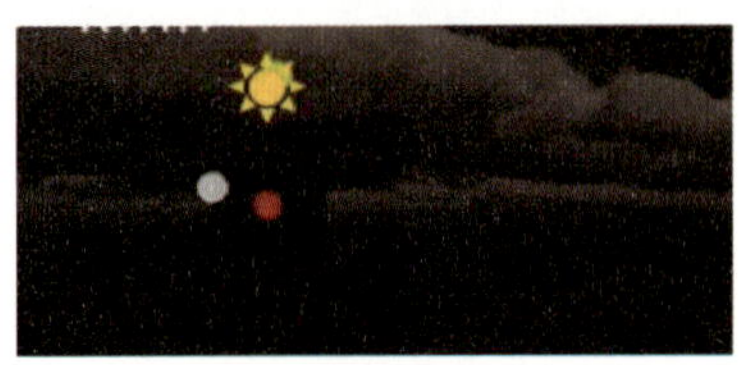

[좌현]

이것만은 알아둡시다!

1 **쌍안경의 성능**

배율과 구경으로 표시되며 ○○×□□ 형태이다. 첫 번째 ○○은 배율을 나타내고, 두 번째 □□는 렌즈의 지름을 나타내며 단위는 밀리미터(mm)이다.

2 **조타장치의 종류**

구분	조종위치	구 분	조종위치
1타	함교 타기	4타	후타실 인력 유체펌프
2타	함교 타기	5타	후타실 인력타
3타	후타실 국부조종반		

3 **진풍향속 계산법**

① 선박의 침로와 속력를 기동판에 표시하여 벡터 $\vec{C}$를 만든다.
* 속도는 비율 척도(2:1, 3:1, 4:1, 5:1)를 고려하여 표시

② 상대풍향 및 상대풍속을 선박의 침로와 속력을 고려하여 기동판의 벡터 $\vec{C}$ 끝단에 벡터 $\vec{R}$을 만든다.

③ 진풍향과 진풍속은 $\vec{R}-\vec{C}$ 로 벡터 $\vec{T}$가 된다.

④ 벡터 $\vec{T}$의 방향과 크기를 방위환과 스케일에서 확인한다.

4 **항해중인 동력선이 유지해야 할 등화**

① 마스트등 : 선수와 선미의 중심선상에 설치되어 225도에 걸치는 수평의 호를 비추되, 그 불빛이 정선수 방향으로부터 양쪽 현의 정횡으로부터 뒤쪽 22.5도까지 비출 수 있는 흰색 등

② 현 등 : 정선수 방향에서 양쪽 현으로 각각 112.5도에 걸치는 수평의 호를 비추는 등화로서 그 불빛이 정선수 방향에서 좌현 정횡으로부터 뒤쪽 22.5도까지 비출 수 있도록 좌현에 설치된 붉은색 등과 그 불빛이 정선수 방향에서 우현 정횡으로부터 뒤쪽 22.5도까지 비출 수 있도록 우현에 설치된 녹색 등

③ 선미등 : 135도에 걸치는 수평의 호를 비추는 흰색 등으로서 그 불빛이 정선미 방향으로부터 양쪽 현의 67.5도까지 비출 수 있도록 선미부분 가까이에 설치된 등

| 참고문헌 |

[1] 해군교육사령부, 『조타초급반 교육교재』, 2019.

[2] 이상집 등 3, 『최신 항해기기론』, 다솜출판사, 2006.

[3] 이원우, 『항해계기학』, 일광사, 2013.

[4] 윤점동, 『국제해상충돌예방규칙 및 관계된 국내법규해설』, 세종출판사, 2019.

[5] 고재우, 임봉택, 최창묵, 『재미있는 항해학개론』, 세종출판사, 2016.

[6] 박양기, 『선박운용과 조종』, 연경문화사, 2002.

[7] 산주광학, 『쌍안경 설명서』

[8] Tamaya사, 『선박용 풍향풍속계 설명서』

[9] 두산, 『두산세계대백과사전』, 2010.

[10] 한국브리태니커, 『브리태니커 비주얼 사진』, 2008.

[11] 해양안전심판원 홈페이지(https://www.kmst.go.kr)

부록 1
각종 단위

부록 1. 각종 단위

1. 길이(Length) 단위

① 센티미터

센티미터는 미터의 1/100이며 기호는 cm를 사용한다.

1센티미터(cm) = 1/100미터(m)

② 미터

미터는 킬로미터의 1/1000이며 기호는 m(meter)를 사용한다.

1미터(m) = 100센티미터(cm)
= 1/1000킬로미터(km)
= 39.37인치(in)
= 3.28피트(ft)
= 1.09야드(yd)

③ 인치

인치는 야드의 1/36, 피트의 1/12이며 기호는 in를 사용한다.

1인치(in) = 2.54센티미터(cm)
= 1/12피트(ft)
= 1/36야드(yd)

④ 피트

피트는 야드・파운드법에 의한 길이의 단위로 기호는 ft를 사용한다.

1피트(ft) = 30.48센티미터(cm)

= 12인치(in)

= 1/3 or 0.33야드(yd)

⑤ 야드

야드는 길이를 나타내는 영국의 단위로 1야드는 3피트 0.91438m이며 기호는 yd를 사용한다.

1야드(yd) = 91.44센티미터(cm)

= 3피트(ft)

= 36인치(in)

⑥ 패덤

패덤은 영국과 미국의 관습에서 온 길이의 단위로 6피트와 같으며 일반적으로 수심 측정에 사용한다.

1패덤(fathom) = 1.83미터(m)

= 2야드(yd)

= 6피트(ft)

= 72인치(in)

⑦ 마일

마일은 로마 시대 보병이 행군한 거리에서 유래된 길이의 단위이며 기호는 mi 또는 mil을 사용한다.

1마일(mil) = 1,609미터(m)

= 1.61킬로미터(km)

= 5,280피트(ft)

= 1,760야드(yd)

⑧ 해리

해리는 해상에서 사용하는 거리의 단위로 위도 45°에서 1′에 해당하는 길이인 1,852미터를 1해리 또는 1마일(Nautical mile)로 사용하며 기호는 nm을 사용한다.

1해리(nm) = 1,852미터(m)

= 1.85킬로미터(km)

= 6,076피트(ft)

= 2,025야드(yd) ≒ 2,000야드(해상에서 용이한 계산을 위해 사용)

⑨ 자 또는 척

자 또는 척(尺)은 길이의 단위로 동아시아 척근법에서 사용하였다.

1자 = 30.30센티미터(cm)

= 0.3미터(m)

⑩ 간

간(間)은 동아시아 척근법에서 쓰는 단위이며 보(步)라고도 한다.

1간 = 6자

= 1.82미터(m)

⑪ 정

정(町)은 자의 보조계량단위이며 1정은 360자이다.

1정 = 360자

= 60간

= 109미터(m)

⑫ 리

리(里)는 길이의 계량단위로 통상적으로 약 400m이며 오늘날에는 거의 사용하지 않는다.

1리 = 392.72미터(m) ≒ 400미터(m)

* 10리 ≒ 4킬로미터(km)

2. 넓이(Area) 단위

① 평방자

한변이 1자인 정사각형의 넓이이다.

1평방자 = 0.0918제곱미터(m^2)

= 0.000918아르(a)

= 0.02778평

② **평**

척관법에서 넓이를 측정하는 계량단위로 한 변이 1간, 약 1.8m인 정사각형의 넓이이다.

1평 = 3.3058제곱미터(m^2)

= 0.0331아르(a)

= 0.0008에이커(ac)

= 36평방자

③ **제곱미터(m^2)**

제곱미터 또는 평방미터는 한 변의 길이가 1미터인 정사각형의 면적이다.

1제곱미터(m^2) = 0.01아르(a)

= 0.0003에이커(ac)

= 10.89평방자

= 0.3평

④ **아르(a)**

아르(are)는 면적의 단위로 100제곱미터(m^2)에 해당하며 단위는 a를 사용한다.

1아르(a) = 100제곱미터(m^2)

= 0.01헥타르(ha)

= 0.0247에이커(ac)

= 1089평방자

= 30.25평

⑤ **에이커(ac)**

에이커(acre)는 야드・파운드법에 의한 넓이의 단위이며 기호는 ac 또는 acre라고 한다.

1에이커(ac) = 4046.8564제곱미터(m^2)

= 40.4686아르(a)

= 4,840제곱야드(yd^2)

= 44070.27평방자

= 1224.17평

3. 질량(Mass) 단위

① 그램

미터법의 기본단위로 질량의 단위이다. 기호는 g를 사용하며 kg의 1/1000이다.
그램이란 '작은 무게'라는 뜻의 그리스어 gramma에서 유래되었다고 한다.

1그램(g) = 1,000밀리그램(mg)
= 0.001킬로그램(kg)
= 15.43그레인(gr)
= 0.035온스(oz)
= 0.0022파운드(lb)
= 0.267돈

② 킬로그램

킬로그램(kg)은 국제질량단위의 기본단위이며 기호는 kg를 사용한다.

1킬로그램(kg) = 1,000그램(g)
= 0.001톤(t)
= 15432.36그레인(gr)
= 35.27온스(oz)
= 2.2파운드(lb)
= 266.67돈

③ 톤(ton)

미터법의 단위로 1,000kg의 질량을 말하며 기호는 t를 사용한다.

1톤(t) = 1,000킬로그램(kg)
= 15432358.4그레인(gr)
= 35273.96온스(oz)
= 2204.62파운드(lb)
= 266666.67돈

④ 그레인(grain)

본래 곡식의 낱알을 의미하는 단어로 영국에서 제정된 야드 · 파운드법의 최소 질량단위이다. 기호는 gr을 사용한다.

1그레인(gr) = 64.799밀리그램(mg)

= 0.0648그램(g)

= 0.0023온스(oz)

= 0.0001파운드(lb)

= 0.0173돈

⑤ **온스(ounce)**

야드・파운드법에 의한 질량과 부피의 단위이다. 기호는 oz를 사용한다.

1온스(oz) = 28.35그램(g)

= 437.5그레인(gr)

= 0.0625파운드(lb)

= 7.5599돈

⑥ **파운드(pound)**

파운드(pound)는 영국에서 사용하는 질량의 기준 단위이다. 기호는 lb를 사용한다.

1파운드(lb) = 0.45킬로그램(kg)

= 7,000그레인(gr)

= 16온스(oz)

= 120.96돈

⑦ **돈**

돈(錢)은 질량의 단위로 1돈은 약 3.75g이며 10돈은 1냥이다.

1돈 = 3.75그램(g)

= 57.87그레인(gr)

= 0.13온스(oz)

= 0.0083파운드(lb)

⑧ **근**

근(斤)은 질량의 단위로 1근은 16냥 또는 160돈이며, 약 600g 이다.

1근 = 600그램(g)

= 0.6킬로그램(kg)

= 9259.42그레인(gr)

= 21.16온스(oz)

= 1.32파운드(lb)

= 160돈

= 16냥

⑨ **관**

관은 옛날 중국에서 기장의 일정한 무게를 기본단위로 하여 1천(泉:돈쭝)의 1,000배를 1관으로 정한데서 유래하였다고 한다. 1관은 3.75kg이다.

1관 = 3.75킬로그램(kg)

= 1000돈

= 100냥

= 6.25근

4. 부피(Volume) 단위

① **홉**

홉은 부피를 재는 단위로 0.18리터 정도의 부피이다. 한 되는 열 홉이다.

1홉 = 180.39밀리리터(㎖) = 0.18039리터(ℓ)

= 180.39세제곱센티미터(cm^3)

= 0.04765갤런(gal)

= 6.1온스(oz)

= 0.1되

= 0.01말

② **되**

되(升)는 부피를 재는 단위로 1.8리터 정도의 부피이다.

1되 = 1.8039리터(ℓ)

= 1803.9세제곱센티미터(cm^3)

= 0.4765갤런(gal)

= 60.99온스(oz)

= 10홉

= 0.1말

③ **말**

말(斗)은 부피를 재는 단위로 18리터 정도의 부피이다. 두라고 하며 한 말은 열 되, 열 말은 한 섬이다.

1말 = 18.04리터(ℓ)

= 0.018세제곱미터(m^3)

= 609.97온스(oz)

= 100홉

= 10되

④ **세제곱센티미터**(cm^3)

세제곱센티미터 또는 입방센티미터는 부피의 단위이로 기호는 cm^3이다. 1세제곱센티미터는 한 변의 길이가 1센티미터인 정육면체의 부피이다.

1세제곱센티미터(cm^3) = 1밀리리터(㎖) = 0.01데시리터(㎗)

= 1e-6세제곱미터(m^3)

= 0.0338온스(oz)

= 0.005544홉

⑤ **세제곱미터**(m^3)

세제곱미터 또는 입방미터는 부피의 단위이로 기호는 m^3이다. 1세제곱미터는 한 변의 길이가 1미터인 정육면체의 부피이다.

1세제곱미터(m^3) = 1,000리터(ℓ)

= 264.17갤런(gal)

= 6.29배럴(bbl)

= 33814.02온스(oz)

= 5543.54홉

= 554.35되

= 55.44말

⑥ 온스(ounce)

야드・파운드법에 의한 질량과 부피의 단위이다. 기호는 oz를 사용한다.

1온스(oz) = 29.57밀리리터(㎖)

= 0.16394홉

5. 속력 단위

① m/s

초당 미터, m/s(meter per second)는 거리를 시간으로 나눈 값으로 정의되는 속력과 속도에 대한 단위이다.

1m/s = 3,600m/h = 3.6km/h

= 0.001km/s

= 0.0006mi/s

= 2.2369mi/h

= 1.94노트(kn)

= 0.0029마하(mach)

② km/h

시속 킬로미터, km/h(kilometer per hour)는 1시간 동안 이동한 킬로미터 수로 표현하는 속력과 속도의 단위이다.

1km/h = 0.28m/s = 0.0003km/s

= 0.0002mi/s

= 0.62mi/h

= 0.54노트(kn)

= 0.0008마하(mach)

③ mi/h

시속 마일, mi/h(mile per hour)는 시간당 이동한 마일로 표현하는 속력과 속도의 단위이다.

1mi/h = 0.447m/s = 0.0005km/s

= 1609.344m/h = 1.609km/h

= 0.0003mi/s

= 0.87노트(kn)

= 0.0013마하(mach)

④ knot

시속 해리, nm/h(nautical mile per hour)는 해상에서 시간당 항주하는 해리로 표현하는 속력과 속도의 단위로 knot, kn, kt라고 한다.

1노트(kt) = 0.5144m/s = 0.0005km/s

= 1,852m/h = 1.852km/h

= 0.0003mi/s

= 1.15mi/h

= 0.0015마하(mach)

⑤ 마하

유체의 속도와 유체 속을 전파하는 음속과의 비를 말하는 것으로, 마하 수(mach number)라고도 한다. 기호는 M을 사용한다.

마하 1 = 340m/s

= 1,224km/h

= 0.2113mi/s

= 760.558mi/h

= 660.91노트(kt)

부록 2
미군 전자장비 명명법

부록 2. 미군 전자장비 명명법

1. 개 요

일반적으로 함정에서 많이 사용하는 미군 장비들은 명명법을 별도로 가지고 있다. 예를 들면, 많이 사용하는 전륜나침반에는 AN/WSN-2가 있고 항해용 레이더에는 AN/SPS-100이 있다. 첫 번째 AN/WSN-2는 W(Water Surface/Underwater Combination), S(Special or Combination), N(Navigation Aid), 2(제품번호)을 뜻하며, 해상이나 수중에서 복합적으로 사용되는 항법보조장비로 제품번호 2를 나타내는 것이다. 두 번째 AN/SPS-100은 S(Surface Ship), P(Radar), S(Detecting, Range and Bearing, Search), 100(제품번호)를 뜻하며, 선박에서 거리측정 및 방향 탐지에 사용되는 레이더로 제품번호 100를 나타내는 것이다. 이 명명법은 JAN(Joint Army-Navy Nomenclature System)와 JCENS(Joint Communications-Electronics Nomenclature System)에 근거를 두고 있으며, 미군표준규격(MIL-STD-196)에 맞추어져 있다.

2. 방 법

명명법은 다음과 같은 규칙을 가지고 있다.

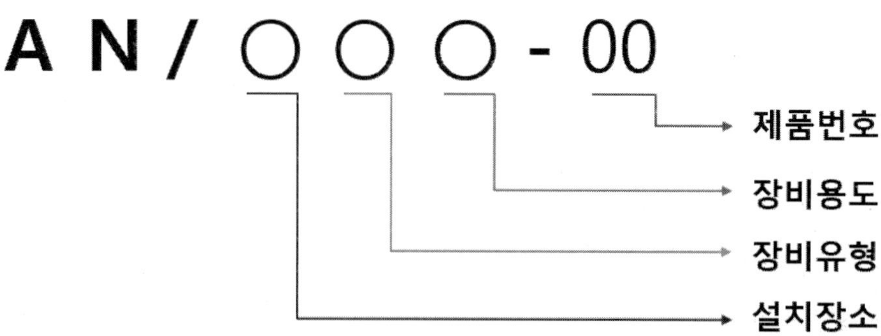

① **설치장소**(Designed Installation Classes)

- A : 유인항공기(Piloted aircraft)
- B : 잠수함(Underwater mobile, submarine)
- C : 항공운송(Air transportable)
- D : 무인기(Pilotless carrier)
- F : 지상 고정장비(Fixed ground)
- G : 지상 일반장비(General ground use)
- K : 상륙장비(Amphibious)
- M : 지상 이동장비(Ground, mobile)
- P : 휴대장비(Portable)
- S : 해상장비(Water surface)
- T : 지상 수송장비(Ground, transportable)
- U : 다목적장비(General utility or combination)
- V : 차량(Ground, vehicle)
- W : 해상/수중 양용장비(Water Surface & underwater combination)
- Z : 유인/무인항공기 양용장비(Piloted & pilotless airborne vehicle combination)

② **장비유형**(Type of Equipment)

- A : 비가시광선 및 열복사선(Invisible light, heat radiation)
- B : 미사용(Pigeon)
- C : 신호(Carrier)
- D : 방사선(Radiac)
- E : 핵무기방호(Nupac)
- F : 사진(Photographic)
- G : 전신(Telegraph or teletype)
- I : 관성 유도(Inertial wire covered)
- J : 전자기계(Electromechanical)
- K : 거리 측정(Telemetering)
- L : 기만(Countermeasures)
- M : 기상 관측(Meteorological)

- N : 공중 음향(Sound in air)
- P : 레이더(Radar)
- Q : 수중 음향 및 음파(Sonar and underwater sound)
- R : 무선(Radio)
- S : 특수 및 복합(Special type or combinations of type)
- T : 유선 전화(Wired telephone)
- V : 가시광선(Visual, visible light)
- W : 무기(Armament)
- X : 팩스 또는 텔레비전(Facsimile or television)
- Y : 데이터 처리(Data processing)

③ 장비용도(Purpose)

- A : 보조 부속품(Auxiliary assemblies)
- B : 폭격(Bombing)
- C : 통신(Communications)
- D : 방향 탐지 및 감시(Direction finding, reconnaissance and surveillance)
- E : 사출 및 방출(Ejection and/or release)
- G : 화기 관제 및 탐조등 지향(Fire control or searchlight directing)
- H : 녹음 및 재생(Recording and/or reproducing)
- K : 컴퓨터 연산(Computing)
- L : 탐조등 제어(Searchlight control)
- M : 유지관리 및 시험 부속품(Maintenance or test assembles)
- N : 항법 보조(Navigation aid)
- P : 재생(Reproducing)
- Q : 특수 및 복합(Special or combination)
- R : 신호 수신 및 수동 탐지(Receiving or passive detecting)
- S : 거리 측정 및 방향 탐지(Detecting, range and bearing, search)
- T : 신호 전송(Transmitting)
- W : 자동 비행 및 원격 제어(Automatic flight or remote control)
- X : 식별(Identification or recognition)

- Y : 감시 및 관제(Surveillance and control)

④ **제품번호**(Model Number)

하이픈 다음의 숫자는 제품번호로 개발 순서에 따라 지정되며, 개량을 나타내는 영문이 붙기도 한다.

부록 3
선박설비기준
(항해계기분야)

부록 3. 선박설비기준 (항해계기 분야)

개정 2019. 9. 16. 해양수산부고시 제2019-152호

제1조(목적) 이 기준은「선박안전법」제26조에 따른 조타설비, 계선·양묘설비, 거주설비, 위생설비, 항해설비 및 하역설비 등 기타 작업설비,「해사안전법」제80조에 따른 등화 및 형상물의 기준과「해사안전법」제91조 제3항에 따른 기적 · 호종 및 징의 기준 등에 관하여 필요한 사항을 규정함을 목적으로 한다. <개정 2007. 11. 2> <개정 2012. 11. 26> <개정 2014. 05. 28>

~ 생 략 ~

제2장 조타설비

제71조(적용범위) 이 장의 규정은 추진기관 및 범장을 가지지 아니하는 선박(이하 "비자항선“이라 한다)에 대하여는 이를 적용하지 아니한다.

제72조(정의) 이 장에서 사용하는 용어의 정의는 다음과 같다. 다만, 유압에 의하여 작동되는 조타장치외의 조타장치에 대한 용어의 정의는 유압에 의하여 작동되는 조타장치와 동일한 기능을 가지는 부분이 각각 대응하는 것으로 한다.

1. “조타장치”라 함은 유압구동계통, 제어계통 및 타를 유효하게 움직이기 위하여 필요한 토크를 타두재에 주는 장치(틸러 또는 쿼드런트 등을 말한다)에 의하여 구성되는 장치를 말한다.
2. “주조타장치”라 함은 통상의 항해상태에서 사용하는 조타장치를 말한다. <개정 2007. 11. 2>
3. “보조조타장치”라 함은 주조타장치의 고장시에 필요한 장치로서 주조타장치와 독립된

것을 말한다. 다만, 타를 유효하게 작동시키기 위하여 필요한 토크를 타두재에 주는 장치는 분리된 것이 아니어도 된다.

4. "유압구동계통"이라 함은 타두재를 회전시키는 동력을 공급하기 위하여 설치된 유압장치로서 동력장치, 작동유탱크, 배관 및 타조작기로 구성되는 것을 말한다.
5. "타조작기"라 함은 타를 회전시키기 위하여 유압을 기계적운동으로 직접 변환시키는 장치를 말한다.
6. "동력장치"라 함은 유압펌프와 구동전동기 및 이에 부속하는 전기기기를 말한다. 이 경우 부속하는 전기기기란 전동기용의 시동기, 절환스위치(장비되어 있는 경우에 한한다) 및 관련된 배선을 포함하는 것으로 하고 급전회로의 차단기나 배선은 포함하지 아니한다.
7. "제어계통"이라 함은 타의 작동에 대한 지시를 선교로부터 조타장치의 동력장치를 제어하는 장치에 전달하는 장치로서 타륜 또는 조타레버에서 플로팅레버(정토출용량식의 조타장치에 있어서는 제어밸브)까지의 계통을 말한다. 이 경우 제어계통은 일반적으로 발신기, 수신기, 제어용유압펌프와 이에 관련되는 전동기, 전동기제어기, 관 및 전선으로 구성된다.(그림 21 참조) <개정 2002. 01. 18>

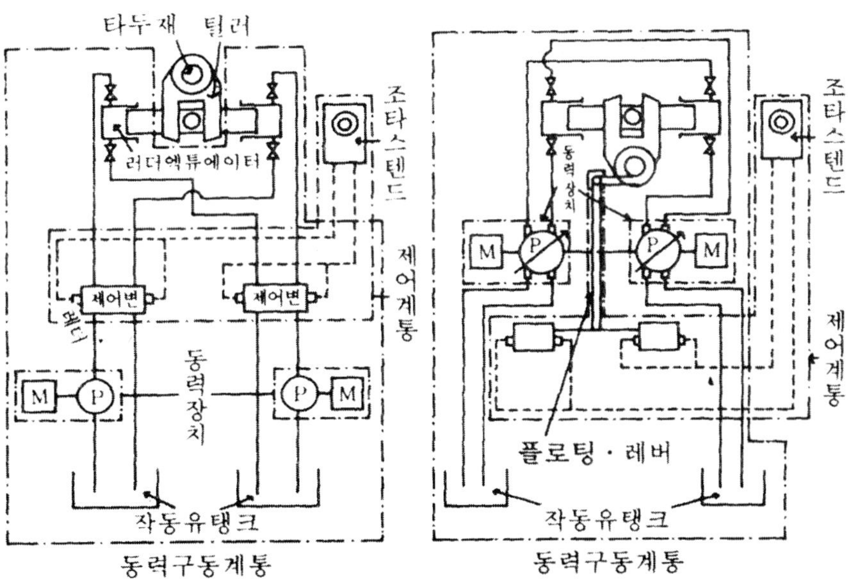

〈그림 21〉

제73조(조타장치)

① 선박에는 주조타장치 및 보조조타장치를 설치하여야 한다. 다만, 다음 각 호의 선박에는 보조조타장치를 설치하지 아니할 수 있다.

1. 수동조타장치를 통상 사용하는 총톤수 50톤 미만의 선박 또는 평수구역을 항해구역으로 하는 선박(여객선을 제외한다) <개정 2007. 11. 2, 2010. 08. 10>
2. 동력조타장치를 통상 사용하는 선박(여객선을 제외한다)으로서 평수구역을 항해구역으로 하는 선박 또는 연해구역을 항해구역으로 하는 총톤수 50톤 미만의 선박. 다만, 패킹 등 마모하기 쉬운 부품의 예비품을 가지고 있는 경우에 한한다. <개정 2007. 11. 2>
3. 2개의 타를 가지는 선박으로서 그 각각을 독립하여 조작할 수 있는 조타장치를 가지는 선박
4. 체인식의 조타장치(예비의 활차, 쇠사슬 등을 가지는 것에 한한다)등 그 구조가 단순한 조타장치를 가지는 선박

② 제1항의 규정에 의한 주조타장치 및 보조조타장치는 어느 하나가 고장난 경우에도 다른 조타장치의 작동에 방해를 주지 아니하는 것이어야 하며, 이들 장치의 분리에 대하여는 제72조제3호의 단서규정 이외에 다음 각 호의 기준에 의한다.

1. 타조작기 및 이에 접속하는 관은 겸용할 수 있다. 이 경우 타조작기에 접속하고 있는 관의 겸용부분은 가능한 한 짧게 할 것
2. 밸브매니폴드, 실린더밸브, 연결밸브 그 밖의 밸브류는 이중으로 설치하지 아니할 수 있다.
3. 국제항해에 종사하지 아니하며 연해구역 이하를 항해구역으로 하는 선박에 있어서는 동력장치만 분리할 수 있다. <개정 2007. 11. 2> <개정 2016. 4. 14>
4. 기계식추종기구(플로팅레버 등 링크기구를 포함한다)는 겸용할 수 있다.

제74조(주조타장치) 제73조 제1항의 규정에 의하여 선박에 설치하는 주조타장치는 다음 각 호의 요건에 적합한 것이어야 한다.

1. 조타장치의 강도 및 보호방법 등이 별표 9의 기준에 적합할 것
2. 계획만재흘수에서 최대항행속력으로 전진하는 경우 타를 한쪽 35도로부터 반대쪽 35도까지 조작할 수 있는 것으로서 한쪽 35도에서 반대쪽 30도까지 28초이내에 조작할 수 있는 것일 것. 다만, 해양수산부장관이 해당 선박(국제항해에 종사하는 선박 및 근해구역 이상을 항해구역으로 하는 선박을 제외한다)의 구조 및 항로등을 고려하여 지장이 없다

고 인정하는 경우에는 그러하지 아니하다. <개정 2007. 11. 2, 2008. 07. 18> <개정 2016. 4. 14>

3. 최대후진속력으로 후진하여도 파손되지 아니할 것
4. 틸러의 접합부에서의 타두재의 지름(강도계산상의 설계치로 하며, 빙해에서의 항해를 위하여 강도계산상 보강한 경우에는 당해 보강분을 감한 값으로 한다. 이하 제75조제4호 및 제80조에서 같다)이 120밀리미터를 넘는 경우에는 그 조작이 동력에 의한 것일 것

제75조(보조조타장치) 제73조제1항의 규정에 의하여 선박에 설치하는 보조조타장치는 다음 각 호의 요건에 적합한 것이어야 한다.

1. 조타기실을 가지는 국제항해에 종사하는 선박 및 근해구역 이상을 항해구역으로 하는 선박에 있어서는 조타기실에서 조작 가능한 것일 것 <개정 2007. 11. 2> <개정 2016. 4. 14>
2. 계획만재흘수에서 최대항행속력의 2분의 1 또는 7노트중 큰 쪽의 속력(최대항행속력이 7노트 미만인 선박에 대하여는 최대항행속력의 4분의 3)으로 전진하는 경우 타를 한쪽 15도로부터 반대쪽 15도까지 60초이내에 조작할 수 있는 것일 것. 다만, 해양수산부장관이 해당 선박(국제항해에 종사하는 선박 및 근해구역 이상을 항해구역으로 하는 선박을 제외한다)의 구조 및 항로 등을 고려하여 지장이 없다고 인정하는 경우에는 그러하지 아니하다. <개정 2007. 11. 4, 2008. 07. 18> <개정 2016. 4. 14>
3. 주조타장치가 고장난 경우 신속히 작동할 수 있는 것일 것
4. 틸러의 접합부에서의 타두재의 지름이 230밀리미터를 넘는 경우에는 그 조작이 동력에 의한 것일 것
5. 동력에 의한 것은 그 제어계통(조타륜 또는 조타레버를 제외한다. 이하 이 호 및 제76조제4호, 제77조제2항제4호, 제79조제3호에서 같다)이 주조타장치의 제어계통과 독립된 것으로서 다음 각 목의 요건에 적합한 것일 것
   가. 주조타장치의 제어계통과 보조조타장치의 제어계통과의 사이에는 공통 회로배선 및 단식절환스위치가 설치되어 있지 아니할 것
   나. 제어계통의 증폭기 또는 릴레이 등은 자동조타장치와 겸용할 수 있다.
   다. 선교와 조타기실간의 제어회로케이블로서 다심케이블을 사용하는 경우에는 주조타장치의 제어계통과 별개의 다심케이블이 사용되어 있을 것
   라. 가변토출용량식의 펌프를 사용하는 동력장치를 비치한 전동유압보조조타장치에

있어서는 당해 펌프의 경전량을 제어하기 위한 유압서보실린더 및 이에 부속하는 유압시스템(펌프구동전동기 및 그 시동기기류를 포함한다) 또는 전기서보모터가 각각 2조 비치되어 있을 것

6. 강도 및 보호방법 등의 요건은 제74조제1호의 규정에 의한 별표 9의 주조타장치의 기준에 적합한 것일 것

제76조(보조조타장치의 설치면제) 선박의 주조타장치가 동력에 의하여 작동하는 것이고 제74조제1호부터 제3호까지의 요건 및 다음 각 호의 요건에 적합한 경우에는 제73조제1항의 규정에 불구하고 해당 선박에 보조조타장치를 설치하지 아니할 수 있다.

1. 동등한 성능을 가지는 2대 이상의 동력장치를 가질 것
2. 유압조타장치는 1개의 유압구동계통(틸러 및 타조작기를 제외한다)에 고장이 발생된 경우 밸브조작에 의하여 고장부분을 분리하는 조치 또는 이와 동등 이상의 조치로 신속하게 조타능력을 회복할 수 있는 것일 것
3. 유압조타장치외의 것에 대하여는 제2호의 요건에 적합한 유압조타장치와 동등 이상의 성능을 가지는 것일 것
4. 선교에서 조작할 수 있는 2개의 독립된 제어계통(유압텔레모터에 의하여 구성되는 제어계통의 경우에는 1개)을 설치할 것. 이 경우 제어계통의 독립성에 대하여는 제75조제5호의 규정을 준용한다.

제77조(특수한 선박의 조타장치)

① 제73조의 규정에 불구하고 탱커외의 선박으로서 총톤수 70,000톤 이상의 선박의 조타장치는 제74조제1호부터 제3호까지 및 제76조 각 호의 주조타장치요건에 적합한 2개 이상의 동등한 능력을 가지는 동력장치를 갖춘 것이어야 한다.

② 제73조의 규정에 불구하고 총톤수 10,000톤 이상의 탱커의 조타장치는 다음 각 호의 요건에 적합한 것이어야 한다.

1. 유압조타장치는 그 유압구동계통에 하나의 고장이 발생한 경우 45초 이내에 조타능력을 회복할 수 있는 것일 것
2. 유압조타장치의 유압구동계통은 다음 각 목의 어느 하나에 해당하는 요건에 적합한 것일 것. 다만, 타조작기가 한개만 설치된 유압구동계통의 경우에는 해양수산부장관이 정하는 바에 의한다. <개정 2008. 07. 18>

가. 독립되고 분리된 2개의 유압구동계통으로서 그 각각이 제74조제2호의 규정에 의한 조타능력을 가지는 것일 것

나. 2개 이상의 동등한 능력을 가진 유압계통을 가지고 모든 장치를 동시에 운전하여 제74조제2호의 요건에 적합하여야 하며 그 중 1개에서 작동유의 누설이 생기는 경우 이것을 자동적으로 탐지하고, 해당 계통을 자동적으로 차단함으로써 다른 계통의 작동을 유지할 수 있는 것일 것. 이 경우 조타능력을 얻기 위하여 필요한 경우에는 각각의 유압구동장치를 서로 연결한 배관장치를 하여야 한다.

3. 유압조타장치외의 것에 있어서는 제1호 및 제2호의 요건에 적합한 조타장치와 동등 이상의 것일 것
4. 선교에서 조작할 수 있는 2개의 독립된 제어계통을 설치한 것일 것. 이 경우 제어계통의 독립성에 대하여는 제75조제5호의 규정을 준용한다.
5. 강도 및 보호방법, 동력장치등의 요건은 제74조제1호부터 제3호까지 및 제76조제1호의 규정에 의한 주조타장치의 기준에 적합한 것일 것

제78조(동력장치) 동력조타장치의 동력장치는 다음 각 호의 요건에 적합한 것이어야 한다.

1. 선교에서 시동될 수 있는 것일 것
2. 고장으로 인하여 정지된 동력원으로부터의 동력의 공급이 회복된 경우 자동적으로 다시 시동될 수 있는 것일 것
3. 고장난 경우 선교에서 가시가청의 경보를 발하는 것일 것. 이 경우 전동유압장치에 있어서 고장이라 함은 유압펌프를 구동하는 전동기의 무전압상태를 말하며, 가시경보는 독립된 계통의 것이어야 한다.

제79조(제어계통) 동력조타장치의 제어계통은 다음 각 호의 요건에 적합한 것이어야 한다.

1. 선교(조타기실을 가지는 국제항해에 종사하는 선박 및 근해구역 이상을 항해구역으로 하는 선박의 경우에는 조타기실을 포함한다)에서 조작될 수 있는 것일 것 <개정 2007. 11. 2> <개정 2016. 4. 14>
2. 선교에서 작동을 개시할 수 있는 것일 것
3. 조타기실을 가지는 국제항해에 종사하는 선박 및 근해구역 이상을 항해구역으로 하는 선박에 있어서는 선교에서 조작되는 제어계통을 차단하기 위한 장치가 조타기실에 설치된 것일 것 <개정 2007. 11. 2> <개정 2016. 4. 14>

4. 전기식의 것은 급전이 정지되는 경우 선교에서 가시가청의 경보를 발하는 장치를 설비한 것일 것. 이 경우 2계통 공용의 것으로 할 수 있다
5. 제76조제4호의 규정에 의하여 2조의 독립된 제어계통을 가지는 선박에 설치되는 관장치 또는 전로는 가능한 한 서로 떨어진 위치에 설치된 것일 것
6. 총톤수 500톤 이상의 선박에 있어서 2개의 제어계통은 모두 추종방식의 것일 것 다만, 총톤수 10,000톤 미만의 선박에 있어서는 1개의 제어계통만을 추종방식으로 할 수 있다.
7. 2개의 제어계통이 요구되는 조타장치에 있어서는 2개의 제어계통용 작동유탱크가 비치되어 있을 것

제80조(대체동력원) 국제항해에 종사하는 선박 및 근해구역 이상을 항해구역으로 하는 선박의 조타장치(틸러의 접합부에서의 타두재의 지름이 230밀리미터를 넘는 경우에만 한정한다)에는 다음 각 호의 요건에 적합한 대체 동력원을 설치하여야 한다. <개정 2007. 11. 2, 2010. 08. 10> <개정 2016. 4. 14>

1. 비상전원 또는 조타기실에 설치된 전용의 동력일 것
2. 제75조제2호의 규정에 의한 조타능력을 유지하기 위하여 필요한 동력을 동력장치 및 관련 제어계통에 10분(총톤수 10,000톤 이상의 선박의 경우에는 30분) 이상 공급할 수 있는 것일 것
3. 주동력원으로부터 동력의 공급이 정지되는 경우 자동적으로 45초이내에 동력을 공급할 수 있는 것일 것

제81조(부속설비)

① 조타장치에는 틸러의 회전방지설비 및 다음 각 호의 부속설비를 설치하여야 한다.

1. 동력구동의 조타장치에 있어서는 조타장치를 설치한 장소(선교를 제외한다)에 타각을 확인하기 위한 장치
2. 비상시 타를 고정하기 위한 장치. 이 경우 유압조타장치의 밸브를 폐쇄함으로서 타를 고정할 수 있는 장치 또는 고정로프 등은 이러한 장치로 볼 수 있다.
3. 유압조타장치외의 조타장치에 있어서는 스프링 그 밖의 적당한 완충장치. 다만, 총톤수 500톤 미만의 선박 또는 평수구역을 항해구역으로 하는 선박에는 완충장치를 설치하지 아니할 수 있다 <개정 2007. 11. 2>

② 유압으로 작동되는 동력조타장치에는 다음 각 호의 설비를 하여야 하며, 유압관장치는

동력장치를 용이하게 전환하여 사용할 수 있는 것이어야 한다. 다만, 총톤수 500톤 미만의 선박에 설치되는 유압조타장치는 제4호와 제5호를 적용하지 아니할 수 있다. <개정 2007. 11. 2, 2010. 08. 10>

1. 작동유를 깨끗하게 유지하기 위한 필터 등의 장치
2. 유압구동계통에 필요시 장치내의 공기를 빼어낼 수 있는 장치
3. 외부에서 밸브에 의하여 차단되고 동력원 또는 외력에 의하여 과압이 발생될 우려가 있는 유압관장치의 모든 부분에 압력도출밸브. 이 경우 도출밸브의 조정압력은 유압장치의 최고사용압력의 1.25배 이상이어야 하고, 총도출능력은 펌프의 총도출용량의 110퍼센트 이상이어야 하며, 조정압력의 110퍼센트를 초과하는 압력상승이 발생되지 아니하는 것이어야 한다.
4. 선교 및 기관구역의 적당한 장소에서 가시・가청의 경보를 발할 수 있는 작동유탱크의 저유면경보장치. 이 경우 저유면경보장치를 2개 이상의 작동유탱크에 설치하는 경우 해당 저유면경보장치는 유면이 저하하고 있는 탱크를 식별할 수 있는 것이어야 한다.
5. 다음 각 목의 요건에 적합한 예비작동유를 저장하는 탱크
   가. 1개의 유압구동계통(작동유탱크를 포함한다)에 필요한 양의 작동유를 저장할 수 있는 것일 것
   나. 고정식의 것일 것
   다. 유량계가 설치된 것일 것
   라. 조타기실에서 작동유를 유압구동계통에 보충할 수 있도록 고정 배관된 것일 것

제82조(전환장치) 자동조타장치에는 수동조타로 전환할 수 있는 다음 각 호의 요건에 적합한 전환장치를 설치하여야 한다.

1. 자동조타장치의 고장을 포함하는 어떠한 상태에서도 전환이 가능할 것
2. 어떠한 타각에서도 2회이내의 조작에 의하여 3초 이내에 전환할 수 있을 것
3. 조타위치에 근접하여 설치되어 있을 것

제83조(조타설명서) 동력조타장치를 설치한 선박의 선교(조타기실을 가지는 선박의 경우에는 조타기실을 포함한다)에는 선교에서 조작하는 제어계통 및 동력장치의 전환순서를 나타내는 조타설명서를 게시하여야 한다. 이 경우 조타기실을 가지는 선박이라 함은 조타장치가 설치되어 있는 폐위된 장소로서 보조조타장치를 조작할 수 있는 장소를 가지는 선박을 말한다.

제3장 항해용구

제84조(적용범위) 이 장의 제89조부터 제91조까지 및 제93조부터 제108조의9까지의 규정은 비자항선에 대하여는 이를 적용하지 아니한다. 다만, 사람을 탑재하는 비자항선에 대하여는 제89조부터 제91조까지의 규정을 적용한다. <개정 2007. 11. 2> <개정 2014. 05. 28>

제85조(속구) 선박에는 선박의 종류, 항해구역 등의 구분에 따라 별표 10부터 별표 12까지에 의한 속구를 설치하여야 한다. <개정 2007. 11. 2>

제86조(선등 등)

① 선박에 설치하는 등화(이하 "선등"이라 한다) 및 신호등 등은 별표 13의 선등시험기준에 적합한 것이어야 한다.

② 선등에는 그 발하는 빛이 갑판상에 도달되지 아니하도록 적절한 조치를 하여야 한다.

③ 국제항해에 종사하는 선박 및 근해구역 이상을 항해구역으로 하는 선박으로서 홍색 및 녹색의 삽입유리를 사용하는 현등을 비치하는 선박에는 홍색 및 녹색의 삽입유리 각 2개를 예비품으로 비치하여야 한다. <개정 2007. 11. 2> <개정 2016. 4. 14>

제87조(선등의 위치)

① 선등은 그 발하는 빛이 방해받지 아니하도록 이를 적당한 위치에 설치하여야 하며, 그 설치 위치는 다음 각 호의 요건에 적합한 것이어야 한다.

1. 선등은 그 광원의 중심을 기준으로 하여 그 위치를 결정할 것
2. 상갑판상의 높이는 당해 선등을 통하는 수직선 하방의 상갑판(최상층의 전통갑판을 말한다. 이하 같다)으로부터 측정된 것으로 할 것. 다만, 상갑판이 없는 선박에 있어서는 현단을 상갑판으로 볼 것
3. 정박등외의 전주등(360도의 수평호를 비추는 등화를 말하며 섬광등을 제외한다)은 그 수평방향으로 발하는 빛이 6도를 초과하여 방해받지 아니하는 위치에 이를 설치할 것

② 장등을 설치하는 위치는 다음 각 호의 요건에 적합한 것이어야 한다.

1. 배의 중심선상일 것
2. 높이는 다음 표에 의할 것

구 분	높 이
전장 20미터 이상의 선박	1. 전부장등(장등 1개만을 설치하는 선박에 있어서는 해당 장등, 앞쪽에 1개의 장등을 설치하는 선박에 있어서는 해당 장등, 앞쪽에 2개 또는 3개의 장등을 수직선상에 설치하는 선박에 있어서는 그 중 어느 하나의 장등을 말한다 이하 이 조에서 같다)은 뒤쪽의 어느 장등보다도 4.5미터 이상 아래쪽으로서 상갑판상 6미터(최대너비가 6미터를 넘는 선박에 있어서는 그 최대너비 또는 12미터중 작은 값) 이상의 높이 2. 후부장등(뒷쪽에 1개의 장등을 설치하는 선박에 있어서는 해당 장등, 뒷쪽에 2개 또는 3개의 장등을 수직선상에 설치하는 선박에 있어서는 그 중 어느 하나의 장등을 말한다. 이하 이 조에서 같다)은 앞쪽의 어느 장등보다도 위쪽이고 통상의 트림상태에서 선수로부터 1,000미터 떨어진 해면에서 보았을 때 전부장등보다 위쪽으로 분리되어 보이는 높이
전장 20미터 미만의 선박	전부장등은 현연상면으로부터 2.5미터 이상의 높이. 다만, 전장 12미터 미만의 선박에 대하여는 그러하지 아니하며, 현등 및 선미등에 부가하여 장등을 설치하는 경우에는 현등보다 1.0미터 이상의 높이에 이를 설치하여야 한다.

3. 전부장등 및 후부장등은 다른 어느 선등(장등 및 조선신호등을 제외한다)보다 위쪽에 있을 것. 다만, 1개의 백등 및 2개의 홍등 또는 3개의 홍등을 수직선상에 설치하여야 하는 경우에 있어서 해당 백등 및 홍등을 전부장등보다 아래쪽에 설치하는 것이 곤란한 경우에 한하여 전부장등 또는 후부장등보다 위쪽에 이를 설치할 수 있다.
4. 후부장등을 설치하는 선박에 있어서는 선수로부터 전부장등까지의 수평거리는 해당 선박의 전장의 4분의 1이하, 전부장등에서 후부장등까지의 수평거리는 해당 선박의 전장의 2분의 1(전장이 200미터를 초과하는 선박에 있어서는 100미터) 이상일 것
5. 장등을 1개만 설치하는 동력선에 있어서는 선박의 중앙부보다 앞쪽에 선등을 설치하여야 한다. 다만, 전장 20미터 미만의 선박, 그 밖에 선박의 구조상 선박의 중앙부보다 앞쪽에 설치하기가 곤란한 선박에 대하여는 그러하지 아니하다.

③ 현등을 설치하는 위치는 다음 각 호의 요건에 적합한 것이어야 한다.

1. 상갑판상의 높이는 전부장등의 상갑판상의 높이의 4분의 3이하일 것
2. 전장 20미터 이상인 선박에 있어서는 전부장등보다 앞쪽이 되지 아니하는 위치로서 현측 또는 그 부근일 것

④ 양색등을 설치하는 위치는 다음 각 호의 요건에 적합한 것이어야 한다.

1. 배의 중심선상에 있을 것
2. 전부장등보다 1미터 이상 아래에 있을 것

⑤ 2개의 정박등을 설치하는 경우 해당 정박등을 설치하는 위치는 다음 각 호의 요건에 적합한 것이어야 한다.

1. 앞쪽의 정박등은 뒷쪽의 정박등보다 4.5미터 이상 윗쪽에 있을 것
2. 전장 50미터 이상의 선박에 있어서 앞쪽의 정박등의 상갑판상의 높이는 6미터 이상일 것

⑥ 2개 또는 3개의 선등을 수직선상에 설치하여야 하는 경우 해당 선등을 설치하는 위치는 다음 각 호의 요건에 적합한 것이어야 한다.

1. 각 선등의 간격 및 가장 아래쪽의 선등의 상갑판상의 높이(전장 20미터 미만의 선박에 있어서는 현연상의 높이. 이하 같다)는 다음 표에 의할 것. 다만, 예선등 및 선미등을 설치하여야 하는 경우에 있어서는 해당 선미등의 상갑판상의 높이에 대하여는 그러하지 아니하다.

구 분	간 격	높 이
전장 20미터 이상의 선박	2미터 이상	4미터 이상
전장 20미터 미만의 선박	1미터 이상	2미터 이상

2. 3개의 선등을 설치하여야 하는 경우에 있어서 각 선등의 간격은 같은 것으로 할 것
3. 제2항 제3호 단서의 규정에 의하여 1개의 백등 및 2개의 홍등 또는 3개의 홍등을 설치하는 위치는 다음 각 목의 1에 적합한 것일 것
   가. 후부장등보다 위쪽일 것
   나. 전부장등보다 위쪽이고 후부장등보다 아래쪽으로서 선박의 중심선과의 수평거리가 2미터 이상일 것

⑦ 조선신호등을 설치하는 위치는 다음 각 호의 요건에 적합한 것이어야 한다.

1. 배의 중심선상에 있을 것
2. 후부장등을 설치하는 선박에 있어서 그 높이는 다음 각 목의 어느 하나에 해당하는 요건에 적합한 것일 것
   가. 후부장등보다 2미터 이상 위쪽
   나. 후부장등보다 2미터 이상 아래쪽이고 또한, 가능한 한 전부장등보다 2미터 이상 위쪽
3. 후부장등을 설치하지 아니하는 선박에 있어서는 전부장등보다 2미터 이상 위 또는 아래쪽에 있을 것

제88조(현등격판)

① 현등에는 현등격판을 설치하여야 한다. 다만, 전장 20미터 미만의 선박에 있어서 양색

등을 사용하는 경우에는 그러하지 아니하다.

② 제1항의 규정에 의한 현등격판은 다음 각 호의 요건에 적합한 것이어야 한다.

1. 현등격판의 형상 및 치수는 별표 14에 의한 것일 것. 다만, 선박의 항구적인 구조물을 현등격판으로 이용할 수 있으며, 등창유리의 수직축에서 격판전부의 돌출부까지의 거리는 필요한 경우 915밀리미터 이상으로 할 수 있다.
2. 현등격판의 내면에는 윤기없는 흑색의 도장을 할 것
3. 현등격판의 측판은 수직이고 배의 중심선에 평행하게 고정된 것일 것

제89조(기적 등)

① 선박에는 자동취명이 가능한 기적을 설치하여야 한다. 다만, 전장 12미터 미만의 선박에는 기적의 대용으로 유효한 음향신호를 낼 수 있는 다른 기구를 설치할 수 있다.<개정 2004. 04. 1>

② 제1항의 규정에 의한 기적은 다음 각 호의 요건에 적합한 것이어야 한다.

1. 기본주파수 및 음압은 다음 표에 의한 것일 것<개정 2004. 04. 1>

구 분	기본주파수 (헤르츠)	음압 (데시벨)
전장 20미터 미만의 선박	250 이상 700 이하	1111) 1152) 1203)
전장 20미터 이상의 선박	250 이상 700 이하	130 이상
전장 75미터 이상의 선박	130 이상 350 이하	138 이상
전장 200미터 이상의 선박	70 이상 200 이하	143 이상

비고 : 음압은 해당 기적으로부터 음이 가장 강한 방향(이하 "최강방향"이라 한다)으로 1미터되는 위치에서 전장20미터 이상의 선박은 180헤르츠 내지 700헤르츠, 전장 20미터 미만의 선박은 180헤르츠 내지 2100헤르츠 사이로서 아래와 같은 사이에 중심주파수를 가지는 3분의1 옥타브밴드의 어느 하나로 측정하는 것으로 한다.
1) 측정된 주파수 범위가 800헤르츠 내지 2100헤르츠 사이에 있을 경우
2) 측정된 주파수 범위가 450헤르츠 내지 800헤르츠 사이에 있을 경우
3) 측정된 주파수 범위가 180헤르츠 내지 450헤르츠 사이에 있을 경우

2. 지향성을 가지는 기적은 다음 각 목에 의한 음압 이상을 가지는 것일 것. 이 경우 음압은 제1호의 규정에 의한 음압을 측정하는 것의 3분의 1에 해당하는 옥타브밴드로 측정하는 것으로 한다.

가. 최강방향으로 좌우 각 45도의 범위 안에서는 최강방향의 음압에서 4데시벨을 감한 음압

나. 가목의 범위외의 범위에서는 최강방향의 음압에서 10데시벨을 감한 음압

3. 선박의 항해중 동요 및 진동 등에 의하여 그 성능에 지장을 주지 아니하는 것일 것 <개정 2007. 11. 2>

제90조(기적의 위치) 제89조제1항의 규정에 의한 기적을 설치하는 위치는 다음 각 호의 요건에 적합한 것이어야 한다.

1. 가능한 한 높은 위치에 설치할 것
2. 해당 선박에서 다른 선박의 기적을 통상 청취하는 선교 및 시계제한시의 파수장소에서 음압이 110데시벨(A)을 초과하여서는 아니되고 가능한 한 100데시벨(A)을 넘지 아니하도록 설치할 것
3. 지향성을 가진 기적이 당해 선박에 있어서의 유일한 기적인 경우에는 선수방향에서 음압이 최대가 되도록 설치할 것
4. 2개 이상의 기적을 설치하는 선박에 있어서 1개의 기적이 다른 기적으로부터 100미터를 넘는 간격으로 설치되는 경우에는 이들 기적이 동시에 울리지 아니하도록 설치할 것
5. 선박에서의 유일한 기적 또는 제4호의 규정에 의한 기적중 어느 1개의 음압이 장애물에 의하여 현저하게 줄어드는 구역이 생길 염려가 있는 경우에는 가능한 한 복합기적장치로 할 것. 이 경우 해당 복합기적장치는 다음 각 목의 요건에 적합한 것이어야 한다.

가. 각 기적의 간격이 100미터이하인 2개 이상의 기적을 가지는 것일 것

나. 가목의 기적은 동시에 울리는 것일 것

다. 가목의 각 기적의 주파수의 차는 각각 10헤르츠 이상일 것

6. 제5호의 규정에 의한 복합기적장치는 단일의 기적으로 볼 것

제91조(호종 등)

① 전장이 20미터 이상인 선박에는 다음 각 호의 어느 하나에 해당하는 호종 등을 비치하여야 한다. <개정 2004. 04. 1>

1. 전장이 100미터이하인 선박은 호종 1개
2. 전장이 100미터를 초과하는 선박은 호종 1개 및 징(동라) 1개. 이 경우 징의 음조는 호종과 혼동되지 아니하여야 한다.

② 제1항의 규정에 의한 호종 또는 징(동라)은 다음 각 호의 요건에 적합한 것이어야 한다. <개정 2004. 04. 1>

1. 호종 또는 징(동라)으로부터 1미터 떨어진 위치에서의 음압이 110 데시벨 이상일 것
2. 재료는 내식성을 가지는 것일 것
3. 맑은 음색을 발하는 것일 것
4. 전장이 20미터 이상인 선박에 비치하는 호종은 개구부의 지름이 300밀리미터 이상일 것
5. 호종의 타자의 무게는 호종의 무게의 3퍼센트 이상일 것
6. 동력식 호종의 타자는 가능한 한 일정한 강도로 타종하는 것이어야 하고 또한 수동에 의하여 조작할 수 있는 것일 것

제91조의2(등화 및 형상물 등의 완화) 특수한 구조나 목적을 가지는 선박으로서 제85조 내지 제91조의 규정을 적용하는 것이 곤란한 경우에는 동 규정에 불구하고 선등이나 형상물의 수, 위치, 시인(視認)거리 및 사광권과 음향신호기구의 배치 등에 관하여 해양수산부장관이 인정하는 바에 따른다. 〔전문신설 2004. 04. 1〕 <개정 2008. 07. 18>

제92조(해사안전법적용제외선박의 선등 등) 「해사안전법」의 적용을 받지 아니하는 하천 및 호소 등 만을 항해하는 선박에 설치하는 선등, 형상물, 기적 및 호종에 대하여는 해당 선박이 항해하는 수역의 교통량, 수역의 크기 등을 고려하여 다음 각 호의 설비로 할 수 있다. <개정 2007. 11. 2> <개정 2014. 05. 28>

1. 야간에 항해하는 선박에는 백등 1개를 설치할 것 <개정 2007. 11. 2>
2. 기적의 대용으로 사이렌 등 적당한 음향신호장치를 설치할 것
3. 형상물 및 호종을 비치하지 아니할 수 있다.

제93조(항해용해도 등)

① 연해구역 이상을 항해구역으로 하는 선박에는 항해하여야 할 해역 및 항만의 해도 그 밖의 항해용간행물을 비치하여야 한다. 이 경우 항해용간행물은 「선박안전법 시행규칙」 제75조에 따라 최신의 것을 비치하여야 한다. 다만, 한정된 해역만 운항하는 선박에 대한 조석표는 해당 항만의 조석표만을 비치할 수 있다. <개정 2007. 11. 2, 2009. 04. 10, 2010. 08. 10>

② 국제항해에 종사하는 총톤수 500톤 이상의 여객선 및 총톤수 3,000톤 이상의 화물선에는 「선박안전법 시행규칙」 제75조제1항에 따른 전자해도(ECDIS : Electronic chart display and information system)를 설치하여야 한다. 이 경우 전자해도는 백업장치를 갖추어야 하며, 제1항에 따른 최신화된 해도를 백업장치로 활용할 수 있다. <신설 2010. 08. 10> <개정 2016. 4. 14>

③ 제1항에도 불구하고 제2항에 따른 선박이외의 선박은 해도에 대신하여 「선박안전법 시행규칙」 제75조제1항에 따른 전자해도(ECDIS)를 설치할 수 있다. 이 경우 전자해도(ECDIS)는 백업장치를 갖추어야 하며, 예비의 최신화된 해도를 백업장치로 활용할 수 있다. <개정 2008. 07. 18, 2010. 08. 10> <개정 2016. 4. 14>

④ 제2항의 규정에 의한 전자해도표시시스템은 다음 각 호의 요건에 적합한 것이어야 한다. <개정 2010. 08. 10>

1. 표시된 정보 또는 오작동에 대하여 적절히 경보를 발하거나 표시할 수 있을 것
2. 항해계획 및 항로감시를 하는 동안 화면상에 표시되는 시스템전자해도(SENC : System electronic Navigational Chart)는 기본화면, 표준화면 및 기타 필요한 정보를 표시하는 화면으로 구성될 것
3. 사용자가 한 번의 조작을 통하여 표준화면을 표시할 수 있을 것
4. 화면에서 쉽게 정보를 추가하거나 수정할 수 있어야 하며, 기본화면내에 포함된 정보는 변경할 수 없는 것일 것
5. 사용자가 시스템전자해도가 제공하는 등심선을 이용하여 안전항해를 위한 수심을 선택할 수 있을 것
6. 최신화된 해도자료를 입력할 수 있는 장치가 구비되어 있을 것
7. 사용되는 전자해도(ENC : Electronoc Navigational Chart)는 변조가 불가능하여야 하며, 시스템전자해도는 선박의 예정항로에 적합한 것일 것
8. 최신화된 해도자료는 기존의 입력된 전자해도와 별개로 저장될 수 있을 것
9. 사용자가 화면을 통하여 최신화된 내용을 검토하고 최신화된 내용이 시스템전자해도에 포함되었는지를 확인할 수 있는 것일 것
10. 전자해도에 포함된 정보 또는 그 밖의 항해정보를 화면상에 추가할 수 있을 것
11. 필요할 경우 레이더정보 또는 그 밖의 항해정보를 화면상에 추가할 수 있는 것일 것
12. 화면표시는 항상 노스업(North-up)방향의 시스템전자해도에 표시할 수 있을 것
13. 화면표시모드는 실제 이동모드를 사용하는 것일 것
14. 시스템전자해도는 적절한 색상 및 기호를 사용하는 것일 것
15. 전자해도에서 지정한 축적으로 화면표시를 하는 경우 시스템전자해도의 정보는 지정

된 크기의 기호, 숫자 및 문자를 사용하는 것일 것

16. 다음의 정보를 화면에 표시할 수 있어야 하며, 이 경우 항로감시를 위한 해도의 화면표시는 최소한 가로 270밀리미터, 세로 270밀리미터 이상일 것
    가. 항로계획 및 추가 항해업무 <개정 2007. 11. 2>
    나. 항로감시
17. 화면은 해양수산부장관이 적당하다고 인정하는 색상 및 해상도로 표시하는 것일 것 <개정 2008. 07. 18>
18. 화면에 표시되는 정보는 주간 또는 야간에 선교에서 통상적으로 사용하는 조명 및 일광하에서 1명 이상이 명확히 식별할 수 있을 것
19. 간단하고 신뢰성 있는 방법으로 항로계획 및 항로감시를 할 수 있을 것
20. 모든 경보 또는 선박이 안전한 수심범위를 지나치거나 금지구역에 진입할 경우의 표시를 위하여 지역에 대한 가장 큰 축척의 자료가 시스템전자해도에 사용될 것
21. 직선과 곡선의 항로계획을 할 수 있어야 하며, 항로상에서 변침점을 추가 또는 삭제, 변침점의 변경 또는 순서를 변경할 수 있을 것
22. 선박의 계획된 항로가 예정항로를 벗어나거나 금지구역의 경계 또는 특별한 항해조건이 부여된 지역에 진입할 경우 이를 표시할 수 있을 것 <개정 2007. 11. 2>
23. 선박이 금지구역의 경계 또는 특별한 항해조건이 부여된 지역에 진입할 경우 설정된 시간 내에 경보 및 표시를 할 수 있을 것 <개정 2007. 11. 2>
24. 설정된 항로 이탈범위를 초과하는 경우에는 경보를 발하는 것일 것
25. 설정된 시간 또는 거리범위 내에서 선박의 예정항로상에 지정한 특정지점에 도달할 것임을 알리는 경보를 발할 것
26. 1분과 120분 사이에 설정된 간격으로 수동 및 자동으로 선박의 항적을 따라 시간을 화면에 표시할 수 있을 것
27. 적절한 수의 지점, 자유이동가능한 전자방위선(Free Movable bearing lines), 가변 및 고정영역표시(Variable and fixed-range markers) 등 기타 항해에 필요한 다른 기호를 화면에 표시할 수 있을 것 <개정 2007. 11. 2>
28. 모든 위치의 지리적인 좌표입력 및 선택이 가능하여야 하며, 사용자의 필요에 따라 이를 화면에 표시할 수 있을 것
29. 전체 항해의 항적을 4시간 이하의 간격으로 표시하여 기록할 수 있어야 하며, 12시간동안의 항적을 저장할 수 있는 용량을 가져야 하며, 기록된 자료는 조작하거나 변경할 수

없을 것

30. 다음의 자료를 1분 간격으로 기록할 수 있을 것
    가. 시간, 위치, 방향 및 속도 등의 선박의 항적 기록
    나. 전자해도 제공처, 버전, 최신화이력 등 공식자료의 기록
31. 다른 장비와 연결할 경우 성능이 저하되지 아니할 것
32. 선박 내에서 주요기능을 자동 또는 수동으로 시험할 수 있어야 하며, 시험을 할 경우에는 고장부위에 대한 정보를 화면상에 표시할 수 있을 것
33. 비상전원으로 정상적인 기능을 유지할 수 있을 것
34. 그 밖에 해양수산부장관이 필요하다고 인정하는 요건

〔전문개정 2004. 04. 1〕 <개정 2008. 07. 18>

⑤ 제1항에도 불구하고 연해구역 이상을 항해하는 선박은 해도(전자해도를 제외한다)를 제외한 조석표 등의 항해용간행물에 대하여 소프트웨어 또는 전자문서 등 전자적 방법의 항해용간행물을 비치할 수 있다. 다만, 전자적 방법의 항해용간행물은 상시 확인이 가능한 것이어야 하며, 이에 대한 적절한 백업장치를 갖추어야 한다. <신설 2009. 04. 10><개정 2010. 08. 10> <개정 2012. 2. 21> <개정 2016. 4. 14>

⑥ 해양수산부장관이 발행한 항해용간행물을 가공·복제한 유사간행물은 제1항부터 제5항까지의 규정에 따른 정식 항해용간행물로 보지 아니한다. <신설 2016. 4. 14>

제94조(항해용레이더)

① 다음 각 호의 어느 하나에 해당하는 선박에는 9기가헤르쯔대의 항해용레이더 1대를 설비하여야 한다. 다만, 호소·하천 또는 항내만을 항해하는 선박 및 출발항에서 도착항까지(출발항에서 최종도착항까지의 사이에 가장 가까운 도착항이 있는 경우에는 각각의 항로의 출발항에서 도착항까지)의 거리가 5마일이내의 항로를 항해하는 선박으로서 해당 항로 외에는 항해하지 아니하는 선박에 대하여는 그러하지 아니하다. <개정 2004. 04. 1, 2007. 11. 2> <개정 2012. 2. 21>

1. 「해운법」에 따른 해상여객운송사업면허를 받은 선박 및 총톤수 30톤 이상의 여객선
2. 최대속력이 20노트 이상인 여객선
3. <삭 제>
4. 제1호 및 제2호외의 선박으로서 총톤수 100톤 이상의 선박 <개정 2010. 08. 10> <개정 2012. 2. 21>

② 제1항에도 불구하고 총톤수 3,000톤 이상의 선박에는 동시에 조작할 수 있고 독립된 형태의 3기가헤르쯔대 또는 9기가헤르쯔대의 항해용레이더 1대를 추가로 설비하여야 한다. <개정 2004. 04. 1> <개정 2016. 4. 14>

③ <삭제 2009. 04. 10>

④ <삭제 2009. 04. 10>

⑤ 2대 이상의 항해용레이더에 상호전환장치를 설치하는 경우에는 1대의 항해용레이더가 고장난 경우에도 다른 항해용레이더의 기능에 장애를 일으키지 아니하도록 하여야 한다. <개정 2004. 04. 1>

제95조(전자플로팅설비)

① 다음 각 호의 선박에는 충돌예방조치를 위하여 상대선박의 방위, 속력 및 최근접거리를 표시하는 설비[이하 “전자플로팅설비(EPA : Electronic Plotting Aids)”라 한다]를 하여야 한다.

1. 국제항해에 종사하는 여객선 및 국제항해 종사하지 아니하는 총톤수 150톤 이상 500톤 미만의 여객선
2. 여객선 이외의 선박으로서 총톤수 300톤 이상 500톤 미만의 선박 <개정 2010. 08. 10>

② 제1항의 규정에 의한 전자플로팅설비는 다음 각 호의 요건에 적합한 것이어야 한다.

1. 레이더 화면상에 최소한 10개의 물표를 플로팅 할 수 있을 것
2. 3해리, 6해리 및 12해리의 축적범위(Range scale)로 물표를 플로팅 할 수 있어야 하며, 축적범위를 변환할 때에도 플로팅이 계속될 수 있을 것
3. 상대속도 75노트이하의 물표도 플로팅 할 수 있을 것
4. 사용자가 최근접점까지의 거리, 최근접점에 도달하는데 소요되는 시간 및 벡터시간을 조정할 수 있는 것일 것
5. 플로팅위치는 승인된 기호 및 관련 플로팅번호로 식별할 수 있는 것이어야 하며, 이 경우 플로팅번호는 화면상에서 삭제할 수 있을 것
6. 플로팅사이의 최소 경과시간은 30초 이상일 것
7. 두 번째 플로팅 후에는 벡터를 물표상에 표시할 수 있어야 하고, 진벡터(True vector) 또는 상대벡터(Relative vector)선택이 가능하여야 하며, 이 벡터모드를 분명하게 표시할 수 있을 것
8. 표시된 벡터는 계산된 실제 침로 및 속력에 의하여 정해진 비율 및 방향으로 화면을

가로질러 이동하는 것일 것

9. 플로팅위치의 수정이 가능할 것

10. 선택된 물표상에 다음의 내용을 필요에 따라 화면상에 표시할 수 있는 것으로서 선택된 플롯은 승인된 기호 및 플롯자료로 명확하게 식별할 수 있어야 하며, 레이더 화면상의 레이더 영역 바깥쪽에 이를 표시하는 것일 것

11. 그 밖에 해양수산부장관이 필요하다고 인정하는 요건

〔전문개정 2004. 04. 1〕 <개정 2008. 07. 18>

제95조의2(자동추적장치)

① 총톤수 500톤 이상 10,000톤 미만의 선박에는 자동추적장치(ATA : Automatic Tracking Aids) 1대를 설치하여야 한다.

② 제1항의 규정에 의한 자동추적장치는 다음 각 호의 요건에 적합한 것이어야 한다.

1. 최소한 10개의 물표에 대한 정보를 자동으로 추적, 처리, 동시표시 및 연속적으로 최신화할 수 있는 것이어야 하며, 자동추적장치의 오작동이 레이더 화면상에 표시되는 내용에 영향을 미치지 않을 것
2. 최소한 3해리, 6해리 및 12해리의 축적범위로 사용할 수 있는 것이어야 하며, 사용 중인 축적범위를 명확히 표시할 수 있을 것
3. 상대속도 100노트 이하의 물표에 대한 정보를 수동으로 얻고, 취소할 수 있을 것
4. 노스업 및 코스업(Course-up)상태로 방위가 안정된 상대운동표시상태로 사용가능할 것
5. 물표의 방향 및 속력정보는 물표의 예상되는 운동을 명확히 나타내는 벡터 또는 그래픽 형식으로 화면에 표시되는 것일 것
6. 레이더 화면상에 나타난 물표의 확인을 방해하지 않는 것이어야 하며, 원하지 않은 자료는 3초 이내에 화면상에서 제거할 수 있을 것
7. 자동추적한 자료의 완전한 제거를 포함하여 자동추적 및 레이더 화면상의 자료의 밝기를 조절할 수 있을 것
8. 주야간 선교에서 통상 사용하는 조명하에서 화면상에 나타난 자동추적자료를 볼 수 있을 것
9. 화면상에 나타난 물표의 거리 및 방위를 신속히 확인할 수 있을 것
10. 물표의 운동방향을 1분 이내에 표시할 수 있어야 하며, 제4호 · 제15호 · 제16호 및 제18호의 규정에 의한 물표의 예상되는 움직임에 대한 정보를 3분 이내에 화면에 표시할

수 있을 것

11. 축적범위를 변경하거나 화면표시를 재조정한 후에는 전체의 플로팅정보가 하나의 스캔을 초과하지 않는 시간 내에 표시될 것
12. 자동추적하는 물표가 사용자가 설정한 범위에 근접하거나 횡단할 경우 가시가청경보를 이용하여 사용자에게 경고할 수 있어야 하며, 이 경우 경보를 발생시키는 물표를 적절한 기호로 명확히 표시할 수 있을 것
13. 자동추적하는 물표가 사용자가 설정한 안전 또는 시간영역내에 접근이 예상될 경우 가시가청경보룰 이용하여 사용자에게 경고할 수 있어야 하며, 이 경우 경보를 발생시키는 물표는 적절한 기호로 명확히 표시할 수 있을 것
14. 자동추적하고 있는 물표를 놓친 경우(물표가 범위를 벗어난 경우는 제외한다) 이를 명확하게 표시할 수 있어야 하며, 물표의 최종 추적위치를 화면상에 명확히 표시할 수 있을 것
15. 사용자가 가청경보를 작동하거나 중단할 수 있을 것
16. 사용자가 자료를 얻기 위하여 임의의 추적 물표를 선택할 수 있어야 하며, 선택된 물표를 화면상에 적절한 기호로 표시할 수 있을 것
17. 선택한 물표에 대한 다음 각 목의 정보를 레이더 화면 영역 밖에 신속하고 명확하게 표시할 수 있어야 하며, 이 경우 마목 및 바목의 정보에 대하여는 육상을 기준으로 한 것인지 또는 해상을 기준으로 한 것인지를 구분할 수 있을 것

    가. 물표의 현재 거리

    나. 물표의 현재 방위

    다. 최근접점에서 예상되는 물표의 거리

    라. 최근접점에 도달하는 시간

    마. 물표의 실제침로

    바. 물표의 실제속도

18. 여러개의 물표가 화면에 표시된 경우 각각 선택한 물표에 대하여 제16호 규정에 의한 정보를 2개 이상 화면에 표시할 수 있을 것
19. 다음 각 목의 정밀도를 유지할 수 있을 것

    가. 다음 표에 의한 각각의 시나리오에 대하여 동 표에서 정한 정밀도(95% 가정치)를 유지하면서 물표의 상대운동방향의 추적을 정적인 상태에서 1분 이내에 표시할 수 있을 것

자료 / 시나리오	상대침로 (도)	상대속도 (노트)	최근접점 (해리)
1	11	2.8	1.6
2	7	0.6	–
3	14	2.2	1.8
4	15	1.5	2

비고
가. 정적인 상태에서 자선 및 물표는 직선침로를 유지하고 속도는 일정할 것
나. 가정치는 신뢰도와 같음

나. 다음 표에 의한 각각의 시나리오에 대하여 동 표에서 정한 정밀도(95% 가정치)를 유지하면서 물표의 상대운동방향의 추적을 정적인 상태에서 3분 이내에 표시할 수 있을 것

자료 / 시나리오	상대침로 (도)	상대속도 (노트)	최근접점 (해리)	최근접점에 이르는 시간(분)	진침로 (도)	실제속도 (노트)
1	3.0	0.8	0.5	1.0	7.4	1.2
2	2.3	0.3	–	–	2.8	0.8
3	4.4	0.9	0.7	1.0	3.3	1.0
4	4.6	0.8	0.7	1.0	2.6	1.2

다. 가목 및 나목의 표에 있어서 시나리오라 함은 다음 표에 의한 시나리오를 말한다.

구분	본선의 침로 (도)	본선의 속도 (노트)	물표의 거리 (해리)	물표의 방위 (도)	물표의 상대침로 (도)	물표의 상대속도 (노트)
1	000	10	8	000	180	20
2	000	10	1	000	090	100
3	000	5	8	045	225	20
4	000	25	8	045	225	20

20. 추적된 물표 또는 자선이 기동을 마친 경우 물표의 이동방향을 1분이내에 표시할 수 있어야 하며, 제4호 · 제15호 · 제16호 및 제18호의 규정에 의한 표시를 3분 이내에 할 수 있을 것. 이 경우 자선이 기동을 마친 경우라 함은 1분 동안 ±45도의 침로변경이 이루어진 것을 말한다.
21. 선박에 설치된 다른 장비와 연결할 경우 그 장비의 성능을 저하시키지 아니할 것
22. 오작동에 대한 경보를 제공할 수 있어야 하며, 오작동여부를 확인할 수 있는 장치가 구비되어 있을 것
23. 그 밖에 해양수산부장관이 필요하다고 인정하는 요건

〔전문신설 2004. 04. 1〕 <개정 2008. 07. 18>

제96조(자동충돌예방보조장치)

① 총톤수 10,000톤 이상의 선박에는 자동충돌예방보조장치를 설치하여야 한다.

② 제1항의 규정에 의한 자동충돌예방보조장치는 다음 각 호의 요건에 적합한 것이어야 한다.

1. 연동하는 항해용레이더, 자이로컴퍼스 또는 선속거리계의 기능에 장애를 일으키지 아니하는 것일 것
2. 수동조작에 의하여 물표를 포착하는 것에 있어서는 10개 이상, 자동적으로 물표를 포착하는 것에 있어서는 20개 이상의 물표를 포착할 수 있고 포착된 물표를 자동적으로 추적할 수 있는 것일 것
3. 자동적으로 물표를 포착할 수 있는 것은 수동조작으로도 물표를 포착할 수 있는 것일 것
4. 연속하는 10회의 주사에서 5회 이상 표시되는 물표를 계속하여 추적할 수 있는 것일 것
5. 추적중의 물표를 다른 물표와 식별할 수 있는 방법에 의하여 표시할 수 있는 것일 것
6. 자동적으로 물표를 포착하는 것에 대하여는 포착하는 범위를 한정하고 당해 범위를 표시할 수 있는 것일 것
7. 물표를 포착한 후 1분 이내에 당해 물표의 개략의 예상이동범위를 벡터 또는 도형에 의하여 표시할 수 있는 것일 것
8. 물표를 포착한 후 3분 이내에 당해물표의 예상이동범위를 벡터 또는 도형에 의하여 표시하고 필요에 따라서 당해 물표에 관계되는 다음 각 목의 사항을 숫자 또는 문자로 표시할 수 있는 것일 것
   가. 진방위・진침로 및 진속력
   나. 최근접지점에 있어서의 거리
   다. 최근접지점에 이르는 시간
   라. 거리
9. 벡터에 의하여 물표의 예상이동범위를 표시하는 것에 있어서는 진벡터표시방법(당해 물표의 진침로 및 진속력에 의한 표시방법을 말한다. 이하 같다) 및 상대벡터표시방법(본선을 기준으로 하여 당해 물표의 상대침로 및 상대속력에 의한 표시방법을 말한다. 이하 같다)에 의하여 표시할 수 있고 사용 중의 표시방법을 표시할 수 있는 것일 것
10. 도형에 의하여 물표의 예상이동범위를 표시하는 것에 있어서는 진벡터표시방법 또는 상대벡터표시방법으로 표시할 수 있는 것일 것
11. 물표 이동의 예측에 사용되는 시간을 조절할 수 있는 것에 있어서는 당해 시간을 숫자로 표시할 수 있는 것일 것

12. 물표의 추적 및 예상이동범위의 정확도는 해양수산부장관이 적당하다고 인정하는 것일 것 <개정 2008. 07. 18>
13. 8분 이상 추적중의 물표에 대하여 4회 이상의 같은 시간마다 과거의 위치를 표시할 수 있는 것일 것
14. 포착한 물표의 추적을 해제할 수 있는 것일 것. 다만, 자동적으로 또는 범위를 한정하여 포착을 한 경우 당해 범위에 대하여는 그러하지 아니하다.
15. 추적중의 물표가 없어진 경우에 신속히 가시가청의 경보를 발하고 당해 물표가 없어진 위치를 다른 물표와 구별할 수 있는 방법으로 표시할 수 있는 것일 것
16. 표시면의 유효지름은 340밀리미터 이상일 것
17. 진방위 및 침로방위(본선의 진로 또는 선수방향을 기준으로 한 방위를 말한다)에 의하여 표시할 수 있는 것일 것
18. 12해리 또는 16해리의 거리레인지 및 3해리 또는 4해리의 거리레인지를 가지는 것일 것
19. 사용중인 거리레인지의 값을 보기 쉬운 장소에 표시할 수 있는 것일 것
20. 항해용레이더에 의하여 얻어진 정보를 손상시키지 아니하고 표시할 수 있는 것일 것
21. 자동충돌예방보조장치에 의한 정보(이하 "충돌예방정보"라 한다) 및 제20호의 규정에 의한 정보표시의 밝기는 각각 독립하여 조정할 수 있는 것일 것
22. 충돌예방정보표시의 밝기는 해양수산부장관이 적당하다고 인정하는 것일 것 <개정 2008. 07. 18>
23. 충돌예방정보의 표시는 필요에 따라서 소거할 수 있는 것일 것
24. 거리레인지, 표시방법 등의 전환 후 신속히 물표의 포착 및 추적을 할 수 있는 것일 것
25. 본선에 대한 물표의 접근을 경계하기 위하여 미리 접근 경계권을 설정할 수 있는 것으로서 해당 접근경계권에 물표가 진입한 경우 신속히 가시가청의 경보를 발하고 당해 물표를 다른 물표와 식별할 수 있는 방법에 의하여 표시할 수 있는 것일 것
26. 물표의 최근접지점에 있어서의 거리 및 최근접지점에 이르는 시간이 미리 설정된 값 이내로 될 것으로 예측되는 경우 신속히 가시가청의 경보를 발하고 해당 물표를 다른 물표와 식별할 수 있는 방법에 의하여 표시할 수 있는 것일 것
27. 모의조선상태의 충돌예방정보를 통상의 표시와 명확히 구별할 수 있는 방법에 의하여 표시할 수 있는 것일 것. 다만, 물표의 포착 및 추적을 중단하여서는 아니된다.
28. 표시된 물표의 거리 및 방위를 신속히 측정할 수 있는 것일 것

29. 자동적으로 기능을 점검할 수 있는 것일 것

30. 연동하는 항해용레이더, 자이로컴퍼스 또는 선속거리계로부터 정보전달이 정지되는 경우 가시가청의 경보를 발하는 것일 것

31. 제15호 · 제25호 · 제26호 및 제30호의 규정에 의한 경보를 발하기 위한 장치는 다음 각 목의 요건(제30호의 요건에 의한 경보를 발하기 위한 것에 있어서는 가목의 요건)에 적합한 것일 것

가. 작동시험을 위한 회로를 설치한 것일 것

나. 가청경보를 일시적으로 정지할 수 있고 정지 중에 다른 경보를 발하는 것을 방해하지 아니하는 것일 것

32. 자동충돌예방보조장치 성능에 관한 국제협약 규정(국제해사기구 총회 결의서 823(19)) 및 이에 대한 개정규정에 적합한 것일 것 <개정 2010. 08. 10, 2014. 09. 11> <개정 2016. 4. 14>

제96조의2(자동추적장치 등 추가 설치) 제95조의2 및 제96조 제1항의 규정에 불구하고 총톤수 3,000톤 이상의 선박에는 자동추적장치 또는 이와 동등 이상의 자동추적장치 1대를 추가로 설치하여야 한다. 〔전문신설 2004. 04. 1〕

제97조 〈삭제 2004. 04. 1〉

제98조(자기컴퍼스)

① 다음 각 호의 어느 하나에 해당하는 선박 등에는 기준자기컴퍼스, 조타자기컴퍼스 및 예비의 나분을 비치하여야 한다.

1. 근해구역 이상을 항해하는 선박

2. 연해구역을 항해구역으로 하는 다음 각 목의 선박

가. 총톤수 500톤 이상의 선박

나. 총톤수 500톤 미만의 선박으로서 여객선, 유조선 및 위험물운반선. 다만, 제108조의5의 규정에 따른 자동식별장치를 설치한 경우에는 그러하지 아니하다.

② 제1항에 불구하고 다음 각 호의 경우에는 기준자기컴퍼스, 조타자기컴퍼스 또는 예비의 나분의 비치를 생략할 수 있다. 이 경우, 자이로컴퍼스 또는 자이로컴퍼스 리피터로 자기컴퍼스 등의 비치를 생략하는 경우 해당 자이로컴퍼스는 제99조제3항의 규정에 적합한 것이거

나 이와 동등한 성능을 가지는 것이어야 한다.

1. 다음 각 목의 어느 하나에 해당하는 경우 기준자기컴퍼스의 비치를 생략할 수 있다.
   가. 기준자기컴퍼스와 같은 목적으로 사용할 수 있는 자이로컴퍼스 또는 리피터를 비치한 경우. 다만, 다음의 어느 하나에 해당하는 경우에는 그러하지 아니하다. <개정 2010. 08. 10>
      (1) 1984년 9월 1일 이후에 건조되었거나 또는 건조에 착수한 선박으로서 국제항해에 종사하는 총톤수 500톤 이상 선박의 경우
      (2) 1984년 9월 1일 전에 건조되었거나 건조에 착수한 선박으로서 국제항해에 종사하는 총톤수 1,600톤 이상 선박의 경우
   나. 1980년 5월 25일 전에 건조되었거나 건조에 착수한 선박으로서 연해구역을 항해구역(국제항해에 종사하지 아니하는 선박에 한한다)으로 하는 선박 중 다음의 어느 하나에 해당하는 경우
      (1) 선박의 전방 180도의 물표방위측정이 가능한 조타자기컴퍼스 및 예비의 나분을 비치하는 경우
      (2) 선박의 전방 180도의 물표방위측정이 가능하지 아니한 조타자기컴퍼스와 선박의 전방 180도의 물표방위측정이 가능한 휴대용자기컴퍼스를 비치하는 경우
   다. 연해구역을 항해구역으로 하는 총톤수 200톤 미만(국제항해에 종사하는 선박은 총톤수 150톤 미만)의 선박에 있어서 전방 180도의 물표방위측정이 가능한 조타자기컴퍼스를 비치하는 경우

2. 다음 각 목의 어느 하나에 해당하는 경우 조타자기컴퍼스의 비치를 생략할 수 있다.
   가. 반영식(反影式)의 기준자기컴퍼스를 비치한 경우
   나. 조타자기컴퍼스와 같은 목적으로 사용할 수 있는 자이로컴퍼스 또는 그 리피터를 비치한 경우. 다만 다음의 어느 하나에 해당하는 경우에는 그러하지 아니하다.
      (1) 1984년 9월 1일 이후에 건조되었거나 또는 건조에 착수된 선박으로서 총톤수 150톤 이상 선박의 경우
      (2) 1984년 9월 1일 전에 건조되었거나 건조에 착수된 선박으로서 국제항해에 종사하는 총톤수 1,600톤 이상 선박의 경우

3. 다음의 어느 하나에 해당하는 경우 예비의 나분의 비치를 생략할 수 있다.
   가. 자이로컴퍼스를 비치하는 경우
   나. <삭제 2010. 08. 10>

다. 연해구역을 항해구역으로 하는 선박의 경우. 다만, 제1호 다목 또는 제2호 가목의 규정에 의하여 기준자기컴퍼스 또는 조타자기컴퍼스를 생략하는 경우에는 그러하지 아니하다.

라. 기준자기컴퍼스의 나분과 조타자기컴퍼스의 나분이 호환성을 가지는 경우

③ 제1항의 규정에 의한 기준자기컴퍼스, 조타자기컴퍼스 및 나분은 다음 각 호의 요건에 적합한 것이어야 한다.

1. 가능한 한 배의 중심선상에 설치하고, 자성물질로부터 떨어진 위치에 설치한 것일 것
2. 기준자기컴퍼스는 전방위에 걸쳐 시야가 좋은 곳에 이를 설치할 것
3. 조타자기컴퍼스는 조타위치에서 그 표시를 명확하게 구별할 수 있는 곳에 이를 설치할 것
4. 지침면은 해양수산부장관이 적당하다고 인정하는 것일 것<개정 2008. 07. 18>
5. 밝기를 조절할 수 있는 2개 이상의 조명장치를 가지는 것일 것
6. 오차는 해양수산부장관이 적당하다고 인정하는 것일 것<개정 2008. 07. 18>
7. 자차를 수정할 수 있는 것일 것
8. 나분은 선박이 임의의 방향에서 30도 경사된 상태에서도 수평을 유지할 수 있고 견고히 붙어 있는 것일 것
9. 잔류자차를 수정하기 위한 도표 및 방위를 측정하기 위한 장치를 설치한 것일 것
10. 삭제<2016. 4. 14> <전문개정 2007. 11. 2>

제99조(자이로컴퍼스)

① 총톤수 500톤 이상의 선박에는 자이로컴퍼스를 설치하여야 한다. 다만, 평수구역을 항해구역으로 하는 선박은 그러하지 아니하다. <개정 2007. 11. 2, 2010. 08. 10>

② 총톤수 1,600톤 이상의 선박에는 전방위를 확인할 수 있는 장소에 전방위를 확인할 수 있는 자이로컴퍼스 리피터를 설치하여야 하며 비상조타기가 설치된 선박의 경우에는 비상조타기실 안에 선수방위를 측정할 수 있는 자이로컴퍼스리피터를 설치하여야 한다.<개정 2004. 04. 1, 2007. 11. 02, 2010. 08. 10>

③ 제1항의 규정에 의한 자이로컴퍼스는 다음 각 호의 요건에 적합한 것이어야 한다.

1. 마스터자이로컴퍼스는 조타위치에서 그 표시를 명확하게 식별할 수 있는 위치에 이를 설치할 것. 다만, 해당 위치에 자이로리피터가 설치되는 경우에는 그러하지 아니하다.
2. 정지상태로부터 해양수산부장관이 지정하는 시간이내에 안정될 수 있는 것일 것<개정

2008. 07. 18>

3. 선박의 속력 및 위도의 변화에 의하여 생기는 오차를 수정할 수 있는 것일 것
4. 급전이 정지된 경우 경보를 발하는 것일 것
5. 선수방위에 관한 정보를 항해용레이더, 기타 필요한 항해용구등에 전달할 수 있는 것일 것
6. 밝기를 조절할 수 있는 조명장치를 설치한 것일 것

제100조(휴대용자기컴퍼스) 다음 각 호의 선박에는 휴대용 자기컴퍼스를 설치하여야 한다.

1. 평수구역을 항해구역으로 하는 선박. 다만, 다만, 호소, 하천 또는 항내만을 항해하는 선박은 설치하지 아니하여도 된다. <개정 2010. 08. 10>
2. 연해구역을 항해구역으로 하는 총톤수 500톤 미만의 선박으로서 다음 각 목의 선박 <개정 2008. 10. 8>
   가. 여객선, 유조선 및 위험물운반선을 제외한 선박
   나. 제108조의5에 따른 자동식별장치를 설치한 여객선, 유조선, 및 위험물운반선
3. 국제항해에 종사하는 선박 및 근해구역 이상을 항해구역으로 하는 선박. 다만, 조타기실에 자이로컴퍼스의 리피터용의 콘센트가 있고, 신속히 조타기실내로 반입할 수 있는 장소에 자이로컴퍼스리피터가 있는 경우에는 설치하지 않아도 된다. <개정 2010. 08. 10> <개정 2016. 4. 14> <전문개정 2007. 11. 2>

제101조(음향측심기)

① 다음 각 호의 선박에는 수심을 측정할 수 있는 음향측심기를 설치하여야 한다. 다만, 500톤 미만의 선박(국제항해에 종사하는 선박으로서 근해구역 이상을 항해구역으로 하는 선박을 제외한다)으로서 제108조의2에 따른 위성항법장치 및 항해하여야 할 해역등의 해도를 비치한 경우에는 그러하지 아니하다. <개정 2004. 04. 1, 2007. 11. 2, 2010. 08. 10>

1. 150톤 이상의 여객선.
2. 여객선 이외의 선박으로서 연해구역 이상을 항해구역으로 하는 총톤수 300톤 이상의 선박 <개정 2007. 11. 2>

② 제1항의 규정에 의한 음향측심기는 다음 각 호의 요건에 적합한 것이어야 한다. <개정 2004. 04. 1>

1. 송수파기는 가능한 한 선체 또는 프로펠러 등에 의하여 발생하는 수류의 영향을 받지

아니하는 위치에 이를 설치할 것

2. 통상의 음파의 전파상태에서 송수파기의 아래쪽 2미터에서 400미터까지의 수심을 측정할 수 있는 것일 것
3. 측정할 수 있는 최대의 수심에 대응하는 측심레인지 및 그 10분의 1 측심레인지를 가지는 것일 것
4. 음파를 매분 12회 이상 발사할 수 있는 것일 것
5. 수심의 표시방법은 해양수산부장관이 적당하다고 인정하는 것일 것<개정 2008. 07. 18>
6. 측정할 수 있는 최대수심에 대응하는 측심레인지에서 15분간의 측심기록을 표시할 수 있는 것일 것
7. 선박이 5도 종요 또는 10도 횡요된 상태에서도 그 기능에 장애를 받지 아니하는 것일 것

~ 생 략 ~

제106조(선속거리계)

① 다음 각 호의 선박에는 대수속력 및 대수거리를 측정할 수 있는 선속거리계를 설치하여야 한다. 다만, 500톤 미만의 선박(국제항해에 종사하는 선박으로서 근해구역 이상을 항해구역으로 하는 선박을 제외한다)으로서 제108조의2의 규정에 의한 위성항법장치가 속력 등을 표시할 수 있는 경우에는 그러하지 아니하다. <개정 2004. 04. 1, 2007. 11. 2, 2008. 10. 8>

1. 국제항해에 종사하는 여객선 및 국제항해에 종사하지 아니하는 여객선으로서 연해구역 이상(항해구역이 평수구역으로부터 당해선박의 최고속력으로 2시간이내에 왕복할 수 있는 구역에 한정되는 선박을 제외한다)을 항해구역으로 하는 여객선 <개정 2007. 11. 2>
2. 여객선 이외의 선박으로서 연해구역 이상(항해구역이 평수구역으로부터 해당 선박의 최고속력으로 2시간이내에 왕복할 수 있는 구역에 한정되는 선박을 제외한다)을 항해구역으로하는 총톤수 300톤 이상의 선박 <개정 2007. 11. 2>

② 제1항의 규정에 의한 선속거리계는 다음 각 호의 요건에 적합한 것이어야 한다. <개정 2004. 04. 1>

1. 속력 및 거리의 표시는 해양수산부장관이 적당하다고 인정하는 것일 것<개정 2008. 07. 18>

2. 대수속력과 대지속력을 측정할 수 있는 것에 대하여는 측정중인 속력의 종류를 표시할 수 있는 것일 것
3. 총톤수 50,000톤 이상의 선박에 설치하는 것에 대하여는 대수속력 및 대수거리와 대지속력 및 대지거리를 독립된 2개의 장치에서 측정 및 표시할 수 있는 것이어야 한다.<개정 2014. 05. 28>
4. 후진중의 속력을 표시할 수 있는 것에 있어서는 선박의 진행방향을 표시할 수 있는 것일 것
5. 선체를 관통하는 계측부가 손상을 받은 경우에도 침수가 되지 아니하는 것일 것
6. 계측부의 보호를 위하여 가동식계측부의 상태를 표시하는 장치를 설치하는 등 해양수산부장관이 적당하다고 인정하는 조치가 된 것일 것<개정 2008. 07. 18>
7. 측정된 속력 및 거리에 관한 정보를 자동충돌예방보조장치 기타 필요한 항해용구 등에 전달할 수 있는 것일 것

제107조(선회율지시기)

① 총톤수 50,000톤 이상의 선박에는 선회율지시기를 설치하여야 한다. <개정 2004. 04. 1>

② 제1항의 규정에 의한 선회율지시기는 다음 각 호의 요건에 적합한 것이어야 한다.

1. 선회율의 표시는 해양수산부장관이 적당하다고 인정하는 것일 것 <개정 2008. 07. 18>
2. 매분 30도 이상의 선회율을 표시할 수 있고 선회율이 눈금의 최대치를 넘는 경우에는 이것을 표시할 수 있는 것일 것
3. 작동중임을 표시할 수 있는 것일 것
4. 입력신호에 대한 응답을 조절할 수 있는 것일 것
5. 연동하는 자이로컴퍼스의 기능에 장애를 주지 아니하는 것일 것
6. 선회율 지시기의 성능에 관한 국제협약 규정(국제해사기구 총회 결의서 526(13)) 및 이에 대한 개정규정에 적합한 것일 것 <개정 2010. 08. 10, 2014. 09. 11> <개정 2016. 4. 14>

제108조(타각지시기 등)

① 총톤수 500톤 이상의 선박, 국제항해에 종사하는 총톤수 500톤 미만의 여객선에는 타각지시기, 프로펠러의 회전수 및 회전방향(가변피치프로펠러에 있어서는 그 피치)을 표시하는 표시기와 사이드스러스트의 운전상태를 표시하는 표시기를 선교의 적당한 위치에 설치하

여야 한다. <개정 2007. 11. 2, 2010. 08. 10>

② 제1항의 규정에 의한 타각지시기는 조타장치의 제어계통으로부터 독립된 것이어야 한다.

제108조의2(위성항법장치 등)

① 다음 각 호의 선박에는 본선의 위치를 측정할 수 있는 위성항법장치(보정위성항법장치의 보정수치가 선박위치 표시에 적용되는 것을 말한다. 이하 같다), 지상파 무선항해시스템 또는 이와 동등 이상의 장치를 설치하여야 한다. 다만, 해당 선박에 설치된 자동식별장치 등의 항해 장비 내부에 본선의 위치를 측정할 수 있는 위성항법장치가 설치된 경우에는 그러하지 아니하다. <단서신설 2007. 11. 2><개정 2009.08.21>

1. 국제항해에 종사하는 선박
2. 국제항해에 종사하지 아니하는 선박으로서 다음 각 목의 선박
   가. 연해구역 이상을 항해구역으로 하는 총톤수 20톤 이상의 선박 <개정 2007. 11. 2>
   나. 평수구역을 항해구역으로 하는 총톤수 500톤 이상의 선박 <개정 2007. 11. 2>

② 제1항의 규정에 의한 위성항법장치는 다음 각 호의 요건에 적합하여야 하며 지상파무선항해시스템 등은 해양수산부장관이 정한 요건에 적합하여야 한다. <개정 2008. 07. 18>

1. 2003년 7월 1일전에 탑재되는 위성항법장치
   가. 다음의 장비를 포함하는 것일 것
      1) 신호를 수신할 수 있는 안테나
      2) 수신기 및 처리장치
      3) 계산된 위도 및 경도위치를 입출력할 수 있는 장치
      4) 자료제어 및 다른 장비에 연결할 수 있는 장치
      5) 위치를 표시할 수 있는 장치
   나. 안테나는 위성과 연결이 확실히 될 수 있는 위치에 설치할 수 있는 구조일 것
   다. 측위정도관리(SA)에 의하여 수정된 표준위치신호를 수신하고 처리할 수 있어야 하며, 세계측지계(WGS-84)의 좌표를 도, 분 및 1/1000분으로 된 위치정보 및 협정세계시(UTC)에 의한 시간을 제공할 수 있을 것
   라. 세계측지계에 따라 계산된 위치정보를 사용한 해도의 자료와 일치하는 자료로 변환할 수 있는 장치가 있는 경우에는 화면상에 변환된 기준좌표를 표시할 수 있어야 하며, 위치를 나타낸 좌표시스템을 식별할 수 있을 것
   마. L1(1575.42 MHz)신호 및 C/A(Coarse/Acquisition)코드로 작동할 수 있을 것

바. 위치정보를 다른 장비에 제공할 수 있도록 최소한 하나의 위치정보를 출력할 수 있을 것

사. 정적정밀도는 100미터이내에서 4이하의 또는 6이하의 3차원측위정도계수(PDOP)를 갖는 것일 것

아. 동적정밀도는 100미터이내에서 4이하의 2차원측위정도계수(HDOP) 또는 6이하의 3차원측위정도계수(PDOP)를 갖는 것일 것

자. 필요한 정밀도 및 최신화율로 선박의 위치를 결정하기 위하여 적절한 위성송신신호를 자동적으로 선택할 수 있을 것

차. 130데시벨미터(dBm)와 120데시벨미터 범위의 케리어 레벨(Carrier level)의 입력신호를 갖는 위성신호를 포착할 수 있어야 하며, 일단 위성신호를 포착하면 133데시벨미터의 위성신호로 연속적으로 원활하게 작동할 수 있을 것

카. 유효한 천측력자료가 없는 경우에는 30분 이내에 필요한 정밀도로 위치를 포착할 수 있을 것

타. 유효한 천측자료가 있는 경우에는 5분 이내에 필요한 정밀도로 위치를 포착할 수 있을 것

파. 위성신호가 최소한 24시간동안 중단된 경우에도 전력 손실없이 5분 이내에 필요한 정밀도로 위치를 포착할 수 있을 것

하. 60초간 전원이 차단된 경우에도 2분이내에 필요한 정밀도로 위치를 포착할 수 있을 것

거. 최소한 매 2초마다 새로운 위치를 표시할 수 있을 것

너. 위도 및 경도를 최소한 1/1000분으로 나타낼 수 있을 것

더. 보정위성항법장치(DGPS)신호를 처리하기 위한 장치가 있어야 하며, 보정수신장치가 설치된 경우에 있어서 사목 및 아목의 규정에 의한 정적정밀도 및 동적정밀도는 10미터 이내일 것

러. 수신장비는 우발적인 회로의 차단, 안테나의 손상, 입출력 연결장치의 손상, 5분간의 위성신호 수신장치의 입출력 차단 등을 유발할 수 있는 항구적인 손상이 없도록 할 것

머. 다음 사항을 표시할 수 있는 수단이 구비되어 있을 것

1) 특정 2차원측위정도계수저하율이 초과된 경우 또는 새로운 위치가 2초 이상 계산되지 않은 경우 이를 5초 이내에 표시할 수 있는 수단

2) 위치상실경보

3) 보정위성항법장치 신호의 수신상태

4) 보정위성항법장치의 보정수치가 선박위치 표시에 적용되고 있는지 여부

버. 기타 해양수산부장관이 필요하다고 인정하는 요건 <개정 2008. 07. 18>

2. 2003. 7. 1이후에 탑재되는 위성항법장치

가. 최소한 매 1초마다 새로운 위치를 표시하고, 다른 장비에 위치정보를 제공할 수 있을 것

나. 대지침로, 대지속도 및 협정세계시 등의 정보를 다른 장비에 디지털로 제공할 수 있어야 하며, 대지침로 및 대지속도의 정밀도는 자이로콤파스 및 선속거리계의 정밀도 이상 일 것

다. 선박의 운항중 발생할 수 있는 전파의 간섭상태에서도 원활하게 작동할 수 있을 것

라. 다음 사항을 표시할 수 있는 수단이 구비되어 있을 것

1) 특정 2차원측위정도계수저하율이 초과된 경우 또는 새로운 위치가 1초 이상 계산되지 않은 경우 이를 5초 이내에 표시할 수 있는 수단

2) 위치상실경보

3) 보정위성항법장치 신호의 수신상태

4) 보정위성항법장치의 보정수치가 선박위치 표시에 적용되고 있는지 여부

5) 보정위성항법장치의 상태 및 경보

6) 보정위성항법장치의 통지문의 표시

마. 제1호 가목부터 하목까지, 너목부터 러목까지 및 버목의 요건

3. 2003년 7월 1일 전에 탑재되는 보정위성항법장치(최고속력이 50노트 미만인 선박에 탑재되는 것에 한함)는 다음 각 목의 요건에 적합하여야 한다.

가. 다음의 장비를 포함하는 것일 것 <개정 2009.08.21>

1) 보정위성항법장치 신호를 수신할 수 있는 안테나

2) 보정위성항법장치 수신기 및 처리장치

3) 수신기 제어 및 출력된 정보를 다른 장비에 제공할 수 있는 장치

나. 지식경제부장관이 적당하다고 인정하는 주파수대역에서 사용할 수 있을 것 <개정 2009.08.21>

다. 자동 및 수동으로 주파수를 선택하는 장치를 갖추어야 하며, 자동모드에서 주파수의 변경사항을 사용자에게 알릴 수 있을 것

라. 자료를 수신한 후 100밀리초 이내에 자료를 사용할 수 있는 것일 것

마. 전격(電擊)상태에서도 45초간 신호를 수신할 수 있는 것일 것

바. 최소한 하나의 연속자료를 출력할 수 있을 것

사. 수평면에 대하여 전방향성을 갖는 안테나가 있을 것

아. 수신장비는 우발적인 회로의 차단, 안테나의 손상, 입출력연결장치의 손상 및 5분간의 해사무선표지수신장치의 입출력차단 등을 유발할 수 있는 항구적인 손상이 없을 것

자. 기타 해양수산부장관이 필요하다고 인정하는 요건 <개정 2008. 07. 18>

4. 2003년 7월 1일 이후에 탑재되는 보정위성항법장치(최고속력이 70노트 미만인 선박에 탑재되는 것에 한함)는 다음 각 목의 요건에 적합하여야 한다.

가. 전파발신국을 자동 및 수동으로 선택할 수 있는 장치가 있을 것

나. 선박의 운항 중 발생할 수 있는 전파의 간섭상태에서도 원활하게 작동할 수 있을 것

다. 제3호 가목 및 나목, 라목부터 자목까지의 요건

〔전문신설 2004. 04. 1〕

제108조의3(음향수신장치)

① 선교가 완전히 밀폐되어 외부의 소리를 들을 수 없는 선박으로서 다음 각 호의 선박에는 음향수신장치를 설치하여야 한다. 다만, 해양수산부장관이 방음성 등을 고려하여 지장이 없다고 인정하는 선박에 대하여는 그러하지 아니하다. <개정 2008. 07. 18> <개정 2016. 4. 14>

1. 국제항해에 종사하는 선박으로서 다음 각 목의 선박

가. 여객선

나. 여객선 이외의 선박으로서 총톤수 150톤 이상의 선박

2. 국제항해에 종사하지 아니하는 선박으로서 다음 각 목의 선박

가. 근해구역 이상을 항해구역으로 하는 선박 <개정 2007. 11. 2>

나. 연해구역이하를 항해구역으로 하는 총톤수 500톤 이상의 선박 <개정 2007. 11. 2>

② 제1항의 규정에 의한 음향수신장치는 다음 각 호의 요건에 적합한 것이어야 한다.

1. 모든 방향의 70헤르쯔(Hz) 내지 820헤르쯔 음대역의 음향신호를 수신할 수 있는 것일 것

2. 외부에서 발생된 소리신호를 재생하여 선교 내에서 청취할 수 있을 것

3. 외부에서 발생된 소리의 방향을 탐지할 수 있는 것일 것

4. 불필요한 잡음을 감소시킬 수 있을 것

5. 발생된 소리신호를 선교내의 어느 위치에서나 들을 수 있도록 선교 내에서 최소한 하나 이상의 확성기로 재생할 수 있을 것

6. 음량은 하나의 음량조절기로 조정되어야 하며, 음량조절은 외부에서 발생된 소리신호가 선교 내에서 발생된 소리신호보다 10데시벨(dB) 이상 높게 조정될 수 있을 것

7. 외부에서 발생한 소리신호 및 소리의 개략적인 발생방향을 3초 이상 눈으로 확인할 수 있도록 화면상에 표시할 수 있을 것

8. 마이크는 가능한 한 바람소리 및 기계음이 감소될 수 있도록 선박의 소음이 발생하는 곳으로부터 멀리 떨어진 장소에 설치된 것일 것

9. 조타위치에서 육안으로 식별할 수 있는 화면표시장치가 설치되어 있을 것

10. 그 밖에 해양수산부장관이 필요하다고 인정하는 요건 <개정 2008. 07. 18>

〔전문신설 2004. 04. 1〕

제108조의4(선수방위전달장치)

① 제94조에 따른 레이더, 제95조에 따른 전자플로팅장치 또는 제108조의5에 따른 자동식별장치를 설치한 선박으로서 제99조에 따른 자이로컴퍼스를 설치하지 아니한 선박은 이들 장비에 선수의 방위를 제공할 수 있도록 제2항의 요건에 적합한 선수방위전달장치를 설치하여야 한다. 다만, 다음 각 호의 선박에는 제2항의 요건과 유사한 수준의 성능을 제공할 수 있는 지자기(地磁氣) 방식 선수방위전달장치 등을 설치할 수 있다. <개정 2010. 08. 10> <개정 2016. 4. 14>

1. 국내항해를 하는 총톤수 300톤 미만의 여객선 <신설 2016. 4. 14>

2. 여객선 이외의 선박 중 연해구역을 항해하는 총톤수 300톤 미만의 선박 <신설 2016. 4. 14>

3. 여객선 이외의 선박 중 평수구역을 항해하는 총톤수 500톤 미만의 선박 <신설 2016. 4. 14>

② 제1항에 따른 선수방위전달장치는 다음 각 호의 요건에 적합한 것이어야 한다. <개정 2016. 4. 14>

1. 남・북위 70도의 범위 내에서 사용할 수 있을 것

2. 수정장치 또는 입력된 변수는 우발적인 작동으로부터 보호될 수 있을 것

3. 센서를 제외한 모든 표시부 및 출력된 방위는 진방위를 나타내는 것일 것
4. 전자적인 수정에 사용되는 수동으로 조정할 수 있는 수치를 적절하게 표시할 수 있을 것
5. 다음 각 목의 정밀도를 가지는 것일 것
가. 전송 및 분해오차 : ±0.2도 미만
나. 정적오차 : ±1.0도 미만 <개정 2014. 05. 28>
다. 동적오차 : 진폭 ±1.5도 미만, 주파수 진폭이 ±0.5도를 초과할 경우 30초 이상의 주기와 동등한 0.033헤르쯔 미만
라. 추적오차 : 10도/초까지 ±0.5도 미만, 10도/초 초과 20도/초까지 ±1.5도 미만
6. 다른 장비와 연동될 수 있을 것
7. 오작동 또는 전원공급중단 등을 표시할 수 있는 경보기능이 있을 것
8. 그 밖에 해양수산부장관이 필요하다고 인정하는 요건 <개정 2008. 07. 18>
[전문신설 2004. 04. 1]

제108조의5(자동식별장치)

① 다음 각 호의 선박에는 자동식별장치(AIS)를 설치하여야 한다.
1. 「해운법」에 따른 여객선<개정 2004. 10. 19, 2006. 6. 30>
2. 총톤수 150톤 이상 여객선. 다만, 호소・하천을 운항하는 선박과 「유선 및 도선사업법」에 따른 도선은 제외한다. <개정 2006. 6. 30>
3. 여객선 이외의 선박으로서 다음 각 목의 선박
가. 국제항해에 종사하는 총톤수 300톤 이상의 선박
나. 국제항해에 종사하지 아니하는 총톤수 500톤 이상의 선박
다. 연해구역 이상을 항해하는 총톤수 50톤 이상의 선박. 단, 부선은 제외한다. <개정 2004. 10. 19, 2007. 11. 2, 2010. 08. 10>

② 제1항에 따라 선박에 자동식별장치를 설치할 경우에는 다음 각 호의 요건에 따라야 한다. <개정 2010. 08. 10>
1. 적절한 장비를 갖춘 육상기지국, 타선박 및 항공기에 선박의 제원, 종류, 위치, 침로 및 다른 안전관련 정보를 포함한 정보를 자동으로 제공할 수 있을 것
2. 유사설비를 갖춘 선박으로부터 제1호의 규정에 의한 정보를 자동으로 수신할 수 있을 것
3. 선박을 감시 및 추적할 수 있을 것

4. 육상기지국과 정보를 교환할 수 있을 것
5. 다른 선박의 접근을 경계하기 위하여 미리 접근 경계권을 설정할 수 있으며 접근 경계권 내에 선박이 진입한 경우 가시가청경보를 이용하여 사용자에게 경고할 수 있을 것 <개정 2008. 07. 18, 2010. 08. 10>
6. 「해상업무용 무선설비의 기술기준」(국립전파연구원 고시) 제22조에 따른 자동식별장치의 성능요건에 적합한 것일 것. 다만, 설치 대상 선박 중 국제항해에 종사하는 선박은 종별(class) A 자동식별장치를 설치하여야 하며, 국제항해에 종사하지 아니하는 선박은 종별(class) A 또는 B 자동식별장치를 설치하여야 한다. <신설 2010. 08. 10, 개정 2014. 09. 11>

〔전문신설 2004. 04. 1〕

제108조의6(자동조타장치)

① 총톤수 10,000톤 이상의 선박에는 자동조타장치를 설비하여야 한다.

② 제1항의 규정에 의한 자동조타장치는 다음 각 호의 요건에 적합한 것이어야 한다.

1. 최소 조종속도가 30노트 이내 및 최대 선회율이 10도/초 이하인 선박에 적용할 수 있을 것
2. 자동조타장치가 설치된 위치에서 단일 항점 및 연속항점을 따라 선박의 조타가 가능할 것
3. 다음 각 목의 사항이 안정적으로 자동조타장치에 입력되는 경우에 한하여 자동조타를 시작할 수 있을 것
   가. 선박의 위치
   나. 항적 침로 및 실제 선수방위의 차이
   다. 선박의 조종성
4. 항적제어는 적절한 위치결정시스템을 사용하는 것일 것
5. 선박의 위치를 독립된 2차의 위치제공원에 의하여 연속적으로 감시할 수 있을 것
6. 항적제어가 연속된 변침점에 의한 경우에 있어서 초기침로변경표시는 선박이 선회를 시작하기전 1분 이내에 할 수 있을 것
7. 실제의 침로변경 및 그 확인은 다음에 의하여 할 수 있는 것일 것
   가. 항적제어가 연속된 변침점에 의한 경우에는 선박이 선회를 시작하는 곳에서 경보를 발할 것

나. 선박의 당직자가 선박이 선회를 시작하는 곳에서의 침로변경을 확인할 수 있는 수단에 제공될 것
다. 확인여부에 관계없이 선박이 자동적으로 항적을 따를 것
라. 선박이 선회를 시작한 후 30초 이내에 선박의 당직자가 실제침로변경 경보를 확인하지 못한 경우 예비 항해경보가 발할 것

8. 사전 계획된 연속 변침점에 의하여 항적제어를 하는 경우에는 자동조타상태에서 새로운 항적의 생성 없이 다음 사항이 이루어 질 때까지 선박의 접근 변침점(TO-waypoint), 종전 변침점(FROM-waypoint) 및 다음 변침점(NEXT-waypoint)에 대한 수정을 할 수 없을 것
가. 새로운 항적에 대한 사전계획의 완료
나. 제3호의 규정에 의한 초기조건 설정

9. 선박이 사전설정한 선회반경 및 선박의 회전성능범위내에서 미리 정한 회전율에 의하여 계산된 반경을 기본으로 하나의 레그(두 변침점을 연결한 선을 말한다. 이하 이 호에서 같다)로부터 다른 레그까지 항해할 수 있을 것 <개정 2007. 11. 2>

10. 다양한 기후, 속도 및 적하상태에서 선박의 수동 또는 자동으로 여러 가지 조타특성을 조정할 수 있을 것

11. 통상적인 선박의 요잉(yawing)과 스웨잉(Swaying)운동 및 통계적으로 분산되는 위치오차에 의한 타의 불필요한 움직임을 예방할 수 있는 장치가 구비되어 있을 것

12. 오버라이드 설비(Override facilities)에서 자동조타모드로의 변경 및 자동조타모드에서 오버라이드 설비로 전환될 수 있을 것

13. 수동으로 자동조타모드에서 수동조타모드 변경할 경우에는 다음의 조건하에서도 가능할 것
가. 모든 타각상태에서 가능할 것
나. 자동조타계통의 고장 등 어떤 상황에서도 가능할 것
다. 수동제어에서 자동제어로의 복귀는 사용자가 직접 조작하여야 하는 것일 것

14. 수동으로 항적제어모드에서 선수방위제어모드로 변환할 경우에는 다음의 조건하에서도 가능할 것
가. 어떤 상황 하에서도 가능할 것
나. 선수방위제어계통은 사전 설정된 선수방위에 따라 실제 선수방위로 변환될 것
다. 항적제어모드로의 복귀는 사용자가 직접 조작하여야 하는 것일 것

15. 현재 사용되는 조타방식을 나타내는 수단이 구비되어 있을 것
16. 독립적으로 제공되는 선수방위 자료에 의하여 실제 선수방위를 감시할 수 있을 것
17. 항적제어계통의 다음 각 목에 대한 설명서가 사용자에게 제공될 것
    가. 선박의 위치, 선수방위 및 속도측정에 사용되는 센서의 정밀도
    나. 침로 및 속도의 변경
    다. 실제 대수속력
    라. 사용환경조건
18. 자동조타장치의 사용에 영향을 미치는 전원공급의 중단 및 감소시 경보를 발하는 것일 것
19. 선박의 위치가 사전설정한 범위를 벗어난 것을 위치감시기(Position monitor)가 탐지한 경우 경보를 발하는 것일 것
20. 선박의 선수방위가 사전설정한 범위를 벗어난 것을 선수방위감시기(Heading monitor)가 탐지한 경우 경보를 발하는 것일 것
21. 사용중인 위치결정센서 및 선수방위센서로부터 기능상실 또는 경보상황을 수신한 경우 다음 각 목의 조치가 이루어 질 것
    가. 자동조타장치에서 경보를 발할 것
    나. 자동조타장치에서 안전한 조타모드를 사용자에게 제공할 것
    다. 선박의 당직자가 30초 이내에 기능상실 또는 경보상황을 감지하지 못한 경우 예비항해경보를 발할 것
22. 오작동 또는 경보상황에 수반된 어떠한 센서신호도 선택할 수 없는 것일 것
23. 선박의 실제위치가 사전 설정한 항적이탈한계(Preset cross track limit)를 벗어나는 경우에는 경보를 발할 것
24. 선박의 실제 선수방위가 사전 설정한 수치를 벗어나 항적침로로부터 벗어날 경우에는 경보를 발할 것
25. 대수속력이 선박의 조타를 위하여 사전에 설정한 한계속도보다 낮아질 경우 경보를 발할 것
26. 다음 각 목의 자동조타를 위한 제어수단이 구비되어 있을 것
    가. 연속변침점 사이의 침로를 계산 또는 수신하는 수단
    나. 선회반경 또는 선회속도, 제한치, 경보기능 및 다른 제어요소의 조정 수단
27. 각각의 제어변환은 다음 각 목의 요건에 적합한 것일 것

가. 한 번의 조작으로 자동조타에서 수동조타로의 변환을 할 수 있을 것

나. 선수방위제어시스템을 이용한 자동조타장치의 경우에는 한 번의 조작으로 항적제어에서 선수방위제어로의 변환을 할 수 있을 것

다. 조타모드를 선택하는 스위치는 주조정위치(Main conning position) 또는 그 인근에 위치할 것

28. 다음 각 목의 정보를 명확하고 연속적으로 표시할 수 있는 것이어야 하며, 이 경우 라 · 마 · 바 및 사목은 아라비아 수자로 표시할 수 있을 것

가. 조타모드

나. 선박의 실제위치, 선수방위 및 속도

다. 센서의 상태

라. 항적침로 및 실제 선수방위

마. 선박의 실제위치 및 항적이탈 거리 및 속도

바. 선박이 접근하는 변침점 및 다음 변침점

사. 선박이 접근하는 항점까지의 소요시간 및 거리

아. 다음의 항적침로

자. 선택된 항적의 식별

29. 다음의 정보를 필요에 따라 제공할 수 있을 것

가. 변침점번호(Waypoint number), 좌표, 침로, 변침점간의 거리, 선회반경 또는 선회속도 등을 포함하여 사전계획한 변침점 목록

나. 제한치에 따른 항적제어 및 기타 사전설정된 제어변수

30. 사전에 설정되거나 실제수치와 같은 논리적으로 관련된 수치를 동시에 표시할 것

31. 항적제어장치는 해양수산부장관이 인정하는 기준에 따라 위치, 방향 및 속도센서와 연결되어야 하며, 자이로콤파스로 선수방위를 측정하는 것일 것 <개정 2008. 07. 18>

32. 연결된 모든 센서는 기능상실 정보를 포함한 모든 상황에 대한 정보를 제공할 수 있을 것

33. 선박의 항해시스템과 디지털로 연속적으로 연결될 수 있을 것

34. 항적제어센서 또는 위치센서가 기능을 상실하였을 경우에는 다음 각 목의 조치가 가능한 것일 것

가. 선수방위제어가 사용가능할 경우 자동조타장치는 자동적으로 선수방위제어로 변환되어야 하며, 이 경우 선수방위제어를 위하여 사전에 설정한 실제의 선수방위를

사용하는 것일 것

나. 선수방위제어가 사용 불가능한 경우 타각이 유지될 수 있을 것

35. 선수방위측정시스템이 기능을 상실한 경우에는 실제타각이 유지되어야 하며, 제18호부터 제25호까지의 규정에 의한 경보중 선수방위측정시스템의 기능상실을 알릴 수 있는 경보를 발하는 것일 것

36. 그 밖에 해양수산부장관이 필요하다고 인정하는 요건 <개정 2008. 07. 18>

〔전문신설 2004. 04. 1〕

제108조의7(항해자료기록장치)

① 국제항해에 종사하는 선박으로서 다음 각 호의 어느 하나에 해당하는 선박에는 운항중의 각종 자료를 실시간으로 기록하기 위한 항해자료기록장치를 설치하여야 한다. <개정 2007. 11. 2, 2009. 04. 10, 2010. 08. 10>

1. 여객선
2. 여객선 이외의 선박으로서 총톤수 3,000톤 이상의 선박

② 제1항의 규정에 의한 항해자료기록장치는 다음 각 호의 요건에 적합한 것이어야 한다.

1. 항해자료기록장치는 선박 내에 설치된 각종 장비의 상태, 출력, 선박의 지휘통제를 위하여 사전 선택한 자료들을 순차적으로 계속 기록 유지할 수 있어야 하며, 재생 및 분석을 위하여 다음 각 목의 항목들이 날짜와 시간에 확실하게 상호연관이 될 수 있는 방법으로 기록될 것 <개정 2010. 08. 10>

가. 날짜 및 시간

나. 선박의 위치

다. 선박의 대수속력 및 대지속력

라. 선박의 침로

마. 선교에서 발생하는 대화내용

바. 선박운항과 관련하여 초단파대를 사용한 통신내용

사. 설치가 요구되는 모든 레이더에 표시되는 자료 <개정 2014. 05. 28>

아. 음향측심자료

자. 선교에 표시되는 경보사항

차. 타의 상태 및 선수방위 또는 침로 컨트롤러(Heading or track controller)가 설치된 경우 그 장치의 상태 <개정 2014. 05. 28>

카. 주기관의 상태 및 바우스러스터(Bow thruster)가 설치된 경우 그 상태

타. 선교에서 표시가 의무화된 모든 상태 정보를 포함한 선체의 개구 상태

파. 선교에서 표시가 의무화된 모든 상태 정보를 포함한 수밀문 및 방화문의 상태

하. 선체응력 및 응답 감시장치가 설치된 선박의 경우 사전에 선택된 모든 자료

거. 풍속 및 풍향(풍속 및 풍향을 측정할 수 있는 센서가 설치된 선박에 한한다)

너. 전자해도(ECDIS)가 설치된 선박의 경우 전자해도가 사용되는 동안에 표시되는 자료 <신설 2014. 05. 28>

더. 자동식별장치(AIS)가 설치된 선박의 경우 자동식별장치에 표시되는 모든 자료 <신설 2014. 05. 28>

러. 전자식 경사계(Electronic inclinometer)가 설치된 선박의 경우 횡운동 자료(전자해도가 설치된 선박의 경우 전자식 경사계는 전자해도에 연결될 것) <신설 2014. 05. 28>

머. 항해자료기록장치 및 이에 연결된 감지장치의 형상(Configuration)상태를 정의하는 최신화된 데이터 블록(Data block) 자료 <신설 2014. 05. 28>

버. 전자항해일지가 설치된 선박의 경우 기록되는 자료 <신설 2014. 05. 28>

2. 최종 기록장치는 다음 각 목의 요건에 적합한 고정식(Fixed) 기록장치, 자유부양식(Float-free) 기록장치, 장기저장(Long-term) 기록장치로 구성될 것 <개정 2014. 05. 28>

가. 고정식 기록장치는 다음의 요건에 적합한 고정된 보호용기 내에 설치될 것

1) 사고 후에 접속할 수 있어야 하며, 물리적 또는 전자적으로 조작된 변화와 기록된 자료의 삭제로부터 안전할 것

2) 기록이 최종 종료된 날부터 최소 2년 동안 기록된 자료를 보존할 수 있을 것

3) 화재, 충격, 침투 및 심해 수압의 영향에서 최대한 보호되어야 하며, 사고 후에도 최종 저장된 자료를 최대한 복구 가능할 것

4) 눈에 잘 띄는 색상이어야 하며, 역반사 재질일 것

5) 수중에서 위치를 추적할 수 있는 적절한 장치가 부착되어 있을 것

나. 자유부양식 기록장치는 다음의 요건에 적합한 자유부양식 보호용기 내에 설치될 것

1) 장치를 운반하거나 회수하는 것을 용이하도록 하는 수단을 갖출 것

2) 기록이 최종 종료된 날부터 최소 6개월 동안 기록된 자료를 보존할 수 있을 것

3) 국제해상인명안전협약에서 정한 자유부양식 위성 비상위치지시용무선표지(EPIRB)에 대한 성능표준에 적합하여야 하고, 회수하는 동안 손상의 위험을 최소화 할 수 있는 구조일 것

4) 초기위치신호를 발신하여야 하며, 7일(168시간) 이상의 기간 동안에 추가위치 수신신호(Homing signal)를 최소 48시간 동안 발신할 수 있을 것

5) 제2호가목1)의 요건

다. 장기저장 기록장치는 선박 내의 쉽게 접근할 수 있는 장소로부터 접속할 수 있어야 하고, 저장하고 있는 자료에 접속이 가능하여야 하며, 물리적 또는 전자적으로 조작된 변화와 기록된 자료의 삭제로부터 보호될 것

3. 기록되는 자료의 상태를 점검할 수 있어야 하며, 수정할 수 없는 오류가 발생하였을 경우 경보를 발하는 것일 것

4. 선박의 비상전원으로 작동될 수 있어야 하며, 비상전원이 손실된 경우에도 예비전원으로 선교의 음성을 2시간 동안 계속 기록할 수 있을 것

5. 기록이 중단된 후에도 장기저장 기록장치는 최소 30일(720시간) 동안, 고정식 및 자유부양식 기록장치는 최소 48시간 동안 저장된 모든 자료를 유지할 수 있어야 하며, 이 기간이 지나면 기존 자료는 새로운 자료로 대체될(Overwrite) 수 있을 것 <개정 2014. 05. 28>

6. 정상적인 상태에서 자동으로 작동되어야 하며, 사고 후에 기록된 자료가 적절히 저장되고 기록의 중단이 최소화 될 수 있을 것

7. 필요한 센서와 적절히 연결될 수 있어야 하며, 항해정보기록장치의 오류로 인하여 다른 장비의 기능저하가 없는 것일 것

8. 외부 컴퓨터로 사용자가 설정한 기간 동안 기록된 자료를 다운로드 및 재생 할 수 있는 인터페이스 수단이 있는 것이어야 하며, 인터페이스 수단은 이더넷(Ethernet), USB, 파이어와이어(Firewire) 등 국제적으로 승인된 형식의 것일 것 <신설 2010. 08. 10> <개정 2014. 05. 28>

9. 외부컴퓨터에서 자료를 재생하기 위하여 자료 재생 소프트웨어의 복사본이 다음 각 목과 같이 제공될 것 <신설 2010. 08. 10>

가. 이동식 저장장치(CD-ROM, DVD, USB 등)에 제공되어야 하고 상업용 컴퓨터에서 구동될 것

나. 가목의 이동식저장장치는 VDR주장치 내부에 저장될 것. 외부 상업용 컴퓨터와 연결하기 위한 지침서와 필수부속품을 갖출 것

다. VDR에서 표준이 아닌 형식의 자료가 저장된다면, 자료 형식 변환 소프트웨어가 VDR 내의 데이터 또는 이동식저장장치로 제공될 것

10. 언제든지 성능을 시험할 수 있는 기능이 포함될 것. 이러한 시험은 재생장치를 사용하여 시행되어야 하며, 필요한 모든 자료들이 올바르게 저장되는지 확인할 수 있을 것 <신설 2014. 05. 28>

11. 장기기록장치 인터페이스에 대한 위치정보 및 제9호에 따른 장비들의 인터페이스 수단에 대한 지침은 최소한 영어로 제공되어야 하며, 장비문서(Equipment documentation)는 정보 및 설명서를 장기기록장치 인터페이스에 가능한 가깝고 눈에 뛰기 쉬운 위치에 배치하도록 이에 대한 지침을 포함할 것 <신설 2014. 05. 28>

12. 그 밖의 해양수산부장관이 필요하다고 인정하는 요건 <개정 2008. 07. 18, 2010. 08. 10, 2014. 05. 28>

〔전문신설 2004. 04. 1〕

③ 제2항의 규정에 불구하고 제1항제2호의 규정에 의한 선박으로서 2002년 7월 1일 전에 건조된 총톤수 3,000톤 이상의 선박은 다음 각 호의 규정에 적합한 간이항해자료기록장치를 설치할 수 있다.

1. 제2항제1호 가목부터 사목까지, 제2항제6호부터 제8호까지의 요건
2. 제2항제1호 아목부터 거목까지의 정보는 사용되는 포맷과 일치하는 유효한 정보일 경우에만 기록할 수 있는 것일 것
3. 제2항제1호 사목에 따른 자료의 기록이 불가능하다면 자동식별장치의 정보를 기록할 수 있을 것 <개정 2010. 08. 10>
4. 최종기록장치는 다음 각 목의 요건에 적합한 것으로서 고정되어 있거나 자유부양식 보호용기 내에 설치될 것 <개정 2010. 08. 10>

   가. 사고 후 자료를 입수할 수 있어야 하며, 자료를 변조할 수 없을 것

   나. 기록된 자료는 기록이 종료된 시점에서 적어도 2년 이상 보존할 수 있는 것일 것

   다. 눈에 잘 띄는 색상이어야 하며, 역반사재가 부착되어 있을 것

   라. 위치추적을 도와주는 적절한 장치가 부착되어 있을 것
5. 자유부양식 보호용기일 경우, 다음 각 목의 요건에 적합할 것 <신설 2010. 08. 10> <개정 2014. 05. 28>

   가. 회수를 용이하게 하기 위한 설비를 갖출 것

   나. 회수 작업 동안 손상을 최소화 할 수 있을 것 <개정 2014. 05. 28>

   다. 초기위치신호를 발신하여야 하며, 7일(168시간) 이상의 기간 동안에 추가위치 수신신호를 최소 48시간 동안 발신할 수 있을 것 <개정 2014. 05. 28>

④ 「해운법」에 따른 해상여객운송사업면허를 받은 선박으로서 국내항해에 종사하는 총톤수 300톤 이상의 여객선에는 제3항에 따른 간이항해자료기록장치를 설치하여야 한다. <신설 2014. 09. 11>

제108조의8(레이더반사기)

① 다음 각 호의 선박에는 레이더반사기를 선박의 갑판실 상부 등에 견고히 설치하여야 한다. 다만, 하천, 호소를 항해구역으로 하는 선박과 야간(일몰 30분 후부터 일출 30분 전까지를 말한다) 항해를 하지 아니하는 선박을 제외한다.

1. 총톤수 20톤 미만의 강제 및 알루미늄합금제 선박
2. 총톤수 30톤 미만의 합성수지제 선박 및 목제 선박

② 레이더반사기는 다음 각 호의 요건에 적합하여야 한다.

1. 수평방향에 대한 레이더 단면적은 다음 각 목의 요건에 적합할 것
   가. 최대 레이더 단면적이 10제곱미터 이상 일 것
   나. 레이더 단면적이 2.5제곱미터 이상 인 각의 합계가 수평방향 360도 중 240도 이상 일 것
   다. 레이더 단면적이 2.5제곱미터 이하인 부분의 각이 수평방향의 어느 방향에 대하여도 연속하여 10도를 초과하지 아니할 것
2. 수직방향에 대한 레이더 단면적은 수평방향으로부터 ±15도까지의 경사상태에서 0.625제곱미터 이상인 레이더 단면적의 각의 합계가 수평방향 360도 중 240도 이상 일 것

③ 레이더반사기의 설치높이는 다음 각 호의 어느 하나에 적합한 높이에 설치하여야 한다.

1. 총톤수 20톤 미만의 선박은 해수면으로부터 1미터 이상
2. 총톤수 20톤 이상의 선박은 갑판실 상부 등 설치 가능한 높이

〔전문신설 2004. 04. 1〕 <전문개정 2007. 8. 24>

~ 이하 생략 ~

부록 4
선박의 등화와 형상물

▌등화와 형상물 ▌

등화와 형상물은 모든 날씨에 적용된다. 선박은 해지는 시각부터 해뜨는 시각까지 법정등화를 표시하여야하며, 이 시간 동안에는 법정등화외의 등화를 표시하면 아니 된다. 또한 선박은 낮 동안에는 법에서 정하는 형상물을 반드시 표시하여야 한다. 【해사안전법 제78조 등화와 형상물】

1 선박의 등화

구 분	형 상	내 용
마스트등	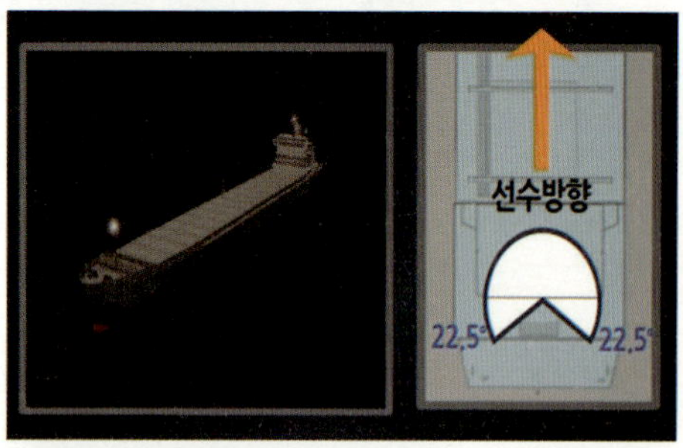	선박의 중심선상에 설치되어 225도에 걸치는 수평의 호를 비추되, 그 불빛이 **정선수 방향으로부터 양쪽 현의 정횡으로부터 뒤쪽 22.5도**까지 비출 수 있는 흰색등
현 등	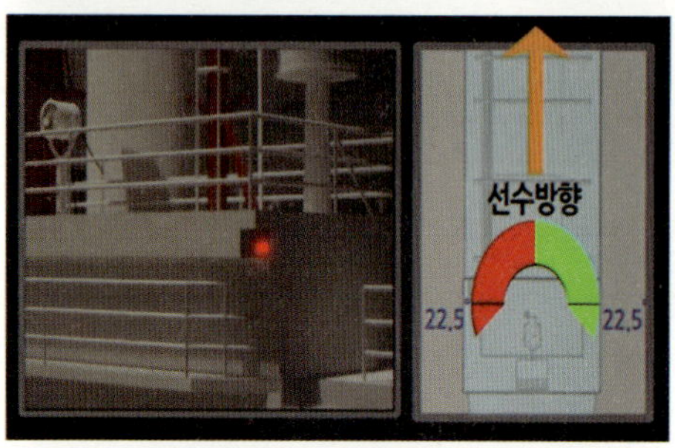	**정선수 방향에서 양쪽 현으로 각각 112.5도**에 걸치는 수평의 호를 비추는 등화로서 좌현은 붉은색, 우현은 녹색의 등화를 설치
선미등	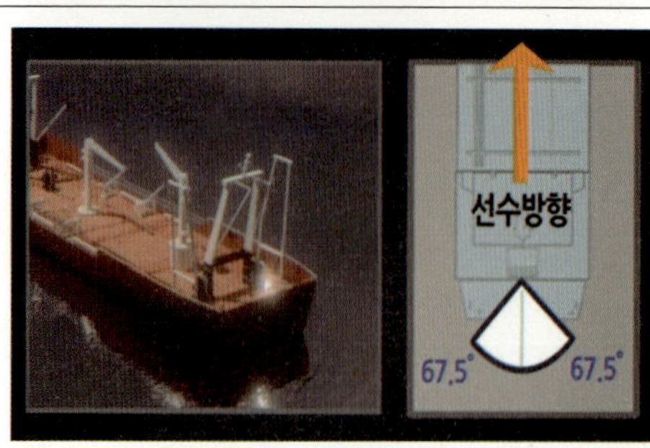	135도에 걸치는 수평의 호를 비추는 흰색등으로 **정선미 방향으로부터 양쪽 현의 67.5도까지** 비출수 있도록 선미부분에 설치된 등

구 분	형 상	내 용
예선등	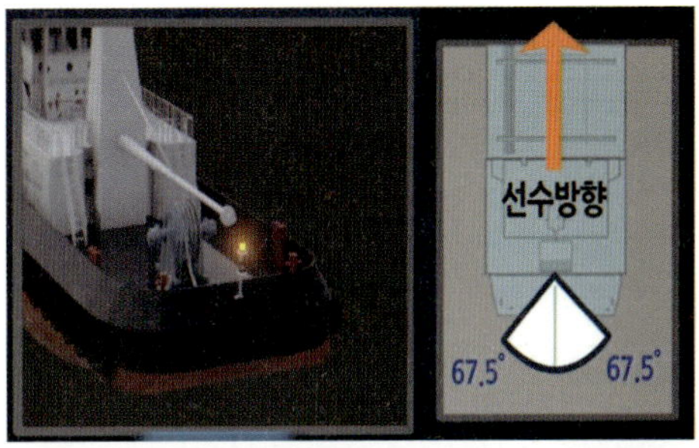	선미등과 같은 특성을 가진 황색등
전주등	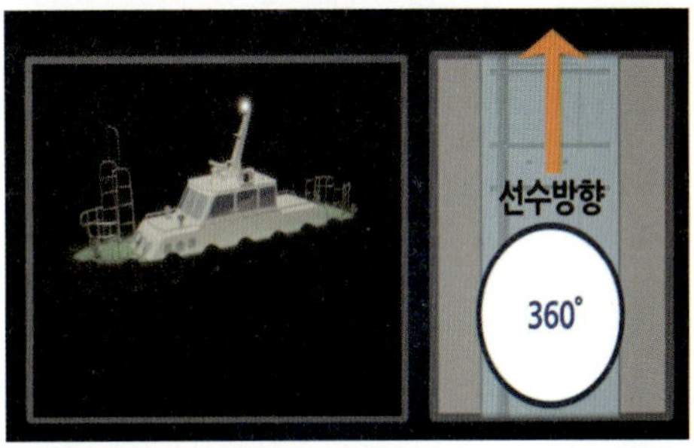	360도에 걸치는 수평의 호를 비추는 등화
섬광등		360도에 걸치는 수평의 호를 비추는 등화로서 일정한 간격으로 1분에 120회 이상 섬광을 발하는 등

2 선박의 형상물

둥근꼴 형상물	마름모꼴 형상물	원뿔꼴 형상물	원통형 형상물	장고형 형상물
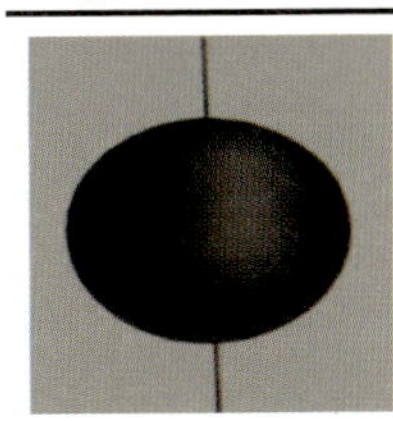	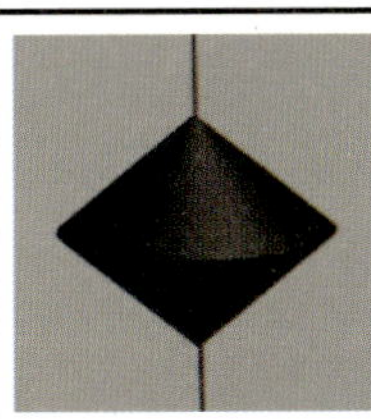	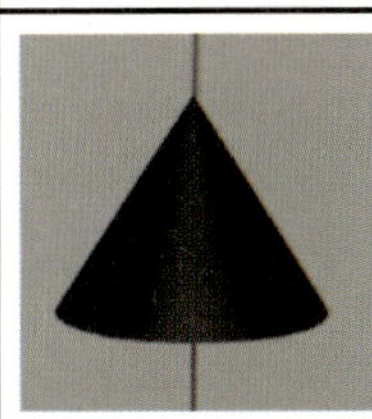		

※ 선박의 형상물은 선박의 규모와 용도에 따라 해사안전법에 명시된 형상물을 표시하여야 함

3 상황에 따른 등화 및 형상물

구분		형 상	내 용
항행중인 동력선	50m 이상	 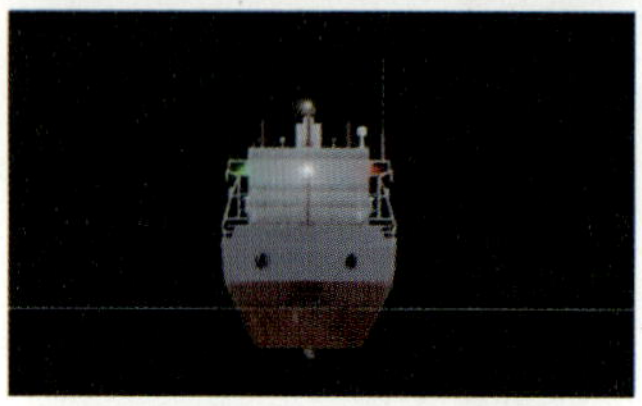	앞쪽에 마스트등 1개와 그 마스트등보다 뒤쪽의 높은 위치에 마스트등 1개, 현등 1쌍, 선미등 1개를 표시
	50m 미만		마스트 등 1개는 생략이 가능
	20m 미만		현등을 대신하여 양색등을 표시할 수 있음
	12 m 미만		항행중인 동력선 등화를 대신하여 흰색 전주등 1개와 현등 1쌍만을 표시할 수 있음 이 때, 마스트등 또는 전주등이 선박의 중심선 상에 표시가 불가능한 경우 중심선에서 벗어난 위치에 표시 가능
	7 m미만		흰색 전주등 1개만 표시 가능하며, 가능한 경우 현등 1쌍도 표시하여야 함

<table>
<tr><th colspan="2">구 분</th><th>형 상</th><th>내 용</th></tr>
<tr><td rowspan="6">항행중인 예인선</td><td rowspan="4">등화</td><td></td><td rowspan="3">항행중인 동력선은 수직선 위에
마스트등 2개, 현등 1쌍, 선미등 1개,
선미등의 위쪽에 수직선 위로 예선등 1개
표시
단, 50m 이상의 동력선은 전부에
마스트등 1개를 추가, 총 3개 표시</td></tr>
<tr><td>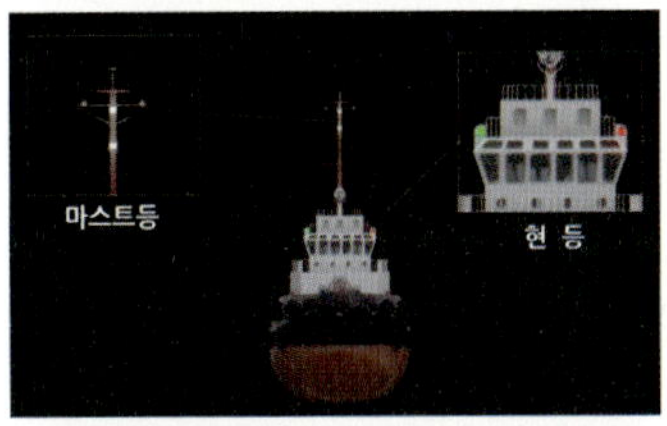</td></tr>
<tr><td>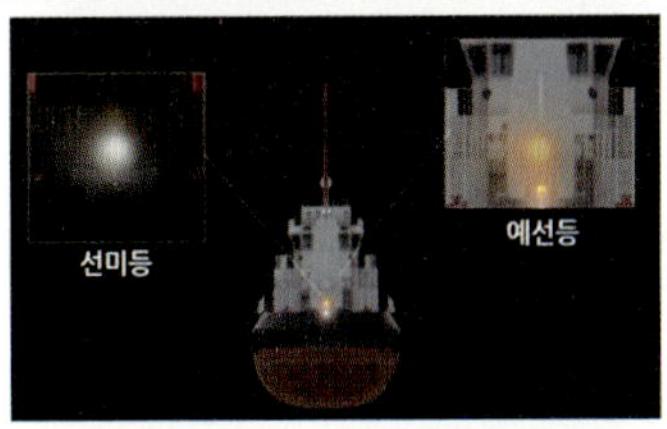</td></tr>
<tr><td>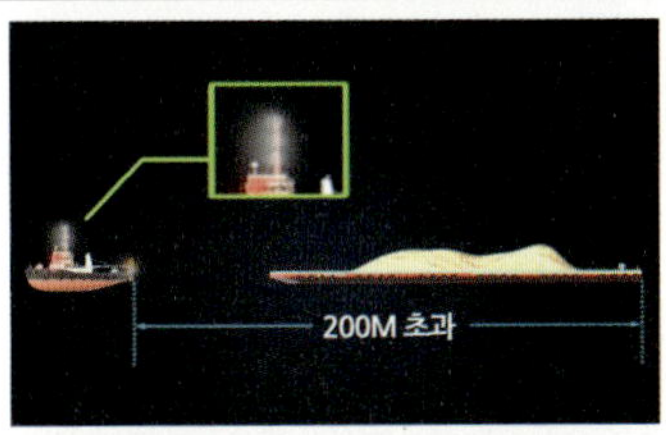</td><td>예인선열의 길이가 200m 초과시 같은
수직선 위에 마스트등 1개 추가,
총 3개 표시</td></tr>
<tr><td rowspan="2">형상물</td><td></td><td rowspan="2">예인선의 주간 형상물은 예인선열의
길이가 200m를 초과할 경우에만 설치</td></tr>
<tr><td>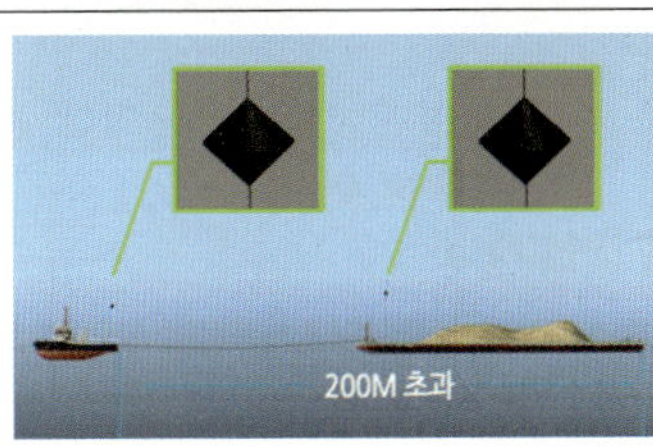</td></tr>
</table>

구분		형 상	내 용
항행중인 예인선	형상물	 예인선열 길이 100m 초과시	선박이나 물체의 뒤쪽 끝 또는 그 부근에 마름모꼴의 형상물 1개 표시
		 예인선열 길이 200m 초과시	가장 잘 볼 수 있는 앞쪽 끝 부분에 마름모꼴의 형상물 1개를 함께 표시
어선	등화	 트롤망 종사  50m 미만 어로에 종사중인 선박	수직선 위쪽에는 녹색, 그 아래쪽에는 흰색 전주등을 표시하고 녹색 전주등보다 뒤쪽의 높은 위치에 마스트등 1개를 표시하며, 어선이 대수속력이 있는 경우 규정등화와 함께 현등 1쌍, 선미등 1개를 표시함 다만, 어로에 종사하는 50m 미만의 선박은 마스트등을 표시하지 않을 수 있음
		 트롤망 종사 / 쌍끌이	쌍끌이의 경우 외끌이에 해당하는 등화 외에 야간에는 한쌍을 이룬 다른 선박의 진행방향을 비추는 탐조등 1개를 표시

구분		형 상	내 용
어선	등화	 트롤망 이외의 어로에 종사하는 선박	트롤망 어뢰 이외의 어로에 종사하는 선박은 수직선 위쪽에는 붉은색, 아래쪽에는 흰색의 전주등을 표시
		 150m 이상 어구	수평거리로 150m가 넘는 어구를 선박 밖으로 내고 있는 경우, 어구를 내고 있는 방향으로 흰색 전주등 1개 표시
		 대수속력이 있는 경우	대수속력이 있는 경우 규정등화와 함께 현등 1쌍, 선미등 1개를 표시
		 선망어선이 어구에 의해 조정성능 제약받을 시	수직선상에 1초마다 번갈아 섬광을 발하며, 꺼지고 켜지는 시간이 동일한 황색등 2개를 표시

구분		형상	내용
조종불능선	등화		가장 잘 보이는 곳에 수직으로 붉은색 전주등 2개 표시
	형상물		가장 잘 보이는 곳에 수직으로 둥근꼴이나 그와 비슷한 형상물 2개 표시
조종제한선	등화		기뢰제거작업에 종사하고 있는 선박을 제외한 조종제한선은 가장 잘보이는 곳에 수직으로 위쪽과 아래쪽에는 붉은색 전주등, 가운데에는 흰색 전주등 각 1개를 표시. 대수속력 있을 시 규정등화와 함께 마스트등 1개, 현등 1쌍 및 선미등 1개를 표시
	형상물	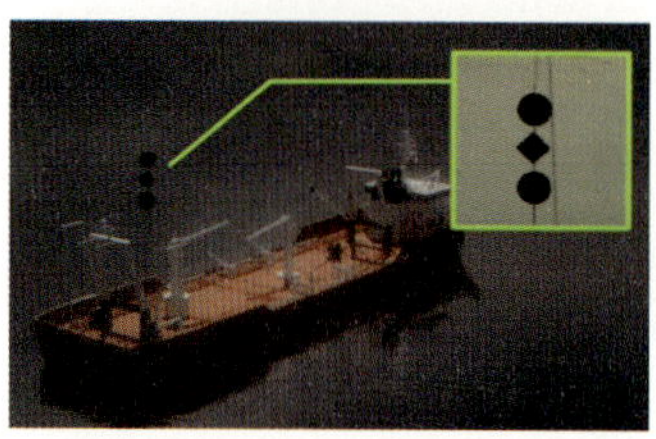	가장 잘 보이는 곳에 수직으로 위쪽과 아래쪽에는 둥근꼴, 가운데에는 마름모꼴의 형상물 각 1개씩을 표시
	등화	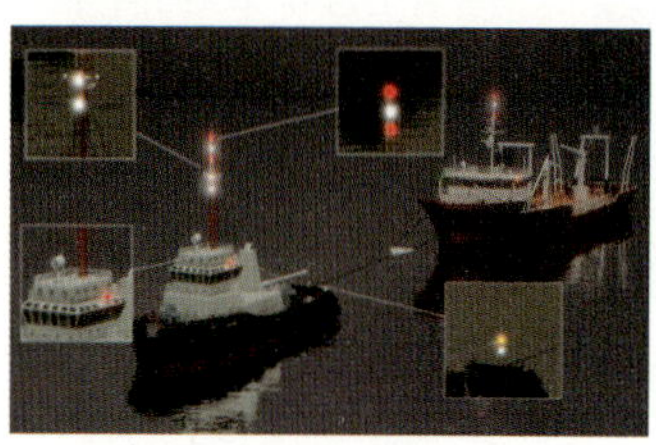 제한받는 예인작업에 종사시	동력선이 진로로부터 이탈능력을 매우 제한받는 예인작업에 종사하고 있는 경우 앞쪽에 표시하는 마스트등을 대신하여 같은 수직선 위에 마스트등 2개, 현등 1쌍, 선미등 1개, 선미등 위쪽에 수직선 위로 예인선 등 1개, 가장 잘보이는 곳에 수직으로 위쪽과 아래쪽에는 붉은색 전주등, 가운데에는 흰색 전주등 각 1개를 표시

구분		형 상	내 용
조종제한선	등화	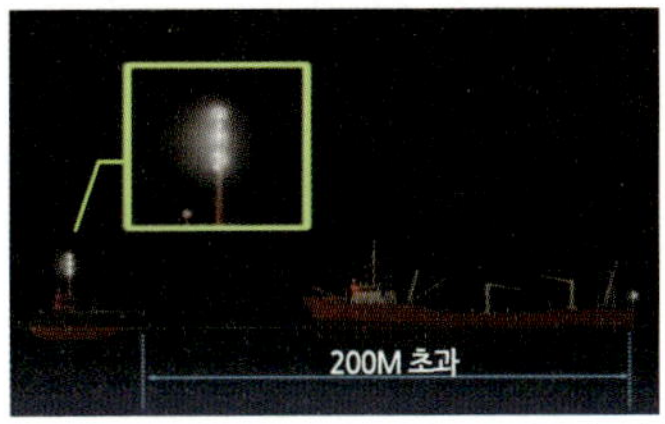 예인선열의 길이 200m 초과시	수직선 위에 마스트등 3개를 표시
	형상물	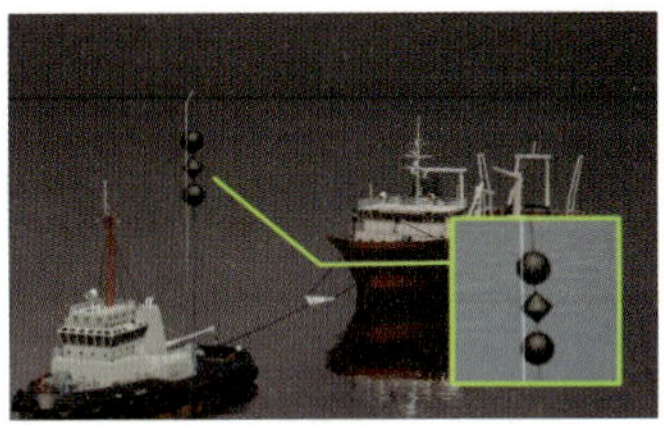 제한받는 예인작업에 종사시	가장 잘 보이는 곳에 수직으로 위쪽과 아래쪽에 둥근꼴, 가운데에는 마름모꼴의 형상물 각 1개씩 표시
		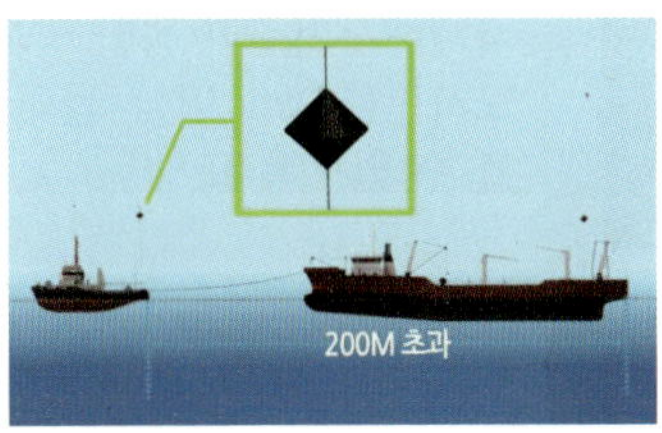 예인선열의 길이 200m 초과시	가장 잘 보이는 곳에 마름모꼴의 형상물 1개를 추가
	등화	 준설이나 수중작업으로 조종능력 제한받는 경우	가장 잘 보이는 곳에 수직으로 위쪽과 아래쪽에는 붉은색 전주등, 가운데에는 흰색 전주등 각 1개, 대수속력이 있는 경우 이에 덧붙여 마스트등 1개, 현등 1쌍 및 선미등 1개 표시 장애물이 있는 경우에는 추가로 장애물이 있는 쪽을 가리키는 뱃전에 수직으로 붉은색 전주등 2개, 다른선박이 통과할 수 있는 쪽을 가리키는 뱃전에 수직으로 녹색 전주등 2개 표시

<table>
<tr><th colspan="2">구 분</th><th>형 상</th><th>내 용</th></tr>
<tr><td rowspan="5">조
종
제
한
선</td><td>형
상
물</td><td>
준설이나 수중작업으로
조종능력 제한받는 경우</td><td>가장 잘 보이는 곳에 수직으로 위쪽과 아래쪽에는 둥근꼴, 가운데에는 마름모꼴의 형상물 각 1개씩 표시
장애물이 있는 경우에는 추가로 장애물이 있는 쪽을 가리키는 뱃전에 수직으로 둥근꼴의 형상물 2개, 다른 선박이 통과할 수 있는 쪽을 가리키는 뱃전에 수직으로 마름모꼴 형상물 2개 표시</td></tr>
<tr><td>등
화</td><td>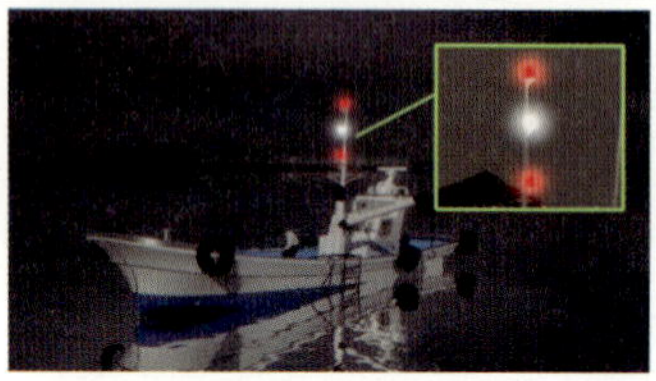
잠수작업 종사시</td><td>가장 잘 보이는 곳에 수직으로 위쪽과 아래쪽에는 붉은색 전주등, 가운데에는 흰색 전주등 각 1개를 표시</td></tr>
<tr><td>형
상
물
(기류)</td><td>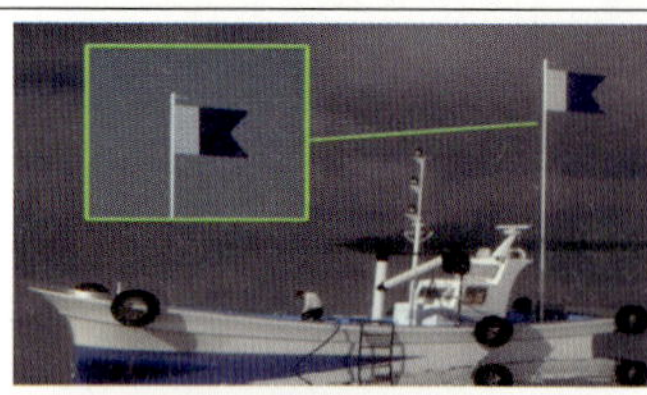
잠수작업 종사시</td><td>국제해사기구가 정한 국제신호서 A기의 모사판을 1m 이상 높이로 하여 사방에서 볼 수 있도록 표시</td></tr>
<tr><td>등
화</td><td>
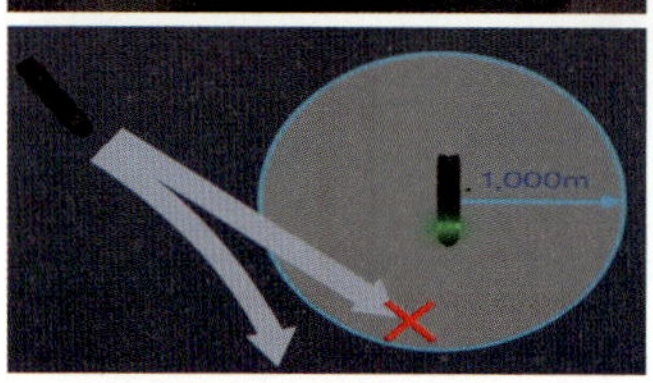

기뢰작업에 종사하는 선박</td><td rowspan="2">1000m 이내로 접근하면 위험하다는 경고로서 항행중인 경우 동력선의 의무 등화 및 형상물을, 정박중인 경우 정박선의 의무 등화 및 형상물을 표시하고, 이에 덧붙여 녹색의 전주등 3개 또는 둥근꼴의 형상물 3개표시, 이 경우 이들 등화나 형상물 중에서 하나는 앞쪽 마스트의 꼭대기 부근에 표시하고, 다른 2개는 앞쪽 마스트의 가름대의 양쪽 끝에 1개씩 표시</td></tr>
<tr><td>형
상
물</td><td>
기뢰작업에 종사하는 선박</td></tr>
</table>